中国石油天然气集团公司统编培训教材

天然气与管道业务分册

油气管道安全管理

《油气管道安全管理》编委会　编

石 油 工 业 出 版 社

内 容 提 要

本教材系统地介绍了安全管理的科学原理和方法、国内外石油行业先进的安全管理体系和安全理念，重点介绍了油气管道系统风险管理的基础知识以及成熟且具有实用性的现场风险管理方法，对长输管道建设项目风险管理核心内容、承包商 HSE 管理内容、应急管理与应急预案、事故事件管理都进行了全面的阐述。

本教材在内容上参考了油气管道行业正在积极推行的风险管理方法，注重教材的实用性，是油气管道运营单位安全管理人员、体系审核人员、体系管理人员、安全监督人员等相关专业管理人员优选的参考书、工具书和培训教材。

图书在版编目（CIP）数据

油气管道安全管理/《油气管道安全管理》编委会编.
北京：石油工业出版社，2011.8
中国石油天然气集团公司统编培训教材
ISBN 978 - 7 - 5021 - 8545 - 9

Ⅰ. 油…

Ⅱ. 油…

Ⅲ. ①石油管道-安全管理-技术培训-教材
②天然气管道-安全管理-技术培训-教材

Ⅳ. TE973

中国版本图书馆 CIP 数据核字（2011）第 131719 号

出版发行：石油工业出版社
　　　　　（北京安定门外安华里 2 区 1 号　　100011）
　　　　　网　址：www.petropub.com
　　　　　编辑部：(010) 64523580　发行部：(010) 64523620
经　　销：全国新华书店
印　　刷：北京中石油彩色印刷有限责任公司

2011 年 8 月第 1 版　2016 年 5 月第 4 次印刷
710×1000 毫米　开本：1/16　印张：20.5
字数：363 千字

定价：72.00 元

序

　　企业发展靠人才，人才发展靠培训。当前，集团公司正处在加快转变增长方式，调整产业结构，全面建设综合性国际能源公司的关键时期。做好"发展"、"转变"、"和谐"三件大事，更深更广参与全球竞争，实现全面协调可持续，特别是海外油气作业产量"半壁江山"的目标，人才是根本。培训工作作为影响集团公司人才发展水平和实力的重要因素，肩负着艰巨而繁重的战略任务和历史使命，面临着前所未有的发展机遇。健全和完善员工培训教材体系，是加强培训基础建设，推进培训战略性和国际化转型升级的重要举措，是提升公司人力资源开发整体能力的一项重要基础工作。

　　集团公司始终高度重视培训教材开发等人力资源开发基础建设工作，明确提出要"由专家制定大纲、按大纲选编教材、按教材开展培训"的目标和要求。2009 年以来，由人事部牵头，各部门和专业分公司参与，在分析优化公司现有部分专业培训教材、职业资格培训教材和培训课件的基础上，经反复研究论证，形成了比较系统、科学的教材编审目录、方案和编写计划，全面启动了《中国石油天然气集团公司统编培训教材》（以下简称"统编培训教材"）的开发和编审工作。"统编培训教材"以国内外知名专家学者、集团公司两级专家、现场管理技术骨干等力量为主体，充分发挥地区公司、研究院所、培训机构的作用，瞄准世界前沿及集团公司技术发展的最新进展，突出现场应用和实际操作，精心组织编写，由集团公司"统编培训教材"编审委员会审定，集团公司统一出版和发行。

　　根据集团公司员工队伍专业构成及业务布局，"统编培训教材"按"综合管理类、专业技术类、操作技能类、国际业务类"四类组织编写。综合管理类侧重中高级综合管理岗位员工的培训，具有石油石化管理特色的教材，以自编方式为主，行业适用或社会通用教材，可从社会选购，作为指定培训教材；专业技术类侧重中高级专业技术岗位员工的培训，是教材编审的主体，按照《专业培训教材开发目录及编审规划》逐套编审，循序推进，计划编审300余门；操作技能类以国家制定的操作工种技能鉴定培训教材为基础，侧重主体专业（主要工种）骨干岗位的培训；国际业务类侧重海外项目中外员工的培训。

"统编培训教材"具有以下特点：

一是前瞻性。教材充分吸收各业务领域当前及今后一个时期世界前沿理论、先进技术和领先标准，以及集团公司技术发展的最新进展，并将其转化为员工培训的知识和技能要求，具有较强的前瞻性。

二是系统性。教材由"统编培训教材"编审委员会统一编制开发规划，统一确定专业目录，统一组织编写与审定，避免内容交叉重叠，具有较强的系统性、规范性和科学性。

三是实用性。教材内容侧重现场应用和实际操作，既有应用理论，又有实际案例和操作规程要求，具有较高的实用价值。

四是权威性。由集团公司总部组织各个领域的技术和管理权威，集中编写教材，体现了教材的权威性。

五是专业性。不仅教材的组织按照业务领域，根据专业目录进行开发，且教材的内容更加注重专业特色，强调各业务领域自身发展的特色技术、特色经验和做法，也是对公司各业务领域知识和经验的一次集中梳理，符合知识管理的要求和方向。

经过多方共同努力，集团公司首批39门"统编培训教材"已按计划编审出版，与各企事业单位和广大员工见面了，将成为首批集团公司统一组织开发和编审的中高级管理、技术、技能骨干人员培训的基本教材。首批"统编培训教材"的出版发行，对于完善建立起与综合性国际能源公司形象和任务相适应的系列培训教材，推进集团公司培训的标准化、国际化建设，具有划时代意义。希望各企事业单位和广大石油员工用好、用活本套教材，为持续推进人才培训工程，激发员工创新活力和创造智慧，加快建设综合性国际能源公司发挥更大作用。

《中国石油天然气集团公司统编培训教材》
编审委员会
2011 年 4 月 18 日

前　言

　　管道运输与铁路、公路、水运、航空并列为五大运输方式。石油天然气管道是国家重要的公共基础设施，承担着中国 70% 的原油、99% 的天然气的运输，对经济发展、促进民生、社会安定和国防建设发挥着重要的保障作用。中国现有干线管道已经超过 7 万千米。由于石油天然气管道输送介质具有高压、易燃、易爆的特性，且危害因素呈现点多、线长、面广等特点，一旦发生事故，会严重威胁沿线居民的人身安全，并造成财产损失和环境污染等影响，甚至给国家和社会带来极其恶劣的负面影响。如何有效地控制风险，实现安全生产、清洁生产，一直是管道行业优先考虑的大事。

　　如今，人们对安全生产的认识已经进入了"以人为本、超前预防"的本质安全论阶段。这种新的安全思想和方法论推进了传统产业和技术领域安全手段的进步，也促使企业安全管理工作由粗放型向集约型的转化，变"事故处理、事后防范"为"本质安全、超前预防"管理。这是从安全思想到安全方法一个质的飞跃，也是转变经济发展方式、走新型工业化道路的必然选择。

　　为适应我国油气管道安全管理的急需，促进员工安全管理理念的转变，提高风险管理水平，在中国石油天然气集团公司相关部门的安排下，组织编写了本培训教材，希望能对推进我国管道安全管理工作有所裨益。

　　教材共分七章。第一章主要对油气管道安全管理理念进行介绍；第二章主要对油气管道风险管理中风险评价和管理的基本知识进行说明；第三章对风险管理中的现场安全管理方法进行介绍，包括作业安全分析、目视管理、锁定管理等；第四章对长输管道建设项目风险管理核心内容进行说明；第五章内容是对应急管理中应急预案进行介绍；第六章介绍了油气管道中的常见事故案例和职业病防治内容；第七章对承包商 HSE 管理内容进行了介绍，并给出了一个具体的承包商 HSE 管理实施细则。

　　教材重点介绍油气管道安全管理理念、风险管理基础知识和成熟的具有实用性的现场安全管理方法。教材在理论上未做深入探讨，注重教材的实用性。为了增强实用性，教材内容参考了油气管道行业正在积极推行的安全管理方法。教材内容介绍并不偏重技术，而是让管理人员转变安全管理理念，理解相关安全管理方法的应用，提高油气管道风险管理水平。同时为使教材内容涵盖面更广，操作性更强，教材成稿后请具有多年管理经验的管道专家进行了审阅，并根据专家的意见进行了修改和完善。

本教材参与编写单位包括：中国石油天然气与管道分公司质量安全环保处、中国石油管道分公司质量安全环保处、中国石油管道科技研究中心。

本教材由刘锴、孙青峰、任磊、郭晓瑛、郑贤斌、袁振中、冯文兴、曹涛、石蕾、陈晓虎、苏奇、宋兆勇共同编写完成，其中第一章由刘锴、孙青峰、任磊、郭晓瑛、郑贤斌编写；第二章和第六章由冯文兴、曹涛编写；第三章和第七章由袁振中、陈晓虎、苏奇、宋兆勇编写；第四章由郑贤斌、任磊编写；第五章由石蕾和曹涛编写。全书由曹涛校对和统稿。

由于本教材涉及技术领域广泛，相关资料来源有限，编者的水平也有限，因此书中内容难免有疏漏之处，恳请专家和读者批评指正。

《油气管道安全管理》编委会

2010 年 10 月

目 录

第一章　油气管道安全管理概　　述

　　安全管理的核心任务就是危险源辨识、风险评价及风险控制，避免各种健康、安全和环境事故损失，保障企业安全。油气管道具有点多、线长、面广等特点，安全管理难度更大。如何利用先进的安全管理方法和管理理念有效控制风险，一直是油气管道行业优先考虑的大事。本章将分析安全管理的演变、原理和方法，研究国内外同行业先进的安全管理体系和安全理念，并分析和总结中国石油天然气集团公司卓有成效的安全管理方法，进而对油气管道安全管理进行简要评析。

第一节　安全管理的原理与方法

一、安全管理及其演变

　　管理指的是人们运用稀缺资源所进行的有目的的协调活动。安全管理可以理解为人们以安全为目的（即不出或少出事故）所进行的计划、组织、指挥、协调和控制的活动。安全管理的内容随着安全界对事故认识的深化而逐渐演变。

　　在科学技术落后的古代，由于人们把事故和灾害的发生看做"天意"或"命中注定"，这时安全管理主要是被动和消极的。

　　自工业革命至 20 世纪初，企业主在安全管理工作中态度是消极的，因为只要能证明事故原因中有受伤害工人的过失，工人就理应承受所从事的工作中通常可能发生的一切危险。

　　自 1919 年英国的格林伍德（M. Greenwood）和伍兹（H. H. Woods）起，人们对事故的认识属于单一因素归因阶段，最具代表性的是海因里希工业安全理论，认为企业事故预防工作的中心就是消除人的不安全行为和物的不安全状态。根据海因里希的研究，大多数工业伤害事故都是由于工人的不安全行为引起的。即使一些工业伤害事故是由于物的不安全状态引起的，物的不安全状态的产生也是由于工人的缺点、错误造成的。而此时，在生产工艺流程复杂、自动化程度较高的石油化工生产等领域，流行的是"以物为主"的事故致因思想。

第二次世界大战后，科学技术飞速发展，新技术、新工艺、新能源、新材料和新产品涌现，这也给人类带来了更多的危险。对事故深入调查后，人们逐渐认识到管理因素在事故中的重要作用。事故中的人因和物因只不过是安全管理深层次存在问题的暴露和反映，只有找出深层的、背后的原因，改进企业管理，才能有效地防止事故。

美国在20世纪50年代到60年代研制洲际导弹的过程中，系统安全理论应运而生。所谓系统安全（System Safety），是在系统寿命周期内应用系统安全管理及系统安全工程原理，识别危险源并使其危险性减至最小，从而使系统在规定的性能、时间和成本范围内达到最佳的安全程度。

系统安全理论包括很多区别于传统安全理论的创新概念：

（1）既重视不安全行为，又重视系统的可靠性和安全性，从而避免事故；

（2）安全或危险具有相对性，没有任何事物是绝对安全的，安全管理中要加强危险辨识、风险管理；

（3）有时不能完全认识和根除所有危险源，只能把危险降低到可接受的程度。

安全管理工作的主要目标就是辨识危险、进行风险评价和风险控制、加强应急措施，努力把事故发生概率降到最低，即使发生事故，也要把伤害和损失控制在最低程度。

1974年，石油工业国际勘探开发论坛（E&P Forum）建立，并组织专题工作组，从事HSE管理体系的开发。HSE管理体系（Health Safety and Environment Management System）体现了完整的系统化管理思想，代表了石油勘探开发行业多年管理工作经验和成果积累。该体系突出预防为主、领导承诺、全员参与、持续改进的科学管理思想，是石油天然气工业实现现代管理、走向国际大市场的通行证。该体系按戴明模式"PDCA"建立，是一个持续循环和不断改进的过程，关键构成要素有：领导和承诺，方针和战略目标，组织机构、资源和文件，风险评估和管理，规划，实施和监测，评审和审核等，核心是"领导承诺、方针目标和责任"。

二、安全管理原理

安全管理原理是从管理的共性要素出发，对安全管理的实质内容进行科学分析、综合、抽象与概括所得出的安全管理规律，具有基本性和普遍性，用于指导安全管理实践。

1. 系统原理

1）含义

在安全管理中，应运用系统论的观点、理论和方法，对安全工作进行充分的系统分析，以达到管理的优化目标。

安全管理系统包括人员、设备与设施、环境、生产方法和工艺、管理方法、规章制度、安全信息等方方面面，是全方位、全天候和涉及全体人员的管理系统。

2）原则

（1）整分合原则。

整体把握、科学分解、组织综合是整分合原则的主要含义。

（2）反馈原则。

成功高效的安全管理离不开灵活、准确、快速的信息反馈。管理中必须及时捕获、反馈各种安全生产信息，及时采取行动。

（3）封闭原则。

在布置各项安全管理工作时，应形成相互制约的"回路"和"闭环"，增强执行力。

（4）动态相关性原则。

在进行安全管理工作时，应分析和把握自身及关联要素的制约，并要分析时间、地点和环境的影响，在动态变化中充分利用有利因素。

2. 人本原理

1）含义

在安全管理工作中，必须把人的因素放在首位，"以人为本"。

2）原则

（1）能级原则。

在安全管理工作中，每个人的作用和能力各异，实现"扬长避短、人尽其才"：一是保证安全管理结构的稳定；二是人才的配备必须对应；三是对应的责、权、利相匹配。

（2）动力原则。

领导层应采取各项措施，激发员工安全工作和预防事故的积极性与动力。在安全管理工作中，可采用三种基本动力，即物质动力、精神动力和信息动力。物质动力是以适当的物质利益刺激人的行为动机，精神动力是运用理想、信念、鼓励等精神力量刺激人的行为动机，信息动力则是通过信息的获取与交流产生奋起直追或领先他人的动机。

（3）激励原则。

以科学的手段激发人的内在潜力。人发挥其积极性的动力来源于内在动力、外部压力和工作吸引力。运用激励原则，要采用符合人的心理活动和行为活动规律的各种有效的激励措施，并且要因人而异，科学合理地采用各种激励方法和激励制度，从而最大程度地发挥人的内在潜力。

3．预防原理

1）含义

"安全第一、预防为主、综合治理"，安全管理工作者应采取各项前预性措施，加大对文化、行为、技术、认识、培训等的投入，防患于未然。

为使预防工作真正起到作用，一方面要重视事故、事件学习，重视经验的积累；另一方面要采用科学的风险分析评价技术，及早做出准确的判断并制定有效的对策。

2）原则

（1）偶然损失原则

在同样危险或行为条件下，事故发不发生具有偶然性，事故后果及后果大小也具有偶然性。一个小的违章或一个小的隐患可能没有造成事故损失，也可能导致重、特大事故；几乎所有重大事故均由小事累积造成。

因此，无论事故是否造成损失，为了防止事故损失的发生，唯一的办法是防止事故再次发生。在实践中，不应只重视伤亡或较大损失事故，而要重视所有事故、事件的调查，避免同类事故再次发生，重视培养良好的行为和意识。

（2）因果关系原则。

事故发生都是有原因的，因而事故发生具有必然性。工作不细致、不深入，安全管理存在缺陷的企业，事故发生只是迟早的事情，这就是因果关系原则。

从事故的因果关系中认识事故发生的必然性，发现事故发生的规律性，变不安全条件为安全条件，把事故消灭在早期起因阶段，这就是因果关系原则的应用。

（3）"3E"原则。

技术缺陷、教育培训不足、身体和态度缺陷、管理存在问题，是导致事故发生的四大主因。为此采取三种防范对策，即工程技术（Engineering）对策、教育（Education）对策和强制（Enforcement）对策，也就是所谓"3E"原则。

（4）本质安全化原则。

设备、设施或技术工艺含有内在的能够从根本上防止事故发生的功能，这也是安全管理的最高境界。

4. 强制原理

1）含义

管理就是管理者对被管理者施加作用和影响，并要求被管理者服从其意志，满足其要求，完成其规定的任务，因此本身就是强制的过程。

安全管理尤其需要强制性，这是由安全工作的特点决定的：

（1）安全需要员工和企业的特别付出，但直观上难以见到直接效益；

（2）人天性具有"冒险"、"省能"等特点，为克服其对安全造成的威胁，需要强制措施；

（3）事故往往伴随人员伤亡，这是不可避免的。

2）原则

（1）安全第一原则。

安全第一就是要求在进行生产和其他活动的时候把安全工作放在一切工作的首要位置。当生产和其他工作与安全发生矛盾时，要以安全为主，生产和其他工作要服从安全，这就是安全第一原则。

在实践中，必须把安全生产作为衡量企业工作好坏的一项基本内容，作为一项有"否决权"的指标，不安全不准进行生产。

（2）监督原则。

安全管理带有较多的强制性，在实践中，企业必须遵照《中华人民共和国安全生产法》等法律法规的相关要求和企业安全管理业务实际，设立必要的安全管理部门，配足相关人员，赋予充分权力，开展深入细致的监督检查，保证安全管理工作落到实处。

三、安全管理方法

安全管理方法归结为三个层次，如图1-1所示，即工程技术管理、安全制度管理以及文化与行为管理。

工程技术改进对早期降低事故率贡献大。当技术或设备改进达到一定程度时，事故的主要起因就是人的操作不符合安全要求，通过管理手段来规范人们的行为，使人们认识到怎样做才是安全的。这个阶段事故率也会大幅度下降。而之后，有了先进的设备工艺、完善的安全规程后，事故仍然存在，最主要原因是安全文化和个体行为存在缺陷，文化和行为具有基础性和根本重要性。

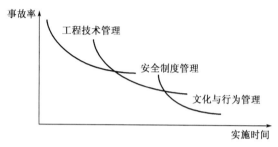

图1-1　安全管理方法的三个层次对事故率的影响

1. 工程技术措施实施

如果有可能运用技术手段消除危险状态，实现本质安全，则不管是否存在人的不安全行为，都应该首先考虑采取工程技术上的对策。工程技术措施实施的具体原则是消除、预防、减弱、隔离、联锁、警告等，其中消除危险因素可以实现本质安全。

（1）消除。通过合理的设计和科学的管理，尽可能从根本上消除危险、有害因素。例如，采用无害化工艺技术，生产中以无害物质代替有害物质，实现自动化作业，采用遥控技术等。

（2）预防。当消除危险、有害因素确有困难时，可采取预防性技术措施，预防危险、危害的发生。例如，使用安全阀、安全屏护、漏电保护装置、熔断器、防爆膜、事故排放装置等。

（3）减弱。在无法消除危险、有害因素和难以预防的情况下，可采取减小危险、危害的措施。例如，采用局部通风排毒装置、生产中以低毒性物质代替高毒性物质，采取降温措施、避雷装置、消除静电装置、减震装置、消声装置等。

（4）隔离。在无法消除、预防、减弱的情况下，应将人员与危险、有害因素隔开或将不能共存的物质分开。例如，遥控作业，采用安全罩、防护屏、隔离操作室、事故发生时的自救装置（如防护服、各类防毒面具）等。

（5）联锁。当操作者误操作或一旦设备运行达到危险状态时，应通过联锁装置终止危险、危害事故的发生。

（6）警告。在易发生故障和危险性较大的地方，配置醒目的安全色、安全标识；必要时设置声、光或声光组合报警装置。

2. 安全文化提升

安全文化是安全管理工作的基础，有怎样的安全文化就会有相应的安全管理工作。安全文化集中体现为安全和健康的思维、期望、价值观和行为准则等。安全文化氛围影响员工的行为方式和习惯，而大部分事故都与不安全行为密切关联，所以安全文化也最终决定着企业安全业绩。

安全文化经历了不同的发展阶段，每个阶段具有不同的结构和内涵。在当前的广义安全文化阶段，更侧重于研究人的认识、思维、行为和态度。一些著名跨国企业安全文化实例如下：

福陆公司（Fluor）：环境、安全和健康问题都能够得以解决（HSE can be managed），零事故是可以实现的（Zero Accident is an attainable goal）。

美铝公司（Alcoa）：我们勤奋工作预防所有的事故（We will work diligently to prevent all incidents）。

道化学公司（Dow）：我们的目标是零事故（Our drive is ZERO）。

英特尔公司（Intel）：我们预防一切伤亡（Prevent all injuries）。

杜邦公司（DuPont）：一切伤亡和职业病都是可以预防的。

总之，确保安全与健康，关爱生命是安全文化的真谛。

3. 不安全行为防治

海因里希在1931年出版的《工业事故预防》一书中指出，事故的直接原因可以分为人的不安全行为和物的不安全状态，其中人的不安全行为导致了88%的事故。杜邦公司完成的一项为期10年的统计表明，人的不安全行为导致了96%的事故发生。美国国家安全理事会（National Safety Council，NSC）也曾经研究统计过事故发生的直接原因，他们得出了90%的事故是由于人的不安全行为所引起的结论。我国普遍认为人的不安全行为是85%的事故的直接原因。由此，掌握人的行为规律，控制不安全行为也是安全管理工作的重点之一。

第二节　HSE 管理体系与安全管理理念

　　安全管理工作是运用事故预防原理，把安全管理对象与安全管理要素（如安全组织、安全教育、安全技术、安全检查、安全信息）有机地结合起来，对事故进行超前有效的预防性控制。

　　现代安全管理是系统化的管理，是以系统化思想为基础，以风险管理为核心的管理模式。系统安全认为，系统中存在的危险源是事故发生的根本原因，防止事故发生就是消除、控制系统中的危险源，强调通过危险源辨识、风险评价和风险控制来达到事故预防的目的。HSE 管理体系是同时建立在自然科学和社会科学的系统理论基础之上、石油石化行业广泛推行的先进管理方法。安全管理理念是管理体系的重要内容，是安全文化的核心。本节将简要介绍 HSE 体系和国际同行业卓越企业的安全管理理念，以期对提升油气管道安全管理有所启示。

一、HSE 管理体系

　　HSE 管理体系是国际石油石化行业广泛推行的先进管理方法，它强调通过系统化预防管理机制以彻底消除各种事故、环境污染和职业病隐患，从而提高企业的安全、环境与健康业绩。埃克森美孚、壳牌、BP 等国际大石油公司都积极参与企业社会责任运动，十分注重 HSE 管理体系建设，不断创新HSE 管理模式，创造了优良的安全环保表现。

　　HSE 体系形成和发展是石油勘探开发多年工作经验积累的结果，是石油石化行业发展到一定时期的必然产物。在人类石油工业发展初期，由于生产技术落后，人们只考虑对自然资源的盲目索取和破坏性开采，没有人从深层次上特别是从历史后果考虑这种生产方式对人类所造成的影响。全球海上石油作业近二三十年的实践，大大推动了各石油石化公司加强安全管理的进程，促进了健康、安全与环境管理作为一个整体的管理体系模式的形成。

　　HSE 管理体系是一种事前进行风险分析，确定其自身活动可能发生的危害及后果，从而采取有效防范手段和控制措施防止事故发生，以减少可能引起的人员伤害、财产损失和环境污染的有效管理方法。它将安全、环境与健康纳入到一个系统中进行管理，拓宽了安全管理的空间，具有系统化、科学化、规范化、制度化的特点。

今后 HSE 管理的发展趋势主要表现为以下几个方面：

（1）世界各国石油石化公司对 HSE 管理的重视程度普遍提高，建立和持续改进 HSE 管理体系已经成为国际石油石化公司 HSE 管理的大趋势。

（2）HSE 管理体系与质量管理体系的一体化。

（3）充分体现以人为本的思想；HSE 管理体系的审核向标准化迈进。

（4）世界各国的环境立法更加系统，环境标准更加严格。

（5）随着 OHSMS 的广泛推行，HSE 管理体系正越来越多地吸纳 OHSMS 的相关内容，HSE 管理体系在内容上更丰富，标准更高，在体现行业性特点时通用性更好。

不难看出，维护人类与大自然的和谐、促进人类文明进程、保障自我生存发展的三大需求，决定了石油石化企业建立实施 HSE 管理体系已经成为不可阻挡的历史潮流。

二、安全管理理念

1. 杜邦公司（DuPont）安全管理理念

1811 年杜邦公司开始建立第一套安全准则，明确规定进入工厂区的马匹不得钉铁掌，以免铁钉碰到火药引起明火；对任何一道新的工序在没有经过杜邦家庭成员试验之前，其他员工不得进行操作等。

1911 年，杜邦成立了世界上第一个企业安全委员会，至今都保存着安全操作记录。

1912 年应用安全数据统计，将定性的安全管理转变为定量的管理。

1923 年杜邦建立起"无事故记录总统奖"，并逐步完善了将工伤、疾病和事故降为零的杜邦安全制度。

1940 年提出了所有事故都可以预防的理念。

1950 年杜邦开始进行非工作时间（下班后）的安全计划。

1990 年杜邦又设立了"安全、健康与环境保护杰出奖"。

发展到现在，十大安全信念是杜邦公司的灵魂，在其管理和运营中起着指导作用。

（1）所有安全事故都能预防。杜邦公司相信所有的工伤和职业病都是可以预防的。在杜邦，这不仅是一个理论上的目标，而且还是一个必须实现的具体目标。杜邦已经有若干家雇佣2000名以上员工的工厂连续十几年没有出现过一起工伤事故。

（2）各级管理层对各自的安全直接负责。在杜邦公司每一层的管理人员都要对安全做出保证。

（3）所有危险隐患都可以控制。这是第一条信念的延伸。杜邦公司认为，一切有危险的工序都是可以控制的，而最理想的办法就是消除危险的根源，即改变有关工序。如果无法更改，那么主管必须详细制定特种培训计划，配备必要的安全装置和劳保用品等。

（4）维护安全的工作环境是被雇佣的条件之一。杜邦员工人人都有责任维护安全的工作环境。所有杜邦员工从工作第一天起，就要认真承担安全和健康的责任。这就意味着每一位员工都必须明确自己有安全工作的责任。杜邦公司认识到，一旦员工理解了安全管理同生产、质量及成本控制一样重要的道理，他们就会意识到安全和健康计划的重要性，就会把维护安全的工作环境作为自己的责任并自觉采取行动。

（5）员工必须接受严格的安全培训。杜邦公司管理层认为，员工必须接受安全培训。没有行之有效的培训计划来传授和强化安全知识、激励员工重视安全行为，工伤就不可避免。有效的培训计划当然也包括让员工理解和接受安全观念。

（6）各级主管必须进行安全审核。杜邦要求管理人员必须有计划地对工厂的运行状况进行检查，以评估安全和健康计划的实施成效。对设备和计划的全面检查，不仅可以了解实现预期工作目标的进展程度，而且可以发现具体问题，并有助于识别安全生产方面所存在的问题。

（7）发现不安全因素必须立即纠正。杜邦公司要求管理人员在检查过程中迅速解决发现的问题。措施包括检修设备、修改程序、对员工培训或进行适当的惩罚。当然惩罚作为一种手段只能在必要时采用。

（8）工作外的安全与工作中的安全同等重要。杜邦公司认为公司员工在安全和健康方面的关系不只局限于工厂内部。工作之余的伤害和工伤同样不幸。工作之外的伤害和疾病不仅是员工及家庭成员的个人损失，同样也会严重影响工厂的正常运行。

（9）良好的安全状况等于良好的业绩。健全的安全体系不但能保障员工安全与健康，而且对企业来说，它与成本和效益密不可分。员工的伤害和疾病会严重影响工厂的运行，因此员工的安全、健康与企业的成本、效益密切相关。

（10）安全工作以人为本。杜邦认为，员工的素质是保证安全的一个主要因素。理解力强、训练有素和目标明确的员工是公司最大的财富。公司通过对每一位员工的真正关心来建立与员工彼此尊重的关系。

现在杜邦公司有时也把全员参与安全管理作为基本原则之一。领导作用至关重要，但每个员工都应被动员起来，为追求卓越的安全绩效贡献力量。无论制度怎么制定，最终还是要落实到员工具体的实施过程中。也可以说，有 11 条基本原则。不管是 10 条或 11 条原则如何表述，杜邦公司安全管理指导思想的含义是不变的。

另外，杜邦公司还有 10 条规定是每个员工在任何条件下都不能违背的。一旦有员工违背并被证明属实，就会因此丢掉工作。其原则就是，如果你不能保证遵守这样的规定，宁可不要在这里工作。"公司不希望看到员工受到伤害，对于那些可能造成严重伤害的违规行为不是不给员工机会，而是机会不给我们；而对那些不会造成严重伤害的违规行为，杜邦公司会给员工时间来调整自己的状态。如果不敢肯定某项工作是安全的，就不要做。"这就是杜邦公司员工的工作指南，预防思想处处体现在杜邦公司内。

维护安全在杜邦公司已经成为一种优秀传统。在杜邦公司任何一个会议上，无论是内部员工开会还是与政府首脑会谈，会议的主持人总是先介绍安全出口，即开会之前必有保安考察，弄清楚紧急疏散步骤；每月必须召开安全会议；办公室安全从一开始的规划（如人均办公面积、公共通道的宽度、安全出口数量以及材料的选用）到专门编写了办公室安全手册并配以录像（如铅笔芯朝下插在笔筒内，等等），都要从安全角度加以考虑，不能留有隐患。对看起来很小的事情、习惯都进行了规定，制度成习惯，习惯成文化。诸如此类的事情，已经融入了杜邦公司的血液。每一项制度后面很可能都有一件事故存在，对于一个高度重视安全的企业来说，对每次事故都不视为偶然事件，会尽量思考它后面的原因，让事故留下制度性遗产，以避免今后同类事故再次发生。虽然杜邦公司早就停止了火药生产，也脱离了石油业务，企业扩展到了全球，但安全管理却更加细化。

据统计，在杜邦公司中国的一个工厂总经理的年终总结中，20% 的内容是关于安全的，某一员工的内部电子邮件 43.75% 的内容与安全有关，员工的日常交流中 40% 多是与安全有关，他们在安全管理方面的表现是员工业绩评价的最重要方面。无论是在中国的工厂还是在其他国家的工厂，每天早晨，杜邦工厂管理人员碰面时，回顾和讨论的第一件事不是生产，而是安全。只有在检查完事故和险情报告，并且已经采取了矫正行动后才去检查产出、质量和成本事宜。杜邦公司从小的方面入手积极地对待安全问题，现在安全是杜邦公司核心价值之一，全体员工都在为达到零事故率不懈努力。

杜邦公司每个月会组织不同形式的安全活动，包括安全知识竞赛、安全理论辩论赛、安全培训等，目的就是让员工自发地理解、认可公司的安全思想。如此谨小慎微的安全教育、规章制度和具体措施是杜邦公司做好安全工作的一个个鲜活元素，也是确保企业安全生产的坚实基础。这些看似微不足道的细节和元素，恰恰就是安全工作的命脉之穴，也正是成就今日杜邦公司作为享誉全球的"安全公司"品牌美称的奠基石。古人言：千里之堤，溃于蚁穴。安全管理中的细节就犹如拦洪大堤的细小"管涌"，最不容易被人察觉，而导致溃堤往往就是由这些微小的隐患所致。

在杜邦公司有两个"10倍"，除了杜邦公司的安全记录优于其他工业企业平均"10倍"，还有就是杜邦公司员工上班时比下班时还要安全"10倍"。安全已经延伸到每个员工家庭、旅游等生活中每个细节。杜邦公司从1953年开始考察员工下班后的安全表现，并提出包括员工在家里因做家务受了伤也要向公司汇报。杜邦总裁解释说，平时讲究安全就能远离意外的阴影。有一个客商说过："如果你在街上发现有个人上楼梯总是扶着扶手，他十有八九是杜邦人"。杜邦集团北京分公司的一位员工说自己现在外出过马路比加入杜邦公司前要小心得多；每次到餐厅吃饭，假如餐厅是两层的，一般选择在一楼离出口比较近的位置。中国苏州杜邦聚酯有限公司要求骑自行车的员工在下雨天过十字路口、转弯或过马路时，应取下雨帽通过，避免雨帽阻碍视线等。

杜邦公司明白，无论企业的安全体系多完善，安全设备有多先进，要是员工没有意识到安全的重要性，什么体系和设备都不可能发挥作用。杜邦公司正是靠着这些繁琐、细小的规定影响着每一位员工，拉开了与其他企业的距离，并创造了世界上最安全的公司。

杜邦公司的安全目标是"零"，即零伤害、零职业疾病和零事故。不管是"零"还是"没有"，很多人对此感到很吃惊。但对杜邦公司员工、股东、客户及杜邦公司周围的社区来说绝不陌生，因为杜邦公司知道所有的事故都是有原因的，所有的工业事故都是可以预防的，那么"零事故"就是可以达到的。杜邦公司从一开始就设定很高的目标，高目标自然也会使得企业加倍地努力，至少在达到这个目标之前企业所有的不断迈向零事故的努力都是企业安全的首要工作。这也为企业创造好的安全业绩打下了坚实的基础。杜邦公司把目标定为零，就是让员工明白任何事故都是不能接受的，一旦接受了一件事故，很多事故就会接踵而来。

2. 壳牌公司（Shell）安全管理理念

壳牌公司生产范围广且生产过程复杂，潜在的 HSE 风险覆盖面很广。这些风险包括主要流程安全事件、不遵守核准的政策、自然灾害和流行病的影响、社会动荡、国内战争和恐怖活动、对常规操作危险的接触、个人健康和安全以及犯罪。这些风险的结果可以具体化为伤害、死亡、环境破坏和商业活动的破坏。为此，壳牌公司拥有单独的风险控制框架，用以识别和管理风险。壳牌公司在 100 多个国家都运用统一的价值观、原则和指导方针开展业务，这些价值贯彻于全球统一的四项核心政策之中。

壳牌公司在世界各地的业务公司和运营公司都建立了一整套健康、安全和环保管理系统，同时还会与合资公司的合作伙伴、承包商以及相应利益方一起工作，努力宣传并影响他们去采用与壳牌公司相一致的健康、安全及环境保护的管理系统。壳牌公司的健康、安全及环保的管理系统通过人员、资源、政策及程序来得到实施，是一个很有强适用性的方向管理系统工程，它同时包括监测与改进功能，这使它没有停留在纸上，而是通过全体员工的参与贯彻到日常工作的每一个角落。

1）有效的管理运行手段与沟通机制

改善安全管理计划的成败，取决于员工如何获得推动力及如何互相联络沟通。成功要诀之一是与各级员工取得沟通，渠道包括书面通知、报告、定期通信、宣传活动、奖励（奖赏）计划、个别接触，以及最为有效的方法——在各级别职工内召开系统的安全会议。这些会议既可让个人参与安全事项，又无须讲授内容或公开发言，同时还可在会上畅所欲言。

安全会议应由管理层轮流分工举办，并当遇有特定的安全问题需要讨论时召开。各级管理层应尽量利用各种可行的推动方法，鼓励与会者积极讨论及提出意见。令安全会议形成越见成效就越具有推动力的方法，是让接受管理层指导的工人主持会议，并先行得知讨论项目及讨论目的和纲要。当承包商属于工人职级时，他们也应获得这个机会。为使会议更为见效，与会人数不应超过 20 人，而会上得出的结论及提出的关注事项也记录在案，并切实加以处理。

召开安全会议的主要目的是：寻求方法根治危险状态和行为；向全体员工传达安全讯息；获得员工建议；促使员工参与安全计划及对此做出承诺；鼓励员工互相沟通及讨论；解决任何已出现的关注事项或问题。

对会上未能解决的事项及具有一般重要性的行动事项，也应提呈适当的经理人员或其中一个属于管理层的安全委员会加以关注。有关方面应尽早做

出回复，以免尚待解决的行动事项不断积聚。

除召开系统的安全会议外，当管理人员与下属研讨将要进行的工作时，也需讨论相关的安全事项，如工作计划、施工过程、工作例会等。

管理层在安全委员会中及安全会议上组织讨论的主要目的，是探讨各级员工对安全计划的观感，以及安全资料及讯息是否正确无误地传达。为要继续给予员工推动力，管理层务必鼓励员工做出回应，各抒己见。

2）强化伤亡意外及事故调查跟进工作

各壳牌公司都订立有完善的事故调查程序，但进行调查的宗旨是防止事故重演。进行意外调查的责任该由各级管理层负责而非安全部门。管理层应该解答的主要问题是：我们的管理制度有何不当以致这宗意外发生？

员工应知道"何为意外起因"与"责任谁负"，两个问题不应混淆。尽管一宗意外可能由一人直接引致，但有关方面往往动辄将责任归咎到有关人士身上。举例而言，与意外有关的人员可能被委以自身不能胜任的任务；或所获的指示、监督或训练有所不足；又或不熟悉有关程序或程序不适用于其当前正进行的工作等。

经验显示，如果意外调查的重点只为追究责任，则酿成意外的事实真相将更难确定。而这些真相又必须被利用来达到调查的目的——避免意外重演。

在调查意外起因期间，若发现公司或承包商的员工公然漠视安全，有关方面自当考虑采取相应的措施。

意外调查应按多项基本原理进行：即时调查；委派对工作情况有真正了解的人员参与调查；搜集及记录事实，包括组织上的关系、类似的意外事故及其他相关的背景资料；以"防止类似事故重演"作为调查目的；确定基本的肇事原因；建议各项纠正行动。

各项建议务必贯彻执行，任何所获的经验教训应该告知公司及集团全体员工，并于适当情况下告知其他有关人士。

3）有效的安全训练

壳牌公司推行改善安全管理计划，务必全力确保员工在安全条件下了解计划的详情，以及计划背后的基本原理。令管理层和所辖员工及承包商接受这些基本原理，是管理层最大的挑战。此外，举办系列介绍会、研讨会及座谈会，也是达到这个目标的主要措施。

这些措施可令安全计划迅速普及全公司，但管理人员与下属进行的非正式讨论及汇报也同样重要。所用方法务必贯彻统一，使各人均获相同的讯息。高层管理部门自当参与这些介绍会，以示本身对安全的承诺。有关重点是需要改变人们对安全的态度，证明个人行为如何成为预防意外发生的关键因素。

技术训练是有效的活动，但应将特定的安全项目列入训练计划中。训练计划应系统地加以策划，使行为上的训练与工作需要的技术训练取得平衡。管理层应策划及监督专为各人设立的训练计划的整项进度，借以确保有关人士获得全面训练，帮助其履行职务。

对安全水平及行为进行审查。大多数的壳牌公司均已订立安全检查及审查计划，并经常集中检查设备及程序上的安全情况，且由管理人员、经理、安全部门代表，按照多为数月一次或数年一次的固定进度表进行。有关人员致力于该项目提高安全检查的效用，项目包括各次检查的内容、范围及参与人选，并采取措施监督各项检查建议是否在适当时候实行。

同时，对危险行为及危险工作情况也该予以检查。此项任务可在经理或管理人员每次进入一个工作区域时进行，其中包括注意员工举动、生产操作时的方法及所穿的服饰，并留意各项工具、装备及整体的工作环境，及时纠正危险行为及情况，避免意外发生，将他们的行为及情况记录在案，成为安全评价的参考。

员工最终均可察觉何为危险行为。当某员工能够自行检查本身的工作区域和其本身与同事的行为及工作情况，而这些程序又为各人所愿意接受时，可取得良好安全成效的最佳环境便出现。唯一令员工对安全管理的态度做出上述基本转变的情形，就是公司的整体安全文化促使这类行为出现。

4）切实可行的安全目标

壳牌公司通过改善安全管理方法，使意外伤亡频率下降。只要制定的安全政策得以继续施行及人们对安全的承诺得以维持，每年的意外伤亡频率也应该逐步下降。一般而言，可以将意外伤亡频率每年达到一定跌幅作为目标，但长远目标应为达到全无意外伤害发生的安全成效。管理层应发展一套计划以达到长远的安全目标，而公司推行改善安全管理计划时，更应定下推行计划的进度程序。各部门应按书面列明的进度发展各自的安全计划及目标。

安全目标尽量以数量显示，其内容可包括下列各项：按照完成进度而制定的指令、守则、程序或文件；召开安全委员会会议及其他安全会议的次数；进行各项检查或审查的次数；举行涉及公司内外资源的态度计划排练的次数；编排与安全有关设施的进度及实行新程序的日期。

员工报告内容应该列明与安全有关的目标或可衡量安全绩效的任务。这些目标或任务应与部门及公司的目标符合一致。管理层若不给予员工有关改善安全绩效的工具，如训练及正确装备，则不可能使安全成效有所改善。

5）安全绩效的严格衡量

壳牌公司注重安全绩效，采取残疾伤害或意外伤亡（LTI）频率作为一项衡量安全成效的方法，且为壳牌公司进行各项伤亡事故统计的依据。这种方法与同行业或其他行业的工业安全分析做法相近，以便能对安全成效做出直接比较。利用工时损失频率也是一种有效的分析指标，但在意外伤亡（LTI）的总数过少或业务规模较小而且伤亡意外数字又接近或等于零的情况下就缺乏准确性。当出现上述情况时，不能依赖该项指标作为安全绩效的指标，需采用更为精确灵敏的衡量方法。

6）制定严谨而广为认同的安全标准

壳牌将安全工作分为两个部分，即设计、设备及程序上的安全工作，以及人对安全的态度和所付诸实践的行为。设计及应用安全技术程序文件是达到良好安全的基本要求。安全标准可以是工作程序、安全守则与规程以及厂房管理规定。其标准的关键有以下几方面：应以书面制定，使之易于明白；标准必须告知公司及承包商的全体员工；当一项守则或标准所定的程序被认为不切实际或不合理时，该项守则或标准多不会为人所接受，也不会有人甘愿遵从，必将难以执行，相反安全标准则较易接受；安全标准应随环境改变，以及考虑到公司本身与其他公司所得的安全经验而进行修订。

安全标准的成败取决于人们遵守的程度。当标准未被遵行时，经理或管理人员务必采取有关的相应行动。假如标准遭到反对而未予纠正，则标准的可信性及经理的信誉与承诺就会被置疑。

7）设置精明能干的安全顾问

经理级人员往往将安全事项交至安全部门负责，但安全部门并无权利负责，也无义务处理他人管理下所发生的事故。其职责只是提供意见，予以协调及进行监管。要有效履行这些职务，安全部门人员需具备充分的专业知识，并与各级管理层时刻保持联络。该部门更需密切留意公司的商业及技术目标，以便向管理层提供有关安全政策、公司内部检查及意外报告与调查的指引；向设计工程师及其他人士提供专业安全资料及经验（包括数据、方法、设备等）；指导及参与有关制定指令、训练及练习的准备工作；就安全发展事项与有关公司、工业部门及政府部门保持联络；协调有关安全成效的监督及评估事项；给予管理层有关评估承包商安全成效的指引。

安全部门员工的信息举足轻重，且为改善安全管理计划的一大关键。建立这种信誉的途径，包括交替选派各部门员工加入安全部门，并将安全部门的要务委于素质较高的员工，作为他们职业晋升发展的能力体现。这些员工既可改善部门的素质，亦可培养本身的安全意识及安全管理文化，为日后出任其他职位打基础。

8）明确各级管理层的安全责任

某些公司仍存有一种观念，以为维护安全主要是安全部门或安全主任的责任。这种想法实为谬误。安全部门的一项重大任务就是充当专业顾问，但对安全政策的履行并无责任或义务。这项责任应由上至总经理下至各层管理人员的各级管理层共同肩负。

高层管理人员务必订立一套安全政策，并发展及联络实行此套政策所需设立的安全组织。

安全事项为各层职员的责任，其责任需列入现有管理组织的职责范围内。各级管理层肩负的安全责任及义务必须清楚界定于职责范围手册内。

在推行安全操作、设备标准及程序、安全规则等安全规章制度时，需具备一套机制。安全组织必须鼓动讯息及意见上呈下达，使得全体员工有参与其中之感。

各经理及管理人员均有责任参与安全组织的事务，并需显示个人对安全计划的承诺，譬如树立良好榜样，并及时有建设性地回应下列项目：安全成效差劣与优异；欠缺安全工序的标准；衡量安全成效方法的正确及差劣；欠缺安全计划、方案及目标，或有所不足；安全报告及其做出的建议；不安全的工作环境及工序；个人采取的安全方法不一致；训练及指令不足；意外与事故报告及防止其重演所需的行动；改善安全的构想及建议；纪律不足。

在评定员工表现时应该加入一项程序，就是对各经理及管理人员的安全态度及成效做出建设性及深入的考虑。安全责任需由较低层次的管理人员承担。全体员工均应致力参与安全活动，并了解各自在安全组织内所担当的职务和他们本身应有的责任。

9）明确、细致和完善的安全政策

有效的安全政策理应精简易明，让人人知悉其内容。这些政策往往散列于公司若干文件中，有些或采用法律用语撰写，使员工有机会阅读。为此，各公司均需制定本身的安全政策，以符合各自的需求。

制定政策时应以下基本原理作为依据：

（1）确认各项伤亡事故均可避免及理应避免的原则；

（2）各级管理层均有责任防止意外发生；

（3）安全事项应该与其他主要的营业目标得到同等重视；

（4）必须提供正确操作的设施，以及订立安全程序；

（5）对各项可能引致伤亡事故的业务和活动，均应做好预防措施；

（6）必须训练员工的安全能力，并让其了解安全对他们本身及公司的裨益，而且属于他们的责任；

（7）避免意外是业务成功的表现。实现安全生产往往是工作有效率的证明。

以下是某公司的安全政策方案：预防各项伤亡事故发生；安全是各级管理层的责任；安全与其他营业目标同样重要；营造安全的工作环境；订立安全工序；确保安全训练有成效；培养对安全的兴趣；建立个人对安全的责任。

10）管理层对安全事项作出明确承诺

这是壳牌公司各项安全管理特点中最为重要的。管理层如不主动和一直给予支持，安全计划则无法推行。安全管理应被视为经理级人员一项日常的主要职责，同营业、生产、控制成本、牟取利润及激动士气等主要职责一起，同时发挥作用。

公司管理层可通过下列内容显示其对安全的承诺：

（1）在策划与评估各项工程、业务及其他营业活动时，均以安全成效作为优先考虑的事项。

（2）对意外事故表示关注。总裁级人员应与一位适当的集团执行董事委员会成员商讨致命意外的全部细节及为避免意外发生所采取的有关措施。总裁级以下的管理层亦该同样关注各宗意外事故，就意外进行调查及跟进工作以及讨论有关人士的赔偿福利事项。

（3）选择经验丰富及精明能干的人才承担安全部门职责。

（4）准备必要的资金，作为创造及重建安全工作环境之用。

（5）树立良好榜样。任何漠视公司安全标准及准则的行为，均会引起其他人士效仿。

（6）有系统地参与所辖各部门进行的安全检查及安全会议。

（7）在公众和公司集会上及在刊物内推广安全讯息。

（8）每日发出指令时要考虑安全事项。

（9）将安全事项列为管理层会议议程要项，同时应在业务方案及业绩报告内突出强调安全事项。

管理层的责任是确保全体员工获得正确的安全知识及训练，并推动他们使得壳牌集团及承包商的员工具备安全工作的意愿。改变员工态度是成功的关键。良好的安全行为应该列为一项雇用条件，并应与其他评定工作表现的准则获得同等重视。就公司各部门的安全成效而言，劣者需予以纠正，优者则需予以表扬。

从1998年开始壳牌公司的伤害率持续下降了近50%。在2007年，总可记录事故频率（total recordable case frequency，TRCF，壳牌公司定义为每百万工时需要得到医疗或离工时间的承包商和员工伤害的数目）再一次得到了改良，比预期目标更好。TRCF在全公司计分卡的持续发展部分保持指标领先，强调了提高安全绩效的重要性。

3. ENBRIDGE 安全管理理念

ENBRIDGE 公司总部设在加拿大艾伯塔省卡尔加里市，管辖着北美洲70000km的管线以及北美洲以外4000km的管线。有员工4000人，分布在加拿大、美国、西班牙和哥伦比亚。该公司以液态烃和天然气管道输送为主营业务，其位于加拿大艾伯塔省艾德蒙顿市的下属某管道公司在能源运输领域就有50多年的历史。它拥有世界上最长的液态烃输送管道。在北美洲，该公司具有超过55年的能源运输经验。其位于加拿大安大略省多伦多市的下属天然气公司由艾伯塔省艾德蒙顿市进行远程运营，天然气传输配送平均量达 $14 \times 10^8 \text{ft}^3/\text{d}$，管线全长33000多千米，地下存储能力达 $1000 \times 10^8 \text{ft}^3$，更具超过55年天然气配送方面的丰富经验。该公司除服务于170多万个工业、商业等广大用户以外，每年还额外增加5万多个新客户。

作为加拿大最大的天然气输送系统和北美洲最长、最复杂的液态烃管道系统之一的运营商，究竟是怎样以完善有效的管理体系将其推到业界领袖这样一个地位？

1）指导原则

（1）员工的健康和安全是企业经营的首要条件。

（2）处理所有操作中存在的风险，以防止职业伤害和疾病，主要通过以下方式：

①适当的工作规划和组织；

②危险源辨识；

③检查和事故调查；

④培训。

（3）各级管理层对提供一个安全的工作环境和养成安全的工作态度负责。

（4）为了确保员工了解自己的职责，管理部门对以下负责：

①建立规则和程序；

②提供适当的设备；

③提供适当的培训。

（5）在任何时候，所有员工必须遵守所有健康和安全的政策并遵循所有既定的规则和程序。

（6）公司的健康、安全规则和程序将遵守政府法规和标准，与行业守则和导则相符合。

（7）确保个人及工友安全的工作方式是所有员工的责任。

（8）公司期望其承包商遵守企业的健康和安全政策以提高自身的安全工作实践。

（9）卓越的健康和安全绩效将通过所有员工的支持和参与而实现。

2）安全愿景

企业的安全愿景是贯彻和保持安全管理系统，以反映企业组织结构、满足设定的安全目标以及提供有效管理的安全规划所需的程序资源。

企业的使命是确保安全绩效的持续改进，使安全成为安全管理程序和日常工作程序一个内在的组成部分，达到或超过所有行业的安全标准和法律要求。

第三节　中国石油安全管理方法

中国石油天然气集团公司（以下简称中国石油）是集油气勘探与生产、天然气与管道、炼油与化工、销售、国际油气业务、国际贸易、工程技术服务和石油装备制造于一体的综合性能源公司，是我国油气行业占主导地位的最大的油气生产和销售商。近年来，公司坚持"环保优先、安全第一、质量至上、以人为本"管理理念，努力打造"安全清洁、节约优质"的发展模式。在安全生产中，致力于建立安全生产长效机制，追求"零伤害、零损失、零事故"。中国石油深入贯彻"环保优先、安全第一、质量至上、以人为本"的理念，全面推进 HSE 管理体系建设，强化全员责任，严格过程监管，保持了安全发展、清洁发展的良好态势；安全环保管理水平稳步提升，全员安全环保意识明显增强，全面完成了集团公司下达的各项安全环保业绩指标，保证了天然气安全平稳供应和油气储运设施的安全运行。

石油石化行业安全管理是企业经营的重要组成部分，它关系到企业经营状况的好坏和企业的整体形象，是企业振兴与发展的一项重要工作。加强企业的安全管理、防止事故的发生，减少人身伤害、环境污染是该行业的一项长期、艰巨而又需要持之以恒抓好的重要工作，石油行业的安全生产意义重大。石油石化行业属于高风险行业，安全管理难度大，表现在：

（1）生产过程风险大，涉及物料危险性大；生产工艺技术复杂，运行条件苛刻；石油生产装置大型化，生产规模大；管道纵横贯通，装置技术密集，事故预防和控制难度大。

（2）油气管网生产运营安全风险高。社会环境复杂，管道保护压力大。自然条件复杂，管网安全运营难度大。

（3）员工队伍素质需进一步提高。多种用工体制和素质给安全运营带来挑战。

（4）承包商管理有待加强。

一、中国石油安全管理概述

1. 中国石油安全管理的演变

中国石油的安全管理主要可以分为三个阶段。第一阶段是经验管理阶段，从 20 世纪 60 年代初到改革开放前，以大庆石油会战为标志，逐步形成"大庆精神"、"铁人精神"、"三老四严"、"四个一样"、"岗位责任制"、"岗位责任制大检查"等做法。这个时期的安全管理，主要是以典型经验和典型个人为代表的经验型管理。第二阶段是制度管理阶段，从改革开放以后到 21 世纪初，中国企业在扩大开放，引进外资、引进技术、引进先进管理方法的过程中，逐步走向科学管理（靠规章制度）阶段，中国石油的安全管理也进入以制度管理为主体的阶段，学习和引进许多国外企业的安全管理理念和做法，包括引进国际石油化工行业通用的 HSE 管理体系。第三阶段是文化管理阶段，目前中国石油安全管理处于制度管理阶段，正积极推动企业文化建设，通过实践中的不断探索，目前已逐步形成了"以人为本抓安全"的"人本观"，"一切事故都是可以控制和避免的"的"预防观"，"安全源于责任心、源于设计、源于质量、源于防范"的"责任观"，"安全是最大的节约、事故是最大的浪费"的"价值观"，"一人安全，全家幸福"的"亲情观"等具有时代特征和企业特色的安全文化理念。中国石油企业文化建设是一个继承创新的长期过程。

2. 中石油安全管理的现状

中国石油在安全生产中致力于建立安全生产长效机制，追求"零伤害、零损失、零事故"。至 2010 年，安全生产状况实现根本好转，亿元产值损失率、百万工时损时率、千人死亡率、千台车死亡率等指标达到国内先进水平。

2008 年，公司通过完善 HSE 制度标准体系和应急管理体系，主要安全指标明显好转，环保控制指标持续改善，全年未发生重大和较大安全、环保事故。按照《HSE 体系建设推进计划》完善 HSE 制度标准体系，确定了新的 HSE 制度框架，制定并试点推行了 41 项总部通用 HSE 制度以及《HSE 培训系统改进方案》和《HSE 绩效管理改进方案》。为统一 HSE 认识，规范 HSE 行为，培育 HSE 文化，2008 年集团公司制定并出台了《中国石油天然气集团公司反违章禁令》，2009 年制定并出台了 HSE 管理九项原则。通过加大宣传和培训力度，将相关要求层层贯彻落实到基层班组，员工安全意识和行为显著提高，企业安全文化和氛围显著改善。在消除物理隐患方面，公司通过加大安全投入，加强重点领域、要害部位和关键环节的安全监管，安全风险控制状况得到明显改善。2008 年全年工业生产事故总起数、死亡人数分别比上年下降 13.8% 和 25% 。

在员工健康方面，坚持"预防为主，防治结合"方针，从职业健康监护入手，健全完善职业健康管理制度和保障措施，创造有利于员工健康的工作环境。积极开展职业健康监护，加强职业病防治机构、健康体检中心建设，重点开展了员工岗前、岗间、离岗职业健康体检和高毒危害作业、放射作业职业健康体检。2008 年，职业健康体检率达 93% ，作业场所职业病危害检测率达 93% 。

在环境保护方面，严格遵守国家环境保护法律法规，切实加强污染减排，强化环境风险管理，将污染控制和资源综合利用纳入生产管理全过程。2008 年，废水中主要污染物 COD 和石油类排放量同比分别削减 8.6% 和 12.1%，废气中主要污染物二氧化硫排放量同比下降 5.6% ，环境风险控制能力稳步提升。对新建、改建、扩建项目和技术改造项目，严格执行"三同时"制度，始终保持环境影响评价执行率和环境保护验收通过率两个 100% 。

在应急管理方面，进一步加强和完善应急组织体系建设，建立健全安全预警机制。2008 年 3 月，在安全环保部成立应急管理处，作为集团公司应急领导小组的工作机构，侧重经常性应急管理和准备工作。坚持预防与应急相结合、常态与非常态相结合，不断健全监测、预测、预报、预警和快速反应系统，形成了"统一领导、分工负责、部门联动"的应急管理格局。并通过加强应急救援基地建设，不断强化专业消防救援力量，加大装备更新改造力度，不断提高应对突发事件处置能力。

经过多年来的积累，中国石油已建成总体结构涵盖油气管道主要生产环节的标准体系，为规范建设、生产运营发挥了重要作用。但与世界先进石油公司相比，在安全管理中仍存在较大差距和不足，具体体现在：标准系统性和先进性有差距；建设标准与运行管理要求部分不匹配；部分工作无适用标准或标准不够严谨；标准体系存在滞后、缺失、交叉；采标不足等。中国石油安全管理所处的阶段如图1-2所示。

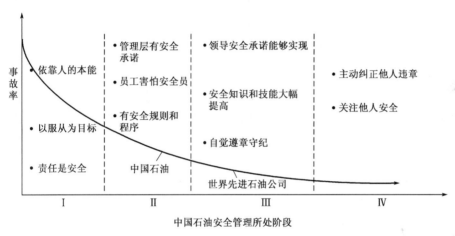

图1-2 中国石油安全管理所处的阶段示意图

二、HSE 管理九项原则

中国石油坚持以 HSE 管理体系为主线，坚持"以人为本、预防为主、全员参与、持续改进"的 HSE 方针，以"零伤害、零污染、零事故"为 HSE 目标，建立了科学先进有效的 HSE 体系。

为统一 HSE 认识，规范 HSE 行为，培育 HSE 文化，确保集团公司 HSE 方针和战略目标得到更好的贯彻落实，集团公司依据 HSE 方针和战略目标，借鉴国际大公司通行做法，结合公司实际，编制 HSE 管理九项原则。HSE 管理九项原则是对集团公司 HSE 方针和战略目标的进一步阐述和说明，是针对集团公司 HSE 管理关键环节提出的基本要求和行为准则。HSE 管理原则与HSE 方针和战略目标共同构成集团公司 HSE 管理的基本指导思想。

1. 九项原则的内容

第一，任何决策必须优先考虑健康、安全、环境；

第二，安全是聘用的必要条件；

第三，企业必须对员工进行健康、安全、环境培训；

第四，各级管理者对业务范围内的健康、安全、环境工作负责；

第五，各级管理者必须亲自参加健康、安全、环境审核；

第六，员工必须参与岗位危害识别及风险控制；

第七，事故隐患必须及时整改；

第八，所有事故事件必须及时报告、分析和处理；

第九，承包商管理执行统一的健康、安全、环境标准。

2. 九项原则的内涵

第一项原则"任何决策必须优先考虑健康、安全、环境"指的是：HSE工作首先要做到预防为主、源头控制，即在战略规划、项目投资和生产经营等相关事务的决策时，同时考虑、评估潜在的 HSE 风险，配套落实风险控制措施，优先保障 HSE 条件，做到安全发展、清洁发展。

第二项原则"安全是聘用的必要条件"指的是：员工应承诺遵守安全规章制度，接受安全培训并考核合格，具备良好的安全表现是企业聘用员工的必要条件。企业应充分考察员工的安全意识、技能和历史表现，不得聘用不合格人员。

第三项原则"企业必须对员工进行健康、安全、环境培训"指的是：接受岗位 HSE 培训是员工的基本权利，也是企业 HSE 工作的重要责任。企业应持续对员工进行 HSE 培训和再培训，确保员工掌握相关的 HSE 知识和技能，培养员工良好的 HSE 意识和行为。

第四项原则"各级管理者对业务范围内的健康、安全、环境工作负责"指的是：各级管理者是管辖区域或业务范围内 HSE 工作的直接责任者，应积极履行职能范围内的 HSE 职责，制定 HSE 目标，提供相应资源，健全 HSE 制度并强化执行，持续提升 HSE 绩效水平。

第五项原则"各级管理者必须亲自参加健康、安全、环境审核"指的是：各级管理者应以身作则，积极参加现场检查、体系内审和管理评审工作，了解 HSE 管理情况，及时发现并改进 HSE 管理薄弱环节，推动 HSE 管理持续改进。

第六项原则"员工必须参与岗位危害识别及风险控制"指的是：任何作

业活动之前，都必须进行危害识别和风险评估。员工应主动参与岗位危害识别和风险评估，熟知岗位风险，掌握控制方法，防止事故发生。

第七项原则"事故隐患必须及时整改"指的是：所有事故隐患，包括人的不安全行为，一经发现，都应立即整改，一时不能整改的，应及时采取相应监控措施。应对整改措施或监控措施的实施过程和实施效果进行跟踪、验证，确保整改或监控达到预期效果。

第八项原则"所有事故事件必须及时报告、分析和处理"指的是：要完善机制，鼓励员工和基层单位报告事故，挖掘事故资源。所有事故事件，无论大小，都应按照"四不放过"❶原则，及时报告，并在短时间内查明原因，采取整改措施，根除事故隐患。应充分共享事故事件资源，广泛深刻吸取教训，避免事故事件重复发生。

第九项原则"承包商管理执行统一的健康、安全、环境标准"指的是：企业应将承包商 HSE 管理纳入内部 HSE 管理体系。承包商应按照企业 HSE 管理体系的统一要求，在 HSE 制度标准执行、员工 HSE 培训和个人防护装备配备等方面加强内部管理，持续改进 HSE 表现，满足企业要求。

3. 九项原则的贯彻落实

第一要准确把握其本质与内涵。HSE 管理原则是结合集团公司实际，针对 HSE 管理关键环节，主要对各级管理者提出的 HSE 管理基本行为准则。HSE 管理原则重在规范管理过程，是各级管理者的"规定动作"；反违章禁令重在约束操作行为，是全体岗位员工的"规定动作"。两者各有侧重，相辅相成。要结合企业实际，逐项细化原则内容，逐项解释原则本质内涵。企业各级领导和管理人员都要熟知熟记，任何决策必须优先考虑健康、安全、环境。安全发展、清洁发展是全面落实科学发展观、构建和谐社会的内在要求。良好的 HSE 表现是企业取得卓越业绩、树立良好社会形象的坚强基石和持续动力。在集团公司工作会议上，党组明确提出，安全清洁的发展模式正在成为企业新的竞争优势，是集团公司实现又好又快发展的基础。如果做不到安全生产、清洁生产，即使收入再高、利润再多、规模再大，我们的发展也是不全面、不健康的，就背离了党和国家的要求，就失去了发展的意义。HSE 工作首先要做到预防为主、源头控制，即在进行战略规划、项目投资和生产经

---

❶国家对发生事故后的"四不放过"处理原则的具体内容是：事故原因未查清不放过；事故责任人未受到处理不放过；事故责任人和周围群众没有受到教育不放过；事故没有制定切实可行的整改措施不放过。

营等相关事务的决策时，同时考虑、评估潜在的 HSE 风险，配套落实风险控制措施，优先保障 HSE 条件，做到安全发展、清洁发展。

第二要健全落实 HSE 管理原则的保障措施。各单位都要认真逐项对照HSE 管理原则要求，梳理现行制度，拾遗补缺，进一步完善安全环保重大事项领导决策程序，完善员工聘用雇佣、承包商管理等规章制度，落实直线责任、属地管理机制。要健全落实 HSE 管理原则的奖惩机制，纳入对各级领导、管理人员的安全环保业绩考核指标，做到制度严密，考核严格。要特别注重安全是聘用的必要条件，员工应承诺遵守安全规章制度，认真学习安全知识并考核合格，具备良好的安全表现是企业聘用员工的必要条件。要特别注重企业必须对员工进行健康、安全、环境培训，接受岗位 HSE 培训是员工的基本权利，也是企业 HSE 工作的重要责任，所有员工都应主动接受 HSE 培训，经考核合格，取得相应工作资质后方可上岗。要特别注重承包商管理执行统一的健康、安全、环境标准，企业应将承包商 HSE 管理纳入内部 HSE 管理体系，实行统一管理，并将承包商事故纳入企业事故统计中；承包商应按照企业 HSE 管理体系的统一要求，在 HSE 制度标准执行、员工 HSE 培训和个人防护装备配备等方面加强内部管理，持续改进 HSE 表现。

第三要落实领导承诺，体现有感领导。安全环保关键在领导。所谓"落实领导承诺，体现有感领导"就是指企业各级领导通过以身作则的良好个人安全行为，使员工真正感知到安全生产的重要性，感受到领导做好安全的示范性，感悟到自身做好安全的必要性。落实有感领导必须要履行好岗位安全环保职责。履行岗位安全环保职责是体现有感领导的基本要求。各级领导都要按照"谁主管，谁负责"的原则，切实认识到抓安全环保是自己分内工作的第一要求，认真履行好岗位安全环保职责，加强安全环保工作领导，科学管理，严格要求，严格考核。落实有感领导必须要从自身做起。有感领导的核心作用在于示范性和引导作用。各级领导要以身作则，率先垂范，制定并落实个人安全行动计划，坚持安全环保从小事做起，从细节做起，切实通过可视、可感、可悟的个人安全行为，引领全体员工做好安全环保工作。落实有感领导必须要不断提升自身安全环保管理领导力。掌握基本安全环保知识和管理方法是落实有感领导的基础条件。各级领导要加强学习，想安全、懂安全、能安全。企业要认真抓好处级干部 HSE 培训，新进企业领导班子成员必须接受总部组织的 HSE 培训。

第四要强化直线责任，推进属地管理。强化直线责任，推进属地管理是健全和落实安全环保责任制的必然要求，是推动形成"总部监管、企业负责、齐抓共管、全员参与"工作格局的有效方法。岗位责任是点，直线责任是线，属地管理是面，要做到点、线、面相结合，确保安全环保管理不留死角，不挂空挡。要特别注重各级管理者对业务范围内的健康、安全、环境工作负责，HSE 职责是岗位职责的重要组成部分。各级管理者是管辖区域或业务范围内 HSE 工作的直接责任者，应积极履行职能范围内的 HSE 职责，制定 HSE 目标，提供相应资源，健全 HSE 制度并强化执行，持续提升 HSE 绩效水平。要特别注重各级管理者必须亲自参加健康、安全、环境审核，开展现场检查、体系内审、管理评审是持续改进 HSE 表现的有效方法，也是展现有感领导的有效途径。各级管理者应以身作则，积极参加现场检查、体系内审和管理评审工作，了解 HSE 管理情况，及时发现并改进 HSE 管理薄弱环节，推动 HSE 管理持续改进。

第五要积极开展安全经验分享活动。安全经验分享是指将本人亲身经历或所闻所见的安全、环保和健康方面的典型经验、事故事件、不安全行为、不安全状态、实用常识等总结出来，在会议、培训班等集体活动前进行宣传，从而使教训、经验、常识得到分享和推广的一项活动。要特别注重员工必须参与岗位危害识别及风险控制，危害识别与风险评估是一切 HSE 工作的基础，也是员工必须履行的一项岗位职责。在任何作业活动之前，都必须进行危害识别和风险评估。员工应主动参与岗位危害识别和风险评估，熟知岗位风险，掌握控制方法，防止事故发生。要特别注重事故隐患必须及时整改。所有事故隐患，包括人的不安全行为，一经发现，都应立即整改，一时不能整改的，应及时采取相应监控措施。应对整改措施或监控措施的实施过程和实施效果进行跟踪、验证，确保整改或监控达到预期效果。要特别注重所有事故事件必须及时报告、分析和处理，事故和事件也是一种资源，每一起事故和事件都给管理改进提供了重要机会，对安全状况分析及问题查找具有相当重要的意义。要完善机制、鼓励员工和基层单位报告事故，挖掘事故资源。所有事故事件，无论大小，都应按照"四不放过"的原则，及时报告，并在短时间内查明原因，采取整改措施，根除事故隐患。应充分共享事故事件资源，广泛深刻汲取教训，避免事故事件重复发生。只要我们上下一心，始终保持清醒头脑，克服麻痹思想，增强忧患意识，高标准、高起点，科学管理，扎实工作，就一定能开创安全环保工作新局面，为集团公司建设综合性国际能源公司提供坚实基础保障。

三、反违章六条禁令

不安全行为是造成事故的主要原因。杜邦公司的统计表明，96% 的事故是由人的不安全行为引起的；美国国家安全委员会的统计表明，90%的事故由人的不安全行为引起的。美国安全科学家海因里西基于7.5万起事故的统计结果也提出了类似的结论，并总结出"事故的直接原因是人的不安全行为和物的不安全状态，而且人的不安全行为是主要的"，我国普遍认为人的不安全行为是85%的事故的直接原因。同样有证据表明，预防违章，人的行为和素养得到提升，能够很大程度防止事故发生，产生巨大的经济效益和社会效益。

1. 背景

数据显示，中国石油近年来超过88%的生产事故与违章有关，违章是影响当前集团公司安全生产的最大症结，"反违章"也一直是中国石油安全环保工作的重点。重庆开县"12·23"川东气田特大井喷事故就是一个典型的人的行为失误酿成事故的案例。这个案例十分清楚地指出了两个导致事故的直接原因，其一，副司钻向一明违反操作规程，钻井液的灌注次数不足是导致井喷的直接原因；其二，王建东违反操作规程，指令卸掉回压阀是井喷失控的直接原因。对于协作方的个体违章，整个钻井工程队没有一个人出来制止，而是为了各协作方在整个钻井工程中的共同利益，相互默契、彼此迁就。行为规范也形同虚设，员工把违规操作视为"再平常不过"、"大家平时都是这么干的"。"再平常不过"的违规行为断送了243个人的生命。

分析历年来各类事故可以发现，每件事故事件的背后都有大量违章和不安全行为的存在。例如，吉林油田"6·5"井喷失控事故，"8·10"委内瑞拉井喷失控着火事故，"9·9"大港油田井喷失控着火事故；内蒙古"7·20"、大庆石化"9·7"、辽河石化"10·7"和华东销售"11·24"等销售承包商事故；兰州石化"2·6"、乌石化"5·11"、大庆石化"6·12"、东方物探"11·1"等一系列未遂事故和未遂事件。尽管没有人员死亡，但后果不堪设想。

透过这些现象我们看到，有些人安全环保意识还相当淡薄；"三基"工作❶仍比较薄弱，HSE管理体系运行还存在问题；"三违"现象仍禁而不止；一些安全环保工作历史欠账仍没有完全解决，安全监督管理工作不落实、不到位。

透过这些现象也可以看到，安全问题多发不是规章制度、法律法规太少，而是有章不循的太多。部分员工安全意识不强，图省事、走捷径，"有章不

---

❶"三基"工作指的是基层建设、基础工作和基本功训练。它是20世纪60年代初由大庆油田总结出的基层管理经验并在石油行业发展推广，提出以党支部建设为核心的基层建设、以岗位责任制为中心的基础工作和以岗位练兵为主要内容的基本功训练的"三基"工作。在2011年7月集团公司领导干部会议上，三基工作被赋予了新的内涵：基层建设、基础工作和基本素质。

循，有法不依"几乎成为痼疾。

正是看到违章行为的这一极端危害性，为扭转违章行为频发的状况，中国石油果断决定，颁布六条反违章禁令，向违章行为打出一记重拳。

2. 内容

第一，严禁特种作业无有效操作证人员上岗操作。第二，严禁违反操作规程操作。第三，严禁无票证从事危险作业。第四，严禁脱岗、睡岗和酒后上岗。第五，严禁违反规定运输民爆物品、放射源和危险化学品。第六，严禁违章指挥、强令他人违章作业。违者给予行政处分，造成事故者解除劳动合同。

（1）禁令第一条，当无有效特种作业操作证的人员上岗作业时，处理的责任主体是岗位员工。安排无有效特种作业操作证人员上岗作业的责任人的处理按第六条执行。按照国家有关规定，特种作业范围包括电工作业、金属焊接切割作业、锅炉作业、压力容器作业、压力管道作业、电梯作业、起重机械作业、场（厂）内机动车辆作业、制冷作业、爆破作业及井控作业、海上作业、放射性作业、危险化学品作业等。

（2）禁令中的行政处分是指根据情节轻重，对违反禁令的责任人给予警告、记过、记大过、降级、撤职等处分。

（3）禁令中的危险作业是指高处作业、用火作业、动土作业、临时用电作业、进入有限空间作业等。

（4）禁令中的事故是指一般生产安全事故 A 级及以上。

（5）禁令是针对严重违章的处罚，凡不在本禁令规定范围内的违章行为的处罚，仍按原规定执行。

（6）国家法律法规有新的规定时，按照国家法律法规执行。

3. 释义与评论

反违章禁令的诠释和细化详见《中国石油天然气集团公司反违章禁令学习手册》。该书分为禁令的内涵、禁令的释义、案例剖析三个部分，阐述了反违章禁令出台的背景、目的、出发点，解释了反违章禁令相关概念的内涵和定义，探索了规避各类违章行为的具体措施。具有可操作性和实用性，有助于广大石油员工变"要我安全"为"我要安全"。

反违章禁令是安全理念的升华，中国石油颁布的反违章禁令虽不足百字，却反映出中国石油安全管理工作突出"以人为本"，重视基层建设，重视现场管理，把安全生产由"人人有责"落实到"人人负责"、"人人担责"。这是安全理念的升华。

继而集团公司又对禁令中有关违章时处理的责任主体、特种作业范围、行政处分渐次等级、危险作业指向、事故一词概念级别等作了解释。解释还特别强调处罚是针对严重违章者，凡不在本禁令规定范围内的违章行为的处罚，仍按原规定执行。

反违章禁令从保护人的角度让人人承担起安全的责任，体现人本思想。"以人为本"就是要以人的生命为本，处理好企业发展与安全环保的关系，否则企业发展就毫无意义，经济增长就谈不上有良好基础。

反违章禁令的颁布对实现中国石油近期和未来的安全环保目标具有现实意义。反违章禁令剑锋直指违章行为，这是集团公司向违章行为发动全面进攻的号角。它将惩治违章，遏制事故，提升安全生产管理水平，是立足当前，着眼未来，促进发展的一项重大举措。

第四节　油气管道安全管理概述

天然气与管道业务是中国石油具有成长性的核心业务和具有发展潜力的效益增长点。在油气管道安全管理工作中，坚持以贯彻反违章六条禁令为重点，全面加强安全环保基础建设；严格地落实安全环保责任制和事故问责制度；全面推进和完善 HSE 体系建设，推进管道系统"两书一表"的统一工作；以风险管理为主线，加强危险源管理和控制。深入开展评级与对标工作；加强管道应急管理和防恐保卫。通过上述科学细致的工作，在安全领域取得了显著成绩。

一、HSE 理念与风险管理

近年来，天然气与管道企业贯彻落实中国石油《基层建设纲要》，持续开展"安全环保基础年"活动，进一步夯实基础管理、完善技术规程，集中治理重大隐患，解决制约安全环保发展的瓶颈问题，取得显著成效。严格落实"反违章禁令"（图 1 - 3），强化和提高安全意识，建立"反违章禁令"奖惩机制，从制度、培训、管理等环节入手，结合实际工作将"反违章禁令"具体化，使开展"反违章禁令"活动成为一项常态工作。建立了完善的天然气与管道业务健康、安全、环保管理体系，确保天然气与管道业务生产运行和设计建设的安全、可靠与高效。公司将进一步强化基础管理，全面提升天然气与管道业务健康、安全、环保管理工作。

1. 树立全新的 HSE 理念

安全环保管理水平的提升，根本上需要 HSE 理念的提高。为此，天然气与管道业务高度重视 HSE 理念提升和安全文化建设，快速实现安全文化由严格监督阶段至自主管理阶段的过渡。

要通过深入学习、贯彻落实中国石油"HSE 管理九项原则"，树立全新的 HSE 理念，将其作为各级管理者的 HSE 管理行为准则，落实到各项 HSE 管理制度和实践中，成为各级管理者的"规定动作"。

图 1-3　油气管道公司宣传落实反违章禁令

针对天然气与管道业务，主要树立七大 HSE 理念：

第一：树立决策优先理念，即任何政策必须优先考虑健康、安全、环境。在进行战略规划、项目投资和生产经营等相关事务的决策时，同时考虑、评估潜在的 HSE 风险，配套落实风险控制措施，优先保障 HSE 条件，做到安全发展、清洁发展。达不到健康、安全、环境要求就不立项、不设计、不作业、不投产、不生产。一句话，任何决策达不到健康、安全、环境要求就不拍板。

第二：树立安全聘用理念，即安全是聘用的必要条件。员工应承诺遵守安全规章制度，接受安全培训并考核合格，具备良好的安全表现是企业聘用员工的必要条件。不具备条件的，不得聘用。各级管理人员和操作人员都应强化安全责任意识，提高自身安全素质，认真履行岗位安全职责，不断改进个人安全表现。企业要抓好 HSE 培训工作和安全资格取证工作。

第三：树立风险管理理念，即员工必须参与岗位危害识别及风险控制。危害识别与风险评估是一切 HSE 工作的基础，也是员工必须履行的一项岗位职责。员工要主动参与岗位危害识别和风险评估，熟知岗位风险，掌握控制方法，防止事故发生。企业要建立让全体员工主动参与岗位危害识别和风险评估的机制。天然气与管道业务要全面推广作业安全分析（JSA）、能源隔离与锁定等有效识别、控制风险的做法。

第四：树立事故事件处理理念，即所有事故事件必须及时报告、分析和处理。要进一步严格事故管理，所有事故事件，无论大小，都应及时报告，并在短时间内查明原因，采取整改措施，根除事故隐患。要建立未遂事件报告制度和事故事件学习制度，充分认识到事故和事件也是一种资源，是安全环保工作的宝贵财富。应充分共享事故资源，广泛深刻汲取教训，避免事故事件重复发生。

第五：树立承包商管理理念，即承包商安全管理执行统一的健康、安全、环境标准。企业应将承包商 HSE 管理纳入企业内部 HSE 管理体系，实行统一管理。承包商应按照企业 HSE 管理体系的要求，在 HSE 制度标准执行、员工 HSE 培训和个人防护装备配备等方面加强管理，符合企业要求，持续改进 HSE 表现。

第六：树立质量至上理念，即体现"今天的工程质量缺陷是明天的安全事故隐患"的思想。

为了确保管道的长治久安，必须严格工程全过程质量管理。高度重视质量管理工作，认真落实各项质量控制制度；在施工中明确各方工程质量责任，加强质量监督力度，确保建设本质安全管道。

第七：树立环保优先理念，即区域生态环境优良，则管道安全。

要充分认识管道工程沿线可能面临复杂的自然环境条件，洪水、滑坡、泥石流等影响管道安全的灾害风险持续存在。只有将生态保护与管道安全保护紧密结合，才能最终确保管道运行安全。

2. 全面加强风险管理能力

要切实加强天然气与管道业务安全环保管理，必须建立完善基于风险管理的安全管理机制。要进一步完善风险识别、评价、控制和监控管理，逐步建立从项目设计、建设、安装和投产、运营到退役的全生命周期的 HSE 风险管理理念，逐步由被动、经验型安全管理向主动、科学型安全管理转变，由事后处理型的安全管理向事前预控型安全管理转变。

一是加强项目设计的风险管理。对项目前期安全、环保等专项评价工作要进一步加强，项目设计要严格落实专项评价提出的建议和措施；新建项目全面推行 HAZOP（危险性与可操作性研究）、QRA（量化风险评价）等风险评估技术，并有针对性地应用于在役管道改造。

二是加强项目建设的风险管理。推行开工前 HSE 审计和投产前安全环保条件检查，不符合条件的坚决不开工、不投产；要全面加强项目建设风险控制和 HSE 监督，加强承包商管理；做好项目安全环保专项验收工作。

三是加强作业安全风险管理。统一"两书一表"，全面推行作业安全分析、能源隔离与锁定等 HSE 管理做法，有效控制生产现场作业安全。

四是加强设备设施风险管理。以风险识别、评价为基础，根据评价结果实行分级控制管理，并将各类检查发现和突发事件暴露出来的隐患动态纳入隐患跟踪系统，通过预防性维护手段，实现对隐患状况的整体控制。

五是加强人员安全风险管理。推行行为安全观察制度，及时发现员工不标准行为，有针对性采取管理措施，形成闭环管理。坚持开展"反违章禁令"活动，加强 HSE 培训，提高员工安全意识，实现安全工作从严格监督到自主管理的转变。

二、安全管理工作成效

天然气与管道业务一直是中国石油最具成长性的核心业务和最具发展潜力的效益增长点。天然气产量已连续六年保持两位数高速增长，天然气产销量分别占全国总量的 70% 以上。经过多年投资建设，形成了连接西南、长庆、塔里木、青海四大气区和主要消费市场的全国性天然气管网，油气储运和调控能力不断提高。截至 2008 年年底，运营管道总长度达到 42000km。其中，原油管道 12931km，约占全国的 69%；天然气管道 24225km，约占全国的 90%。

在油气管道安全管理工作中，公司坚持：

（1）以贯彻反违章六条禁令为重点，全面加强安全环保基础建设。

（2）严格落实安全环保责任制和事故问责制度。

（3）全面推进和完善 HSE 体系建设，更加扎实有效地实施 HSE 体系管理，按计划推进管道系统"两书一表"的统一工作。

（4）以风险管理为主线，加强源头控制，加速实现安全环保工作科学管理；加强设计、施工管理，有效提高设计水平；运用风险管理的理念和方法，提高在役油气管道设施运行安全管理水平；重视源头控制，加强隐患治理。

（5）认真学习借鉴，重在消化吸收，深入开展评级和对标工作。

（6）加强管道应急管理和防恐保卫工作，强化应急体制、机制和法制建设；加强应急预案的编制和演练。

近年来，在健康、安全、环境和管理几方面评审中，取得了优异成绩。

1. 健康

中国石油天然气与管道企业始终认真落实《中华人民共和国职业病防治法》和集团公司有关要求，坚持"预防为主、防治结合"的方针，致力于员工的职业健康监护，加强作业场所职业危害因素检测工作，积极改善施工作业条件，突出职业病预防和控制，创造有利于员工健康的工作环境和条件。2006—2008 年，天然气与管道业务职业病人数保持为零，职业健康体检率、作业场所职业病危害因素监测率逐年上升，新建项目职业病危害评价率100%。2008 年，天然气与管道业务职业健康体检率达到98%，作业场所职业病危害因素监测率达到97%（图1-4）。

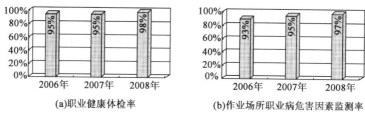

图 1-4　职工健康状况改善状况示意图

2. 安全

天然气与管道业务从"讲政治、保稳定、促发展"的大局出发，把安全生产作为企业的第一要务和第一责任来落实。2006—2008 年，天然气与管道业务未发生生产安全责任亡人事故，油气管道设施安全平稳运营，新建项目均一次安全投产，实现了供气安全、生产安全和建设安全。

3. 环境

天然气与管道业务认真落实《中华人民共和国环境保护法》，牢固树立区域生态环境优良则管道安全的理念，从被动环保向主动环保转变。在天然气与管道业务快速增长的情况下，有效控制了污染物排放量，污染物排放量逐年下降，COD 排放同比下降20%，全面完成中国石油各项减排指标（图1-5）。

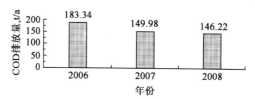

图 1-5　污染物排放减少示意图

4. 管理

天然气与管道业务管道完整性管理标准体系初步建立并投入实际应用。安全管理水平逐步提高。通过三年努力，管道运营企业安全管理水平由中等偏下（国际安全评级标准 2 级）达到中等水平（国际安全评级标准 4 级），个别管理要素接近良好水平（国际安全评价标准 5 级）（图 1－6）。

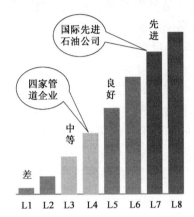

图 1－6　安全管理水平提高示意图

全面建立天然气与管道业务 HSE 管理体系，形成覆盖油气调运、工程建设、天然气销售与利用、管道（资产）完整性管理四个核心业务，从专业公司到地区公司、纵向到底的综合管理体系，初步实现管理体系纵向和横向的全面对接和统一。

第二章 油气管道风险管理

　　油气中绝大多数成分是易燃易爆、有毒有害、有腐蚀性的危险化学品，当这些物质在空气中达到一定浓度时，遇火源就会发生火灾、爆炸事故。这些特性导致油气在管道运输过程中具有很大的风险，因此有必要对油气管道进行相应的风险管理。通过风险辨识、风险评价、风险对策及其他多种管理方法、技术和手段对生产涉及的风险进行有效的控制，采取主动行动，创造条件，妥善地处理风险事故造成的不利后果，以最少的成本保证安全、可靠地实现生产的总目标。本章详细介绍了油气管道风险管理中风险辨识、风险评价及风险控制的基本知识，着重介绍了风险管理中的常见风险评价方法的原理、具体内容和应用，并通过应用举例进行了阐述说明。

第一节　风险管理概述

一、风险管理的基本概念

1. 相关术语与定义

1）事故（Accident）

《现代汉语词典》将"事故"解释为：多指生产、工作中发生的意外损失或灾祸。国际劳工组织的文件中将事故定义为：有工作引起或者在工作过程中发生的事件，并导致致命或非致命伤害。著名的学者伯克霍夫（Berckhoff）认为，事故是指人员在实现某种意图而进行的活动过程中，突然发生的、违反人的意志、迫使行动暂时或永久停止的事件。

　　总的来说，事故是一种违背人们意志的事件，是人们不希望发生的事件，其含义包括：

　　（1）事故是一种发生在人类生产、生活活动中的特殊事件，人类的任何生产、生活活动过程中都可能发生事故。

（2）事故是一种突然发生的、出乎人们意料的意外事件。由于导致事故发生的原因非常复杂，往往包括许多偶然因素，因而事故的发生具有随机性质。在一起事故发生之前，人们无法准确地预测什么时候、什么地方、发生什么样的事故。

（3）事故是一种迫使正在进行的生产、生活活动暂时或永久停止的事件。事故中断、终止人们正常活动的进行，必然给人们的生产、生活带来某种形式的影响。因此，事故是一种违背人们意志的事件，是人们不希望发生的事件。

在国务院第 493 号令《生产安全事故报告和调查处理条例》中，将"生产安全事故"定义为：生产经营活动中发生的造成人身伤亡或者直接经济损失的事件。

事故的分类方法有很多种，在《企业职工伤亡事故分类》（GB 6441—1986）中将企业工伤事故分为 20 类，分别是物体打击、车辆伤害、机械伤害、起重伤害、触电、淹溺、灼烫、火灾、高处坠落、坍塌、冒顶片帮、透水、放炮、瓦斯爆炸、火药爆炸、锅炉爆炸、容器爆炸、其他爆炸、中毒和窒息、其他伤害等。

在《企业职工伤亡事故报告和处理规定》中，根据生产安全事故（以下简称事故）造成的人员伤亡或者直接经济损失，一般将事故分为以下等级：

（1）特别重大事故，是指造成 30 人以上死亡，或者 100 人以上重伤（包括急性工业中毒，下同），或者 1 亿元以上直接经济损失的事故；

（2）重大事故，是指造成 10 人以上 30 人以下死亡，或者 50 人以上 100 人以下重伤，或者 5000 万元以上 1 亿元以下直接经济损失的事故；

（3）较大事故，是指造成 3 人以上 10 人以下死亡，或者 10 人以上 50 人以下重伤，或者 1000 万元以上 5000 万元以下直接经济损失的事故；

（4）一般事故，是指造成 3 人以下死亡，或者 10 人以下重伤，或者 1000 万元以下直接经济损失的事故。

2）隐患（Accident Potential）

隐患是指作业场所、设备及设施的不安全状态，人的不安全行为和管理上的缺陷，是引发安全事故的直接原因。

国家安全生产监督管理总局颁布的《安全生产事故隐患排查治理暂行规定》中将"安全生产事故隐患"定义为：生产经营单位违反安全生产法律、法规、规章、标准、规程和安全生产管理制度的规定，或者因其他因素在生产经营活动总存在可能导致事故发生的物的危险状态、人的不安全行为和管理上的缺陷。

事故隐患分为一般事故隐患和重大事故隐患。一般事故隐患是指危害和整改难度较小，发现后能够立即整改排除的隐患。重大事故隐患是指危害和整改难度较大，应当全部或者局部停产停业，并经过一定时间整改治理方能排除的隐患，或者因外部因素影响致使生产经营单位自身难以排除的隐患。

3）危险源（Hazard）

危险源是指一个系统中具有潜在能量和物质释放危险、可造成人员伤害、财产损失或环境破坏、在一定的触发因素作用下可转化为事故的部位、区域、场所、空间、岗位、设备及其位置。它的实质是具有潜在危险的源点或部位，是爆发事故的源头，是能量、危险物质集中的核心，是能量从那里传出来或爆发的地方。危险源存在于确定的系统中，不同的系统范围，危险源的区域也不同。例如，从全国范围来说，对于危险行业（如石油、化工等），一个具体的企业（如炼油厂）就是一个危险源。而从一个企业系统来说，可能是某个车间、仓库就是危险源；对一个车间系统，某台设备可能就是危险源。因此，分析危险源应按系统的不同层次来进行。一般来说，危险源可能存在事故隐患，也可能不存在事故隐患。对于存在事故隐患的危险源，一定要及时加以整改，否则随时都可能导致事故。

根据上述对危险源的定义，危险源应由三个要素构成：潜在危险性、存在条件和触发因素。危险源的潜在危险性是指一旦触发事故，可能带来的危害程度或损失大小，或者说危险源可能释放的能量强度或危险物质量的大小。危险源的存在条件是指危险源所处的物理、化学状态和约束条件状态，例如，物质的压力、温度、化学稳定性，盛装压力容器的坚固性，周围环境障碍物等情况。触发因素虽然不属于危险源的固有属性，但它是危险源转化为事故的外因，而且每一类型的危险源都有相应的敏感触发因素。例如，对易燃、易爆物质，热能是其敏感触发因素；对压力容器，压力升高是其敏感触发因素。因此，一定的危险源总是与相应的触发因素相关联。在触发因素的作用下，危险源转化为危险状态，继而转化为事故。

4）重大危险源（Major Hazard）

《中华人民共和国安全生产法》（以下简称《安全生产法》）对重大危险源做出了明确的规定。《安全生产法》第九十六条：重大危险源，是指长期地或者临时地生产、搬运、使用或者储存危险物品，且危险物品的数量等于或者超过临界量的单元（包括场所和设施）。

在 GB 18218—2009《危险化学品重大危险源辨识》中将危险化学品重大

危险源定义为：长期地或临时地生产、加工、使用或贮存危险化学品，且危险化学品的数量等于或超过临界量的单元。GB 18218—2009 代替了 GB 18218—2000《重大危险源辨识》，原定义中的"搬运"已不再包含，原定义中的"危险物质"改为"危险化学品"。GB 18218—2009 定义更为明确。

由上述重大危险源的概念，我们也可以将重大危险源理解为超过一定量的危险源。确定重大危险源的核心因素就是危险化学品的数量是否等于或者超过临界量。所谓临界量，是指对某种或某类危险物品规定的数量，若单元中的危险化学品数量等于或者超过该数量，则该单元应定为重大危险源。具体危险化学品的临界量由危险化学品的性质决定。

当单元内存在的危险物质为多品种时，则按式（2-1）计算，若满足公式，则定为重大危险源：

$$\sum_{i=1}^{N} \frac{q_i}{Q_i} \geqslant 1 \qquad\qquad (2-1)$$

式中　q_i——单元中物质 i 的实际存在量；

　　　Q_i——物质 i 的临界量；

　　　N——单元中物质的种类数。

5）风险（Risk）

对"风险"一词的由来，最为普遍的一种说法是，在远古时期，以打鱼捕捞为生的渔民们每次出海前都要祈祷，祈求神灵保佑自己能够平安归来，其中主要的祈祷内容就是让神灵保佑自己在出海时能够风平浪静、满载而归。他们在长期的捕捞实践中深深地体会到"风"给他们带来的无法预测无法确定的危险，他们认识到，在出海捕捞打鱼的生活中，"风"即意味着"险"，因此有了"风险"一词的由来。

风险是指发生特定危害事件的可能性与发生时间后果的严重性的结合。在化学工程师协会对风险的定义中，采用了事故概率函数（或频率）和后果的概念，有时采用术语"期望的损失"。风险最常用的定义通常以数学关系式表示：

风险 ＝事件的概率×事件的后果

风险是由风险因素、风险事故和损失三者构成的统一体，三者的关系为：风险因素是指引起或增加风险事故发生的机会或扩大损失幅度的条件，是风险事故发生的潜在原因；风险事故是造成生命财产损失的偶发事件，是造成损失的直接的或外在的原因，是损失的媒介；损失是指非故意、非预期和非计划的经济价值的减少。

无论如何定义"风险"一词，基本的核心含义是"未来结果的不确定性或损失"。如果采取适当的措施，可以使遭受破坏或损失的概率几乎为零，或者说智慧的认知、理性的判断，继而采取及时而有效的防范措施，风险可能会带来机会，由此进一步延伸的意义，不仅仅是规避了风险，可能还会带来比例不等的收益，有时风险越大，回报越高、机会越大。

6）风险评价（Risk Evaluation）

风险评价是指按照给定的风险准则来评估风险程度并确定其是否在可承受范围的过程。即对确定出的一系列发生危害的时间从发生可能性和后果严重度两个方面评价，并与给定目标或准则对比，确定其是否在可承受范围。风险评价可以用来帮助制定风险可接受程度和处理决策。

7）可承受风险（Endurable Risk）

可承受风险是指在法律义务范围内能够为组织、员工和相关方所接受的风险。

2. 风险管理的定义

风险管理是人类在不断追求安全与幸福的过程中，结合历史经验和近代科技成就而发展起来的一门新兴学科。从不同的角度看待风险，不同的专家给出了不同的定义。

克里斯蒂（James C. Cristy）在《风险管理基础》一书中提出："风险管理是企业或组织为控制偶然损失风险，以保全获利能力和资产所作的一切努力"。

威廉姆斯（C. Arthur Williams. JR）和汉斯（Richard M. Heins）在1964年出版的《风险管理与保险》第一版中提出："风险管理是通过对风险的识别、衡量和控制，以最低的成本使风险所致的各种损失降到最低限度的管理方法"。

罗森布朗（Jerry S. Rosenbloom）在1972年出版的《风险管理案例研究》一书中提出："风险管理是处理纯粹风险和决定最佳管理技术的一种方法"。

上述的定义包含了以下几层含义：

（1）风险管理是一门管理学科。它是以观察、实验和分析损失资料为手段，以概率论和数理统计为数学工具，以系统论为科研方法，去研究风险管理理论、组织机构、风险和风险所导致损失发生的规律、控制技术和管理决策等。

（2）该定义指明了风险管理的主体是企业或组织，即企业单位、政府单位、跨国集团和国际联合组织等。

（3）该定义阐明了风险管理的基本内容、方法和程序，其核心在于选择最佳风险管理技术组合。每一种风险管理技术都有一定的适用范围，因此各种控制技术综合运用及优化组合是实现管理目标的重要环节。

（4）风险管理的目标在于以最少的成本实现最大安全保障效能。在决策时，期望达到上述目标，然而是否能达到，不仅取决于决策前识别、估测、风险评价是否正确，而且还取决于实施控制方案过程中的效果评价。要对控制方案不断修改，使其更加切合实际。

通过对上述各种风险管理定义的分析可以得出，风险管理应是研究风险发生规律和风险控制技术的一门新兴管理学科，就是针对人们在生产过程中遇到的危险，运用有效的资源，发挥人的智慧，进行有关决策、计划、组织和控制等活动，实现生产过程中人与机器设备、物料、环境的和谐，将风险降至最低的管理过程。

3. 风险管理的目标

风险管理是一项有目的的管理活动，只有目标明确，才能起到有效的作用，否则就会流于形式，没有实际意义，也就无法评价其效果。

风险管理的目标就是要以最小的成本获取最大的安全保障。因此，它不仅仅只是一个安全生产问题，还包括识别风险、评估风险和控制风险，涉及财务、安全、生产、设备、物流、技术等多个方面，需要一套完整的方案，也是一个系统工程。

风险管理目标的确定一般要满足以下几个基本要求：

（1）目标的一致性，风险管理目标与风险管理主体（如生产企业或建设工程的业主）总体目标应该相一致；

（2）目标的现实性，即确定目标要充分考虑其实现的客观可能性；

（3）目标的明确性，即正确选择和实施各种方案，并对其效果进行客观的评价；

（4）目标的层次性，从总体目标出发，根据目标的重要程度，区分风险管理目标的主次，以利于提高风险管理的综合效果。

风险管理的具体目标还需要与风险事件的发生联系起来，从另一角度分析，它可分为损前目标和损后目标两种，如图 2-1 所示。

1）经济目标

企业应以最经济的方法预防潜在的损失，即在风险事故实际发生之前，就必须使整个风险管理计划、方案和措施最经济、最合理，这要求对安全计划、保险以及防损技术的费用进行准确分析。

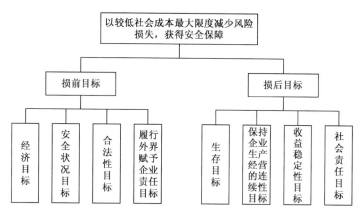

图 2 - 1　风险管理目标的确定

2）安全状况目标

安全状况目标就是将风险控制在可接受的范围内。风险管理者必须使人们意识到风险的存在，而不是隐瞒风险，这样有利于人们提高安全意识，防范风险并主动配合风险管理计划的实施。

3）合法性目标

风险管理者必须密切关注与经营相关的各种法律法规，对每一项经营活动、每一份合同都要加以合法性的审视，不致使企业蒙受财务、人才、时间、名誉的损失，保证企业生产经营活动的合法性。

4）履行外界赋予企业责任目标

例如，政府法规可以要求企业安装安全设施以免发生工伤，同样，一个企业的债权人可以要求贷款的抵押品必须被保险。

5）生存目标

一旦不幸发生风险事件，给企业造成了损失，损失发生后，风险管理的最基本、最重要的目标就是维持生存。实现这一目标，意味着通过风险管理，人们有足够的抗灾救灾能力，使企业、个人、家庭乃至整个社会能够经受得住损失的打击，不致因自然灾害或意外事故的发生而元气大伤、一蹶不振。实现维持生存目标是受灾风险主体在损失发生后在一段合理的时间内能够部分恢复生产或经营的前提。

6）保持企业生产经营的连续性目标

风险事件的发生会给人们带来不同程度的损失和危害，影响正常的生产经营活动和人们的正常生活，严重者可使生产和生活陷于瘫痪。对公共事业，保持企业生产经营的连续性目标尤为重要，这些单位有义务提供不间断的服务。

7）收益稳定性目标

保持企业经营的连续性便能实现收益稳定性的目标，从而使企业保持生产能力持续增长。对大多数投资者来说，一个收益稳定的企业要比高风险的企业更具有吸引力。稳定的收益意味着企业的正常发展。为了达到收益稳定性目标，企业必须增加风险管理支出。

8）社会责任目标

实现社会责任目标，要求尽可能减轻企业受损对他人和整个社会的不利影响，因为企业遭受一次严重的损失会影响到员工、顾客、供货人、债权人、税务部门以至整个社会的利益。

为了实现上述目标，风险管理人员必须辨识风险、分析风险和选择适当的应对风险损失的方法和措施。

4. 风险管理的程序

风险管理的程序是实现风险管理的中心环节，是为了达到风险管理目标而必须进行的一系列管理过程，它反映了风险管理的基本规律和基本的工作步骤。风险管理程序主要包括四个内容，即风险识别、风险评价、风险控制和风险管理绩效评估。

1）风险识别

风险识别是风险控制的基本前提。如果不对风险进行准确的识别，就不可能知道企业存在什么风险，可能发生什么风险，就会失去及时有效地控制这些风险的机会，也不可能对这些风险有所作为。

所谓的风险识别，就是指对面临的尚不明显的各种潜在的不确定性进行系统的归类分析，以解释潜在风险及其性质的过程。风险识别的基本任务就是识别、了解风险的种类及其可能带来的严重后果。

风险识别的方法有很多种，如指标分析法、财务报表法、流程图法、暮景分析法、决策分析法、动态分析法等。分析可以从不同的层次、不同的角度进行，在实际操作中，应该根据具体的情况灵活运用。

2）风险评价

准确评价风险是进行风险管理的可靠前提。风险评价是在风险识别的基础上，对风险可能导致的后果进行定量、充分的估计和衡量，这是进行风险管理的一项重要而复杂的内容。风险评价需要应用定量分析的方法来估计和预测某种特定风险发生的概率及其造成损失的程度。

进行风险评价，首先要有充分而准确的信息资源，然后正确运用概率数理统计方法，并尽可能借助计算机技术，同时在一定程度上还要依靠管理人员的经验进行专业判断。

3）风险控制

风险控制是在风险评估之后对风险因素采取的处理方式。如果决定采取行动，就必须根据风险控制的目标运用合理的方法有效地处理各种风险，这是风险管理过程的一个关键阶段，这一阶段的核心就是风险控制策略的选择。

科学的风险控制需要包括以下几个方面内容：

（1）针对风险制定风险控制目标。

（2）根据风险的特征以及评估的后果选择合适的风险控制策略。在风险识别和评估的基础上，根据风险控制目标，选择合适的风险控制策略，进行最佳组合，使用最经济合理的方法处理风险。一般而言，风险控制的手段主要有风险避免、损失预防、损失减少、风险转移、风险自留等。

（3）执行风险控制策略。风险控制策略的制定是指从目标确定、方案选择到实施的整个动态过程。制定好的风险管理方案和控制策略，如果执行不力，甚至束之高阁，那么风险控制目标就无法实现，因此，贯彻和实施风险控制策略是一个重要环节。

执行风险控制策略，就要将风险对策细化，落实安排到各个工作环节之中。将各种风险控制方法协调配合使用，充分发挥各种风险调控方法的作用，取长补短；要视实际进展，及时反馈和调整；应力求充分发挥提前控制的作用，贯彻预防在先、补救在后、控制为主。

4）风险管理绩效评估

在风险识别、评估和控制的基础上，应对风险控制策略的执行效果进行检查和评估，并不断修正和调整风险管理计划。因为风险控制策略是否符合实际，需要通过时间才能做出评价和发现，并不断加以纠正。尤其是随着环境的变化，新的风险因素也会产生，而原有的风险可能会消失，因此必须定期评估风险管理效果。

评估的基本准则是效果标准，即主要看能否以最小的成本取得最大的安全保障。效果评估的目的是通过总结风险控制的经验教训，力求探索掌握风险发生与控制的规律，以达到风险管理工作的科学性。

二、管道风险管理的重要性

油气管道风险管理是指油气管道管理单位通过对经营过程中所面临的风险进行预测，将运营的风险程度控制在合理的可接受范围内，达到降低管道运行事故发生的概率，确保油气管道输送经济、安全运行的目的。油气管道风险本身是一个动态量，油气管道风险管理也是动态的，是一个循环、不断调整的过程。

管道风险管理通过管道风险管理的最佳应用，将超出基本的安全范畴，延伸至成本控制、计划以及用户满意度等方面。在风险管理中有如下诸多挑战性的问题：

（1）资源应该在何时何地应用？

（2）所有具体的风险减缓措施有多紧急？

（3）是否首先只需要在最糟糕的管段采取措施？

（4）资源是否需要从风险较低管段转移走，以便更好地降低风险较高管段的风险？

（5）如果我们什么措施也不采取，风险变化会有多大？

很明确，风险管理要做的就是：识别需求，分析各种选择的成本和效益，建立作业程序，测量所有过程并持续改进作业的各个方面。由于管输能力是由系统水力特性、管道尺寸、规定的操作限制以及其他固定约束条件确定的，管输效率的提高主要是通过降低产品输送成本来达到的，可通过获取最大收益即提高管道可靠性的方式降低成本。防止产生损失和服务中断的投入是优化管道成本的一个完整部分。

对管道风险分析的结果也可以为风险管理中具体的任务提供支持，包括：制定运营规则；帮助路由的选择；优化支出；增强项目的评估；确定项目的优先次序；确定资源配置；确保合法性等。

油气管道风险管理的实质是评价管道系统不断变化的风险，并对油气管道系统做出相应的维护、调整。油气管道风险管理的经济价值是将管道系统总风险率控制在可接受程度之内，并将控制风险的费用限制在合理范围内，将有限资源优先用于对管道系统影响大的风险因素的控制。

综上所述，油气管道风险管理的目的是降低潜在事故发生的概率，减少事故的损失，减少事故发生后用于管道系统维修及环境恢复、停输损失等方面的费用。另外，油气管道风险管理还可以优化配置有关维护管道系统安全的资源。

三、管道风险管理的特点

（1）油气管道风险管理能够改进管道系统安全的资源最佳配置。

油气管道风险管理是通过对减轻油气管道系统风险措施的效果、费用的分析和比较，能够合理地优化组合这些活动，将管道系统的风险控制在可接受的水平。这使决策者能够把所投入的资源限制在合理的范围内并使其得到最佳配置。在保障管道系统安全水平的前提下，节约维修费用。

（2）油气管道风险管理是动态、循环进行的持续过程。

实施减轻与控制风险的措施后，管道系统的风险水平可以降低到符合要求的范围内。但经过一段时间后，由于环境条件的变化，或管道系统损伤、老化等原因，管道系统的风险程度相应发生变化。这就需要重新进行风险评价，检查管道系统目前的风险水平。若不符合可以接受的风险水平，则需要制定和实施新的安全措施。风险管理又进入新一轮循环。

（3）油气管道风险管理是其管道系统管道完整性管理的基础环节。

近年来在欧、美等国实施的油气管道完整性管理是在风险管理的基础上，增加了在役管道完整性检测与评价等内容。它是对新建的和在役的油气管道实施全过程有效的安全管理的先进方法。这些国家通过风险管理所积累的资料、数据，开发的风险评价技术和软件等，为全面实施油气管道完整性管理打下了良好的基础。

四、管道风险管理的程序

在某种意义上，我们几乎完全控制了风险，可以投入大量经费进行冗余设计，雇用大量检测商进行检测，以及定期停输进行维护和更换。然而降低管道系统中存在风险所依赖的资源是有限的，如果运营者用于预防事故的资源投入太多，公司会由于市场竞争而破产，无论从一个企业的角度，还是从整个社会的角度，过量投资都是不值得的。实际上，运营者在预防事故方面支出太少，也会由于服务中断或者事故损失而破产。在很大程度上，风险管理贯穿于管道系统的设计和日常运行中。许多这类决策是由法规来确定的，另外一些则出于经济性的考虑。分配管道事故预防的费用（通常比较困难且容易引起争议）并将其纳入运营的成本，最佳的平衡点就是最低的运营成本。

没有哪个运营者可以掌握保证管道安全运营需要的所有相关信息，总会有一些未知的因素。管理者必须以有限的资源对"真正的"风险进行控制，因为可利用的资源（包括时间、人力和经济投入等）总是有限的。管理者必须根据已知的和未知的信息，小心地权衡他们的决策。在风险评价之后最需要提供的是资源配置模型。在这个模型中，风险评价的结果将在评估所有工程或活动的效益中起关键作用。风险管理技术的应用范围包括从最简单的"想知道的关注点或重大风险"，到全面的作为预算和运营原则的基础。后者将在推动设计、施工、运行、维护以及应急反应决策制定和相关的资源配置方面发挥重要作用。

通常管道风险管理程序的典型应用包括如下：

（1）风险识别。只是获取一些认识（如风险水平和风险随时间的变化），作为去改善管道安全性的第一步应用知识。

（2）风险降低。建立基准风险水平及重大风险的界定阈值以提供系统参数，用于评估降低风险的各种工程。

（3）责任降低。如果已经有全面、有效的风险管理程序，则它可用来降低失效的次数、频率以及严重程度，也可以降低失效的后果。除节约运营成本外，公司将有望长期地降低间接责任的相关成本，包括保险成本，第三方合法行为、政府部门的强制行动以及特殊利益群体的行动等带来的成本。

（4）资源配置。从风险的角度，优化选择日常人力、财力的支出。基于风险减缓或资金预算，有效分配有限的资金用于风险减缓措施，来实现单位成本最大的风险降低水平。

（5）项目审批。项目审批作为政府规定或者公司内部流程的一部分，包括建议项目风险水平的检查，以及此类风险可接受性的判断。

（6）预算编制。从风险的角度，预算用于确定一个可能的行动、项目或者一组项目的价值和最佳实施时间。

（7）严格评估。具体指从风险的角度，去调查和评估即将收购、租赁、废弃的或者出售的资产。收购公司可以基于所关注管道的数据，采用风险模型对其进行评价，并与已有管道系统进行对比，从而确定使其满足已建立的重大风险阈值的潜在成本和预算。

（8）风险通报。包括向大量有不同的关注点和技术能力水平的受众展示风险信息。这些受众包括新建管道通行带受影响的人群、已经存在的管道通行带受影响的人群、公司债权人、业主、用户、普通公众、特殊利益成员、当地的应急部门以及地方/州/联邦政府。

五、风险管理在油气管道管理中的应用

应用风险管理方法，可以把管道系统的维护从被动维护转为主动、预防的积极维护，不但很大程度上减少了管道系统事故造成的直接或间接损失，

而且可以节约管道系统的维护费用。20世纪80年代以来，发达国家的油气管道系统风险管理得到了迅速推广应用，除了用于在役管道系统的安全维护，还用于管道系统的设计阶段的方案选择。

美国Amoco公司从1987年开始采用专家评分法对所属管道及储罐进行风险评价。到1994年为止，已使每年的泄漏量比原来降低了近一半，同时使公司每次泄漏支出降低50%。

美国科洛尼尔管道是世界上最大的成品油管道系统，管道干线和直线总长约8555km，管径750~1020mm，年输入量$112 \times 10^8 m^3$，顺序输送100多种成品油。该公司采用专家评分法开发的风险评价模型和软件将全线分为88000个管段进行风险评价。参考评价结果，可以明确降低风险的工作重点，并根据降低风险程度与费用及效益的比较，制定经济有效的维护方案，使管道系统的安全性不断改善。

继美国之后，世界其他国家也开始了管道系统风险评价和风险管理技术的研究开发工作。1994年，加拿大国家能源管道协会、国家能源委员会和加拿大标准化协会等学术机构与企业协会共同成立了"管道风险评价指导委员会"，负责加拿大管道风险评价技术标准的全概率模型的研究。

20世纪90年代中期，加拿大努发公司在对天然气管道干线扩建设计时，艾德森草原地区七条线路要穿过五条大河。传统的施工方案已不适合要求，需要一个权衡费用、风险和环境影响的决策方案。在收集线路、河流、环境、施工技术及其特点、不同穿越方法的局限性等资料后，分别对方案的技术可行性、不确定性进行风险分析，定量评价各种方案的风险，选出了最佳施工方案。

一些大型公司开发管道风险评价和风险管理专用软件，并在多家大型石油公司和管道公司的储运系统进行风险评价。英国健康与安全执行委员会（HSE）在颁布的《管线安全管理条例》中对管线的风险评价做了规定。挪威石油理事会（NPD）在风险分析条例中指出：完全消除风险是不可能的，但可使风险达到可接受的程度，经营者应在风险分析前建立风险可接收准则，应用于建设与运营阶段，使风险控制在最低点。

20世纪70年代的美国开始了基于风险管理的国外油气管道风险评价与完整性管理技术研究。当时欧、美等工业发达国家在第二次世界大战以后兴建的大量油气长输管道已进入老龄期，各种事故频繁发生，造成了巨大的经济损失和人员伤亡，大大降低了各管道公司的盈利水平，同时也严重影响和制约了上游油（气）田的正常生产。为此，美国首先开始借鉴经济学和其他工业领域中的风险分析技术来评价油气管道的风险性，以期最大限度地减小油气管道的事故发生率和尽可能地延长重要干线管道的使用寿命，合理地分配有限的管道维护费用。至 20 世纪 90 年代初期，美国的许多油气管道都已应用了风险评价与完整性管理技术来指导管道的维护工作。随后加拿大、墨西哥等国家也先后于 90 年代加入了管道风险管理技术的开发和应用行列。经过几十年的发展和应用，目前许多国家已经逐步建立起管道风险评价与完整性管理体系，均取得了丰硕的成果。

　　我国油气管道的风险评价与完整性管理开始于 1998 年。中国石油管道科技研究中心做了大量的基础性研究工作，建立了管道完整性管理体系和管道基础数据库以及缺陷评价系统，开发了风险评价和管理系统。目前中国石油天然气集团公司经过多年的探索和研究，结合中国石油管道的现状，制定了符合中国实际的管道完整性管理流程，如图 2 - 2 所示。

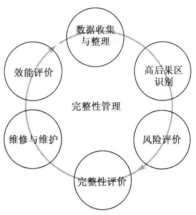

图 2 - 2　管道完整性管理流程图

　　完整性管理需要大量的数据，包含设计施工数据、运行维护数据、检测及监测数据、返修数据、环境和地理信息、生产运行历史以及事件和风险数据等。管道完整性管理关注的重点在于高后果区（HACs），根据确定的 HACs，分析每一区段的管理现状，包括检测历史、管道属性、周边环境、可能的扩散或流淌区域，初步提出针对性管理意见。管道的风险评价是为了识别可能诱发管道事故的具体事件的位置及状况，确定事件发生的可能性和后果，按风险评估的结果进行排序，优化管道的完整性评价工作。完整性评价是利用内检测、压力测试、直接评价以及其他技术方法等进行管道缺陷检测，并按照严重程度确定相应计划，如立即修复、一年内修复、监控使用等维修维护措施。效能评价是指定期评估完整性管理系统及其各个专项技术在实施过程中的效果、效益，发现实施过程中存在的不足，明确改进的方案，不断地提高管道完整性管理及其各个专项技术的水平，提高为决策层提供决策依据的精度，优化成本—效益的比例。在管段完成基线评估后，仍应定期进行再评估，以保证每个管道的完整性。应根据风险评价、完整性评价、维修结果和效能评价结果，制定再评价计划，计划内容应包括再评价时间和再评价方法。

再评价时应考虑过去和现在的完整性评估结果、数据整合和风险评估的信息以及修复和预防减缓措施。可见，完整性管理是通过识别管道运营管理中存在的风险因素，制定相应的风险控制对策，不断改善不利影响因素，从而将管道运营风险控制在合理、可接受的范围，是一种超前防范和风险预控的风险管理方式。

第二节　风险辨识

一、风险辨识概述

1. 风险辨识的目的

风险辨识也称"危险源辨识"，是指识别危险有害因素（或危险源）存在并确定其特性的过程，即找出可能引发事故导致不良后果的材料、系统、生产过程或场所的特征，评估事故后果。风险辨识是风险管理的第一步，只有正确识别出危险源的存在，找出导致风险的根源，才能对风险进行正确的评价，最后采取有效的措施对风险进行控制。

2. 风险辨识的范围

风险辨识适用于所有施工生产与管理、辅助生产以及生活场所等。在风险辨识过程中，应坚持"横向到边、纵向到底、不留死角"的原则，对以下方面存在的危险、危害因素进行辨识与分析：

（1）总平面布置与建（构）筑物（厂址、总平面布置、道路及运输和建筑物）；

（2）独立生产单元、辅助生产单元工艺；

（3）设备设施（工艺设备、装置，专业化工设备，电气设备，物种设备等）；

（4）作业场所（物料、工业毒物、生产性粉尘、温度和湿度、噪声与振动和辐射等）；

（5）危险化学品的生产、储存和使用；

（6）安全管理措施。

3. 风险辨识准备

在风险辨识前，各单位负责此项工作的人员应做好充分准备：

（1）各级管理者要高度重视，在人员、时间和其他资源上给予足够的支持和保证。

（2）必须由懂专业、有经验的人员组成辨识小组，如生产经理、技术经理、安全特派员、施工队长、工程师、技术员、安全员、班组长、绞车司机、管库员、调度员和现场施工人员等。

（3）识别和应用的法律法规要全，基本覆盖本单位、本项目的所有施工、作业（工作）及设备（设施）。

（4）参加辨识的员工应掌握辨识范围和类别的基本情况，了解法律法规对本单位、本项目安全的具体要求。

（5）资料准备齐全。

（6）确定业务活动内容及活动场所，然后开始对危险源及其潜在风险进行辨识。

4. 风险辨识的内容

（1）工作环境：包括周围环境、工程地质、地形、自然灾害、气象条件、资源、交通、抢险救灾支持条件等。

（2）平面布局：功能分区（生产、管理、辅助生产、生活区）；高温、有害物质、噪声、辐射、易燃、易爆、危险品设施布置；建筑物、构筑物布置；风向、安全距离、卫生防护距离等。

（3）运输路线：施工便道、各施工作业区、作业面、作业点的贯通道路以及与外界联系的交通路线等。

（4）工艺过程：物资特性（毒性、腐蚀性、燃爆性）、温度、压力、作业及控制条件、事故及失控状态。

（5）作业机具、设备：高温、低温、腐蚀、高压、振动、关键部位的备用设备、控制、操作、检修和故障、失误时的紧急异常情况；机械设备的运动部件和工件、操作条件、检修作业、误运转和误操作；电气设备的断电、触电、火灾、爆炸、误运转和误操作，静电、雷电。

（6）危险性较大设备和高处作业设备：如提升、起重设备等。

（7）特殊装置、设备：锅炉房、泵房等。

（8）有害作业部位：粉尘、毒物、噪声、振动、辐射、高温、低温等。

（9）各种设施：管理设施（指挥机关等）、事故应急抢救设施、消防设施、电气设施、辅助生产、生活设施等。

（10）劳动组织心理、心理因素和人机工程学因素等。

5. 危险有害因素分类

为了便于进行危险源辨识和分析，首先应对危险因素与有害因素进行分类。危险因素是指能够对人造成死亡、伤害或对物造成突发性损害的因素；有害因素是指能够影响人的身体健康、导致疾病或对物造成慢性损害的因素。通常情况下对两者不作严格区分，将客观存在的危险、有害物质或能量超过临界值的设备、设施和场所等统称为危险有害因素。

对危险有害因素有多种分类方法，最常用的是按照导致危害的原因分类和按照导致危害的结果分类。

1）危险和有害因素分类

根据《生产过程危险和有害因素分类与代码》（GB/T 13861—2009）的规定，将生产过程中的危险和有害因素分为四大类，分别是"人的因素"、"物的因素"、"环境因素"和"管理因素"，取代了 GB/T 13861—1992 中的六大类分类法，即物理性危险和有害因素；化学性危险和有害因素；生物性危险和有害因素；心理、生理性危险和有害因素；行为性危险和有害因素；其他危险和有害因素。四分类方法所列危险、有害因素具体、详细、科学合理，适用于各企业在规划、设计和组织生产时对危险、有害因素的辨识和分析。

（1）人的因素。

① 心理、生理性危险和有害因素。

a. 负荷超限（体力负荷超限、听力负荷超限、视力负荷超限及其他负荷超限）。

b. 健康状况异常。

c. 从事禁忌作业。

d. 心理异常（情绪异常、冒险心理、过度紧张及其他心理异常）。

e. 辨识功能缺陷，包括感知延迟、辨识错误及其他辨识功能缺陷。

②行为性危险、有害因素。

a. 指挥错误，包括指挥失误、违章指挥、其他指挥错误、操作错误、误操作、违章操作及其他操作错误。

b. 监护失误。

c. 其他行为性危险和有害因素。

（2）物的因素。

①物理性危险和有害因素。

a. 设备、设施、工具、附件缺陷（强度不够、刚度不够、稳定性差、密封不良、耐腐蚀性差、应力集中、外形缺陷、外露运动件、操纵器缺陷、制动器缺陷、控制器缺陷及其他设备、设施、工具附件缺陷）。

b. 防护缺陷（无防护，防护装置、设施缺陷，防护不当，支撑不当，防护距离不够，以及其他防护缺陷）。

c. 电伤害（带电部位裸露、漏电、静电和杂散电流、电火花及其他电伤害）。

d. 噪声（机械性噪声、电磁性噪声、流体动力性噪声及其他噪声）。

e. 振动危害（机械性振动、电磁性振动、流体动力性振动及其他振动）。

f. 电离辐射。

g. 非电离辐射（紫外辐射、激光辐射、微波辐射、超高频辐射、高频电磁场、工频电场）。

h. 运动物伤害（抛射物、飞溅物、坠落物、反弹物，土、岩滑动，料堆（垛）滑动，气流卷动，以及其他运动物伤害）。

i. 明火。

j. 高温物质（高温气体、高温液体、高温固体及其他高温物质）。

k. 低温物质（低温气体、低温液体、低温固体及其他低温物质）。

l. 信号缺陷（无信号设施、信号选用不当、信号位置不当、信号不清、信号显示不准及其他信号缺陷）。

m. 标志缺陷（无标志、标志不清晰、标志不规范、标志选用不当、标志位置缺陷及其他标志缺陷）。

n. 有害光照。

o. 其他物理性危险和有害因素。

② 化学性危险和有害因素。

a. 爆炸品。

b. 压缩气体和液化气体。

c. 易燃液体。

d. 易燃固体、自燃物品和遇湿易燃物品。

e. 氧化剂和有机过氧化物。

f. 有毒物品。

g. 放射性物品。

h. 腐蚀品。

i. 粉尘与气溶胶。

j. 其他化学性危险和有害因素。

③ 生物性危险和有害因素。

a. 致病微生物（细菌、病毒、真菌及其他致病微生物）。

b. 传染病媒介物。

c. 致害动物。

d. 致害植物。

e. 其他生物性危险和有害因素。

（3）环境因素。

① 室内作业环境不良。

a. 室内地面湿滑。

b. 室内作业场所狭窄。

c. 室内作业场所杂乱。

d. 室内地面不平。

e. 室内楼梯缺陷。

f. 地面、墙和天花板上的开口缺陷。

g. 房屋基础下沉。

h. 室内安全通道缺陷。

i. 房屋安全出口缺陷。

j. 采光不良。

k. 作业场所空气不良。

l. 室内温度、湿度、气压不适。

m. 室内给排水不良。

n. 室内涌水。

o. 其他室内作业场所环境不良。

② 室外作业场地环境不良。

a. 恶劣气候与环境。

b. 作业场地和交通设施湿滑。

c. 作业场地狭窄。

d. 作业场地杂乱。

e. 作业场地不平。

f. 巷道狭窄，有暗礁或险滩。

g. 脚手架、阶梯或活动梯架缺陷。

h. 地面开口缺陷。

i. 建筑物和其他结构缺陷。

j. 门和围栏缺陷。

k. 作业场地基础下沉。

l. 作业场地安全通道缺陷。

m. 作业场地安全出口缺陷。

n. 作业场地光照不良。

o. 作业场地空气不良。

p. 作业场地温度、湿度、气压不适。

q. 作业场地涌水。

r. 其他室外作业场地环境不良。

③地下（含水下）作业环境不良。

a. 隧道/矿井顶面缺陷。

b. 隧道/矿井正面或侧壁缺陷。

c. 隧道/矿井地面缺陷。

d. 地下作业面空气不良。

e. 地下火。

f. 冲击地压。

g. 地下水。

h. 水下作业供氧不足。

i. 其他地下（水下）作业环境不良。

④其他作业环境不良。

a. 强迫体位。

b. 综合性作业环境不良。

c. 以上未包括的其他作业环境不良。

（4）管理因素。

①职业安全卫生组织机构不健全。

②职业安全卫生责任制未落实。

③职业安全卫生管理规章制度不完善。

a. 建设项目"三同时"制度未落实。

b. 操作规程不规范。

c. 事故应急预案及响应缺陷。

d. 培训制度不完善。

e. 其他职业安全卫生管理规章制度不健全。

④职业安全卫生投入不足。

⑤职业健康管理不完善。

⑥其他管理因素缺陷。

2）企业伤亡事故分类

参照《企业职工伤亡事故分类》（GB 6441—1986），综合考虑起因物、引起事故的先发诱导性原因、致害物、伤害方式等，将危险因素分为20类：

（1）物体打击，是指失控物体的惯性力造成人身伤亡事故。例如落物、滚石、锤击、碎裂、砸伤造成的伤害，不包括机械设备、车辆、起重机械、坍塌、爆炸引发的物体打击。

（2）车辆伤害，是指本企业机动车辆引起的机械伤害事故。例如机动车在行驶中的挤、压、撞车或倾覆等事故，在行驶中上下车、搭乘电瓶车、矿车引起的事故，以及车辆挂钩、跑车事故。

（3）机械伤害，是指机械设备与工具引起的绞、碾、碰、割、戳、切等伤害。例如工具或刀具飞出伤人，切削伤人，手或身体被卷入，手或其他部位被刀具碰伤，被转动的机具缠压住等。不包括车辆、起重机械引起的伤害。

（4）起重伤害，是指从事各种起重作业时引起的机械伤害事故。不包括触电、检修时制动失灵引起的伤害，上下驾驶室时引起的坠落。

（5）触电，指电流流经人身，造成生理伤害的事故，包括雷击伤亡事故。

（6）淹溺，包括高处坠落淹溺，不包括矿山、井下、隧道、洞室透水淹溺。

（7）灼烫，是指火焰烧伤、高温物体烫伤、化学灼伤（酸、碱、盐、有机物引起的体内外灼伤）、物理灼伤（光、放射性物质引起的体内外灼伤），不包括电灼伤和火灾引起的烧伤。

（8）火灾，指造成人员伤亡的企业火灾事故，不包括非企业原因造成的火灾。

（9）高处坠落，是指在高处作业中发生坠落造成的伤亡事故，包括脚手架、平台、陡壁施工等高于地面的坠落，也包括由地面坠入坑、洞、沟、升降口、漏斗等情况，不包括触电坠落事故。

（10）坍塌，是指建筑物、构筑物、堆置物等倒塌以及土石塌方引起的事故。适用于因设计或施工不合理而造成的倒塌，以及土方、岩石发生的塌陷事故。如建筑物倒塌、脚手架倒塌，挖掘沟、坑、洞室土石塌方等情况，不适用于矿山冒顶片帮和爆炸、爆破引起的坍塌。

（11）冒顶片帮。隧道、洞室矿井工作面、巷道侧壁由于支护不当、压力过大造成的坍塌，称为片帮；拱部、顶板垮落称为冒顶。二者常同时发生，简称冒顶片帮。

（12）透水，指矿山、地下隧道、洞室开采或其他坑道作业时，意外水源带来的伤亡事故。

（13）放炮，指爆破作业中发生的伤亡事故。

（14）瓦斯爆炸，指可燃性气体瓦斯、煤尘与空气混合达到燃烧极限的混合物接触火源时引起的化学性爆炸事故。

（15）火药爆炸，是指火药、炸药及其制品在生产、加工、运输、储存中发生的爆炸事故。

（16）锅炉爆炸，指锅炉发生的物理性爆炸事故。

（17）容器爆炸，容器（压力容器、气瓶的简称）是指比较容易发生事故，且事故危害性较大的承受压力载荷的密闭装置。容器爆炸是指压力容器破裂引起的气体爆炸即物理性爆炸。包括容器内盛装的可燃性液化气在容器破裂后，立即蒸发，与周围的空气形成爆炸性气体混合物，遇到火源时形成的化学性爆炸（这也称为容器的二次爆炸）。

（18）其他爆炸，不属于上述爆炸的事故。

（19）中毒和窒息，指人体接触有毒物质，如误吃有毒食物或呼吸有毒气体引起的人体急性中毒事故，或在废弃的坑道、横通道、暗井、涵洞、地下管道等不通风的地方工作，因为氧气缺乏有时会发生突然晕倒甚至死亡的事故称为窒息。不适用于病理变化导致的中毒和窒息事故，也不适用于慢性中毒和职业病导致的死亡。

（20）其他伤害，凡不属于上述伤害的事故均称为其他伤害，例如扭伤、跌伤、冻伤、野兽咬伤、钉子扎伤等。

二、油气管道系统主要风险辨识

1. 管道输送介质风险辨识

油气中的绝大部分成分是易燃易爆、有毒有害、有腐蚀性的危险化学品，如乙烯、甲苯等，在储运过程中易发生泄漏和火灾、爆炸事故，同时还可能造成人员中毒。

1）易燃性

原油及成品油的易燃性是易于产生火灾的直接原因。油品燃烧的难易程度是由其闪点决定。按石油库设计规范规定，将油品火灾危险性分为 3 大类 5

小类。

2）流动性

油品具有流动性，是发生泄漏的主要原因。油品在储运过程中，一旦发生罐体破损、管线破裂或闸阀关闭不严，或输入量超过罐体容积等情况，容易造成油品跑、冒、滴、漏。油品的泄漏容易造成燃烧、爆炸等事故。

3）易挥发性

原油和成品油中都含有轻烃类物质，轻烃类物质在常温下易于挥发。若挥发的烃类物质与空气形成混合性气体，达到爆炸极限范围时容易发生爆炸。

4）易积聚静电

油品导电性较差，在流动、过滤、混合、喷雾、喷射、冲洗、加注、晃动等过程中会产生静电荷。若静电荷的产生速度超过泄漏速度，则会造成静电荷的积聚。当积聚的静电荷的放电能量大于可燃混合物的最小引燃能，并且在放电间隙中油品蒸气和空气混合物浓度达到爆炸极限时，将引发油气燃烧、爆炸事故。

5）腐蚀性

油品中含有少量的水分和微量腐蚀性物质，如有含硫物质和氯离子，给金属的电化学腐蚀创造了条件。空气中的盐分也会加速罐体的腐蚀。罐体和管线受烃类产品中水分和腐蚀性物质的作用所造成的电化学腐蚀会使管壁或罐壁变薄，最后导致穿孔或油品泄漏。

6）毒性

原油、汽油、柴油等具有较低的毒性，但发生火灾时油品燃烧产生的烟雾对人有较大的危害。

2. 管道系统设备、设施风险辨识

油气管道系统主要由管子、管件、阀门、法兰、垫片、紧固件等管道元件、储存设备、泵、压缩机、防爆电机或燃气轮机等原动机、控制仪器仪表及安全附件等组成。系统中的材料质量、机械设备、电气设施、仪器仪表性能的好坏，直接关系到系统运行的可靠性和安全性。

1）管子、管件

在管道运行中，受压力、热应力等载荷作用，加上管道内部介质和外部土壤的腐蚀，将造成管子、管件腐蚀或应力腐蚀、疲劳或腐蚀疲劳等而失效。

另外，在运行过程中，管线内外部发生严重腐蚀，油温或气温突然变化，管线发生急剧膨胀或收缩，管线受外力或液压、沉重物体的压扎、打击等，都将造成事故。

2）阀门、法兰、垫片及紧固件

管道系统中由于工艺过程的需要设置有大量的阀门，这些阀门基本上是采用法兰、垫片、紧固件连接。其主要危害有：材料、压力等级选用或使用错误；制造尺寸、精度等不满足实际要求；阀门密封失效、控制系统失灵；管道布置不合理等。

3）泵、压缩机

泵和压缩机作为管道系统的关键设备，为油气输送提供压力能，将介质输送至目的地，直接关系到管道系统运行的安全性和经济性。泵和压缩机在运行过程中有可能会出现泵不出油、泵流量不足、出口压头不足、消耗功率过大、振动、泄漏、设备高热、超限保护系统故障等危害。

4）储存设施

目前，主要的油气储存设施有储油罐、天然气储罐，一旦发生火灾、爆炸事故，危害特别大。其主要危害有：支承造成储罐底板开裂，壳体开裂、连接管道断裂等引起介质泄漏；安全附件失灵导致事故；正压保护失效；保护层失效；呼吸阀、阻火器失效；浮顶油罐浮顶沉船；储罐装配、焊接缺陷；腐蚀作用；操作失误；检修事故等。

5）加热炉

在原油加热输送工艺中以及天然气井口、集气站等场合使用加热炉。加热炉在制造、运行过程中可能存在危害因素，主要有：加热炉结构设计不合理或制造有缺陷；焊接缺陷；管壁穿孔；连锁装置故障；运行参数控制系统故障；炉管局部过热导致炉管烧穿；燃料油阀门关闭不严；加热炉操作不当等。

6）电气设施

电气设施主要危害有：电气设施缺陷或导线过载；电气设备使用不当、防爆性能或等级达不到产品标准要求；电气设备超负荷运行；电气线路短路、过载或接触电阻过大导致电火花及电弧等。

7）防雷、防静电设施

油气管道站场的防雷、防静电设施有可能存在质量问题或由于管理不善，从而造成事故。其主要危害有：系统的防雷、防静电装置的位置、连接方法不正确；避雷装置发生故障或消除静电装置失灵；防雷、防静电装置制造缺陷；孤立导体（如浮顶）与油罐接触不良，造成静电积聚，产生放电等。

8）安全附件

站场、管道、设备上设置有安全阀等安全附件和相应的控制仪器仪表，以确保系统安全。如果安全附件有故障，不仅不能起到保护作用，而且有可能直接造成事故。

3. 管道系统环境风险辨识

油气管道系统中的环境风险分为自然环境风险和社会环境风险。

自然环境风险主要包括地质灾害、气候灾害和环境灾害三大自然灾害：

（1）地质灾害主要包括地震、滑坡、崩塌、地面沉降、土地沙化、水土流失；

（2）气候灾害主要包括台风、雷电、低温、洪水；

（3）环境灾害主要是指由于环境污染造成的灾害，如工业"三废"（废水、废气、废渣）污染。对管道系统的危害主要是腐蚀。

社会环境风险包括无意破坏和有意破坏两类。

4. 管道系统职业危害风险辨识

油气管道一般输送油、气等易燃易爆危险介质，其本身具有一定的毒性，接触或吸入会引起窒息或中毒。在输送过程中存在泵、压缩机等运转机械设备，产生噪声因而造成噪声危害。在南方夏季、北方冬季露天作业及低温工况下作业，存在高温、低温危害因素。

除了上述的职业危害以外，还由于存在电气设施、机械设备操作及高处作业等，对作业人员还存在电气危害、机械伤害和高处坠落等危害。

第三节　风险评价

我国国内已建成的油气管线大多运行时间较长，技术水平较落后，操作自动化程度较低，安全事故呈不断上升趋势。据不完全统计，国内油气管道安全事故发生的概率大约是国外经济发达国家的 5～10 倍。因此，为保证油气管道的安全运行，必须采取科学的手段加强油气管道的安全运营管理，积极开展油气管道的风险评价工作。

一、风险评价概述

风险评价是以实现工程、系统安全为目的，应用安全系统工程的原理和方法，对工程、系统中存在的危险、有害因素进行识别与分析，判断工程、系统发生事故和急性职业危害的可能性及其严重程度，提出安全对策建议，从而为工程、系统制定防范措施，为管理决策提供科学依据。

政府机关或安全中介机构又将风险评价称为安全评价。风险评价技术既需要风险评价理论的支撑，又需要理论与实际经验的结合，二者缺一不可。目前国内风险评价和国外的略有不同，国内尚未建立风险的判别标准，也缺乏事故发生概率等数据库的支持，量化的 QRA 计算目前尚无法进行。因此，风险评价更多的是以为政府和管理者提供风险防范措施为主。

所以，风险评价同其他工程系统评价、产品评价、工艺评价等一样，都是从明确的目标值开始，对工程、产品、工艺的功能特性和效果等属性进行科学测定，最后根据测定的结果用一定的方法综合、分析、判断，并作为决策的参考。

上述风险评价的定义中包含了三层含义：

第一，对系统存在的不安全因素进行定性、定量分析，这是风险评价的基础。

第二，通过与评价标准的比较得出系统发生危险的可能性或程度。

第三，提出改进措施，以寻求最低的事故率，达到风险评价的最终目的。

风险评价的内涵可用图 2-3 表示。

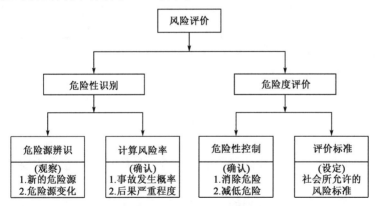

图 2-3　风险评价的内涵

1. 风险评价的目的

风险评价的目的是查找、分析和预测工程、系统存在的危险、有害因素及可能导致的危险、危害后果和程度，提出合理可行的安全对策措施，指导危险源监控和事故预防，以达到最低事故率、最少损失和最优的风险投资效益。风险评价具体要达到的目的包括如下几个方面：

（1）提高系统本质安全化程度。

通过风险评价，对工程或系统的设计、建设、运行等过程中存在的事故和事故隐患进行系统分析，针对事故和事故隐患发生的可能原因和条件，提出消除危险的最佳技术措施与方案。特别是从设计上采取相应措施，设置多重安全屏障，实现生产过程的本质安全化，做到即使发生误操作或设备故障，系统存在的危险因素也不会导致重大事故发生。

（2）实现全过程风险控制。

在系统设计前进行风险评价，可避免选取不安全的工艺流程和危险原材料以及不合适的设备、设施，避免安全设施不符合要求或存在缺陷，并提出降低或消除危险的有效方法；在系统设计后进行风险评价，可查出设计中的缺陷和不足，及早采取改进和预防措施；在系统建成后进行风险评价，可了解系统的现实危险性，为进一步采取降低危险性的措施提供依据。

（3）建立系统风险的最优方案，为决策提供依据。

通过风险评价，可确定系统存在的危险源及其分布部位、数目，预测系统发生事故的概率及其严重度，进而提出应采取的安全对策措施等。决策者可以根据评价结果选择系统风险最优方案并进行风险管理决策。

（4）为实现风险管理的标准化和科学化创造条件。

通过对设备、设施或系统在生产过程中的安全性是否符合有关技术标准、规范相关规定的评价，对照技术标准、规范找出存在的问题和不足，实现风险管理的标准化和科学化。

2. 风险评价的意义

风险评价的意义在于可有效地预防事故发生，减少财产损失和人员伤亡、伤害。风险评价与日常安全管理和安全监督监察工作不同，风险评价是从系统安全的角度出发，分析、论证和评估由此产生的损失和伤害的可能性、影响范围、严重程度及应采取的对策、措施等。风险评价的意义主要体现在以下几个方面：

（1）风险评价是风险管理的一个必要组成部分。

"安全第一，预防为主"是我国安全生产的基本方针，作为预测、预防事故重要手段的风险评价在贯彻安全生产方针中起着十分重要的作用。通过风险评价可确认生产经营单位是否具备了安全生产条件。

（2）风险评价有助于政府安全监督管理部门对生产经营单位的安全生产实行宏观控制。

风险评价工作，特别是系统设计前的风险评价，能有效地提高工程安全设计的质量和系统的安全可靠程度；系统设计后的风险评价是根据国家有关技术标准、规范对设备、设施和系统进行符合性评价，可提高安全达标水平；运营过程中的风险评价可客观地对生产经营单位风险水平作出评价，使生产经营单位不仅了解可能存在的危险性，而且可明确改进方向，同时也为安全监督管理部门了解生产经营单位安全生产现状、实施宏观控制提供基础资料。

（3）风险评价有助于安全投资的合理选择。

风险评价不仅能确认系统的危险性，而且还能进一步考虑危险发展为事故的可能性及事故造成损失的严重程度，进而计算事故造成的危害，并以此说明系统危险可能造成负效益的大小，以便合理地选择控制、消除事故发生的措施，确定安全措施投资的多少，从而使安全投入和可能减少的负效益达到合理的平衡。

（4）风险评价有助于提高生产经营单位的风险管理水平。

风险评价可以使生产经营单位的风险管理变事后处理为事先预测、预防。传统的安全管理方法的特点是凭经验进行管理，多为事故发生后再进行处理的"事后过程"。通过风险评价，可以预先识别系统的危险进，分析生产经营单位的安全状况，全面地评价系统及各部分的危险程度和安全管理状况，促使生产经营单位达到规定的安全要求。

风险评价可以使生产经营单位的安全管理变纵向单一管理为全面系统管理。风险评价可使生产经营单位所有部门都能按照要求认真评价本系统的安全状况，将风险管理范围扩大到生产经营单位各个部门、各个环节，使生产经营单位的风险管理实现全员、全面、全过程、全时空的系统化管理。

风险评价可以使生产经营单位的风险管理变经验管理为目标管理。风险评价可以使各部门、全体职工明确各自的安全指标要求，在明确的目标下，统一步调，分头进行，从而使安全管理工作做到科学化、统一化和标准化。

（5）风险评价有助于生产经营单位提高经济效益。

系统设计前的风险评价（预评价）可减少项目建成后由于达不到安全要求而引起的调整和返工建设费用；系统建成后的风险评价（验收评价）可将一些潜在事故隐患在设施开工运行阶段消除；系统运行中的风险评价（现状评价）可使生产经营单位较好地了解可能存在的危险并为安全管理提供依据。生产经营单位安全生产水平的提高无疑可带来经济效益的提高。

3. 风险评价的原则

风险评价是落实"安全第一，预防为主"方针的重要技术保障，是安全生产监督管理的重要手段。风险评价工作以国家有关安全的方针、政策和法律、法规、标准为依据，运用定量、定性的方法对建设项目或生产经营单位存在的职业危险、有害因素进行识别、分析和评价，提出预防、控制、治理对策、措施，为建设单位或生产经营单位减少事故发生的风险，为政府主管部门进行安全生产监督管理提供科学依据。

风险评价是关系到被评价项目能否符合国家规定的安全标准，能否保障劳动者安全与健康的关键性工作。由于这项工作不但具有较复杂的技术性，而且还有很强的政策性，因此，要做好这项工作，必须以被评价项目的具体情况为基础，以国家安全法规及有关技术标准为依据，用严肃的科学态度，认真负责的精神，强烈的责任感和事业心，全面、仔细、深入地开展和完成评价任务。在风险评价工作中必须自始至终遵循合法性、科学性、公正性和针对性原则。

1）合法性

风险评价是国家以法规形式确定下来的一种管理制度。风险评价机构和评价人员必须由国家安全生产监督管理部门予以资质核准和资格注册，只有取得了认可的单位才能依法进行风险评价工作。政策、法规、标准是风险评价的依据，政策性是风险评价工作的灵魂。所以，承担风险评价工作的单位必须在国家安全生产监督管理部门的指导、监督下严格执行国家及地方颁布的有关安全的方针、政策、法规和标准等；在具体评价过程中，全面、仔细、深入地剖析评价项目或生产经营单位在执行产业政策、安全生产和劳动保护政策等方面存在的问题，并且在评价过程中主动接受国家安全生产监督管理部门的指导、监督和检查，力争为项目决策、设计和安全运行提出符合政策、法规、标准要求的评价结论和建议，为安全生产监督管理提供科学依据。

2）科学性

风险评价涉及学科范围广，影响因素复杂多变。安全预评价，在实现项目的本质安全上有预测、预防性；安全现状评价，在整个项目上具有全面的现实性；验收风险评价，在项目的可行性上具有较强的客观性；专项风险评价，在技术上具有较高的针对性。为保证风险评价能准确地反映被评价项目的客观实际并确保结论的正确性，在开展风险评价的全过程中，必须依据科学的方法、程序，以严谨的科学态度全面、准确、客观地进行工作，提出科学的对策、措施，作出科学的结论。

危险、有害因素产生危险、危害后果需要一定条件和触发因素，要根据内在的客观规律分析危险、有害因素的种类、危害程度，产生的原因及出现危险、危害的条件及其后果，才能为风险评价提供可靠的依据。

现有的评价方法均有其局限性。评价人员应全面、仔细、科学地分析各种评价方法的原理、特点、适用范围和使用条件，必要时还应用几种评价方法进行评价，进行分析综合、互为补充、互相验证，提高评价的准确性，避免失真；评价时，切忌生搬硬套、主观臆断、以偏概全。

从收集资料、调查分析、筛选评价因子、测试取样、数据处理、模式计算和权重值的给定，直至提出对策措施、作出评价结论与建议等，在每个环节都必须用科学的方法和可靠的数据，按科学的工作程序一丝不苟地完成各项工作，努力在最大程度上保证评价结论的正确性和对策措施的合理性、可行性和可靠性。

受一系列不确定因素的影响，风险评价在一定程度上存在误差。评价结果的准确性直接影响到决策的正确、安全设计的完善以及运行是否安全、可靠。因此，对评价结果进行验证十分重要。为不断提高风险评价的准确性，评价单位应有计划、有步骤地对同类装置国内外的安全生产经验、相关事故案例和预防措施以及评价后的实际运行情况进行考察、分析、验证，利用建设项目建成后的事后评价进行验证，并运用统计方法对评价误差进行统计和分析，以便改进原有的评价方法和修正评价参数，不断提高评价的准确性和科学性。

3）公正性

评价结论是针对评价项目的决策依据、设计依据以及确定能否安全运行的依据，也是国家安全生产 监督管理部门进行安全监督管理的执法依据。因此，对于风险评价的每一项工作，都要做到客观和公正，既要防止受评价人员主观因素的影响，又要排除外界因素的干扰，避免出现不合理、不公正。

评价的正确与否直接涉及被评价项目能否安全运行，涉及国家财产和声誉会不会受到破坏和影响，涉及被评价单位的财产是否受到损失，生产能否正常进行，涉及周围单位及居民是否受到影响，涉及被评价单位职工乃至周围居民的安全和健康。因此，评价单位和评价人员必须严肃、认真、实事求是地进行公正的评价。

风险评价有时会涉及一些部门、集团、个人的某些利益。因此，在评价时，必须以国家和劳动者的总体利益为重，要充分考虑劳动者在劳动过程中的安全与健康，要依据有关标准、法规和经济技术的可行性提出明确的要求和建议。评价结论和建议不能模棱两可、含糊其辞。

4）针对性

在进行风险评价时，首先应针对被评价项目的实际情况和特征，收集有关资料，对系统进行全面的分析。其次要对众多的危险、有害因素及单元进行筛选，对主要的危险、有害因素及重要单元应进行有针对性的重点评价，并辅以重大事故后果和典型案例分析。由于各类评价方法都有其特定的适用范围和使用条件，要有针对性地选用评价方法。最后要从实际的经济、技术条件出发，提出有针对性、操作性强的对策、措施，对被评价项目给出客观、公正的评价结论。

4. 风险评价的程序

风险评价的方法有许多种，但归纳起来一般都是以如图2-4所示的评价程序进行的。

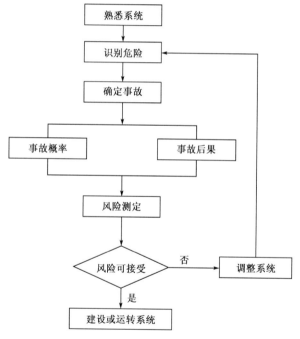

图2-4　风险评价的基本程序

1）确定和熟悉系统

在评价之前，首先要明确评价的对象，熟悉有关资料，包括工艺过程、设备结构、操作条件、平面布置图及环境状况等，收集有关法规、标准、规章制度及同类和相似装置的事故案例。

2）识别危险

通过使用科学的方法和手段，找出系统内部存在的固有的和潜在的危险性，以及生产过程中可能出现的新的危险和在一定条件下转化来的新的危险。

3）确定事故

这一步主要是在识别危险的基础上，确定危险变为事故的各种模式，从而为危险的数量化和制定安全防灾对策打下基础。

4）量化危险

对找出来的危险通过数学方法进行数量化处理，确定其危险等级、指数或概率值，分析危险转变为事故所造成的后果（后果包括人员伤亡、环境和设备的破坏及停输影响）。

5）计算风险率或危险度

知道了危险的数量和造成的损失后，两者的乘积即是风险率或危险度。

6）危险的排除

针对识别出来的危险，制定相应的安全措施。这些措施包括在工艺过程和设备上采取技术措施及管理措施。

7）最终评价

采取安全措施后，系统的危险性降低到什么程度必须给予再量化。将这个危险和风险指标比较，如果达到人们可以接受的水平，则项目可以建设，装置可以运转；若超过了人们接受的水平，必须进一步调整系统或更改设计，直至系统达到安全为止。

管道的风险评价一般包括几个主要步骤，即危害识别、评价分析、作出评价结论以及给出风险削减建议。一般来说，最后的管道风险都以管段为单元来汇报给出，管段指管道属性及周围的环境都比较统一的一段管道。管段基本也是管理者的管理单元，但在进行精细风险评价时，管段可以划分得很短很细。

常见的管道风险评价的主要内容及流程如图 2 - 5 所示。

二、风险评价方法的分类

风险管理技术的核心是风险评价技术，管道行业的风险评价技术在历时 30 多年后的今天，已经有许多管道公司形成了各自的风险分析方法，并有不少相关的文献出版。根据评价结果的量化程度，可把风险评价方法分为三类，即定性风险评价方法、半定量风险分析方法和定量风险分析方法。风险评价方法种类很多，适合于不同情况的需求。

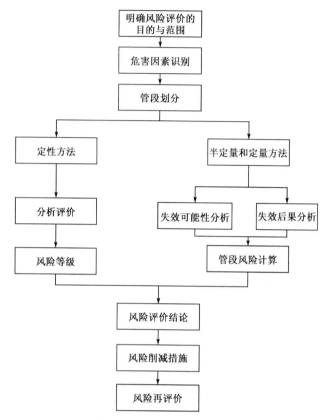

图 2-5　管道风险评价流程

常用到的风险评价方法见表 2-1。

表 2-1　管道风险评价方法一览表

方 法 名 称	方 法 类 别	主 要 用 途
风险矩阵	定性方法	风险分级
安全检查表	定性方法	合规性审查
PHA	定性方法	危害因素识别与分级
HAZOP	定性方法	生产装置和工艺过程危害识别
FMECA	定性方法	产品故障的危害识别
肯特打分法	半定量方法	系统的风险评价
概率风险评价	定量方法	系统的风险评价
故障树分析	定性方法或定量方法	危害因素识别失效可能性分析
事件树分析	定性方法或定量方法	失效后果分析

安全检查表（SCL），是安全评价中最初步、最基础的一种，常用于检查某系统中不安全因素，查明薄弱环节的所在。首先要根据检查对象的特点、有关规范及标准的要求，确定检查项目和要点；再按提问的方式，把检查项目和要点逐项编制成安全检查表。评价时对表中所列项目进行检查和评判。

预先危害性分析（PHA），也称初始危险分析，是在每项生产活动之前，特别是在设计的开始阶段，对系统存在危险类别、出现条件、事故后果等进行概略的分析，尽可能评价出潜在的危险性。因此，该方法也是一份实现系统安全危害分析的初步或初始的计划，是在方案开发初期阶段或设计阶段之初完成的。

危险和操作性分析（HAZOP），是由有经验的跨专业的专家小组对装置的设计和操作提出有关安全上的问题，共同讨论解决问题的方法。研究中，连续的工艺流程分成许多片段，根据相关的设计参数引导词，对工艺或操作上可能出现的与设计标准参数偏离的情况提出问题，组长引导小组成员寻找产生偏离的原因。如果该偏离导致危险发生，小组成员将对该危险作出简单的描述并评估安全措施是否充分，可为设计和操作推荐更为有效的安全保障措施。如此对设计的每段工艺反复使用该方法分析，直到每段工艺或每台设备都被讨论过后，HAZOP分析工作才算完成。

故障树分析（FTA），是一种演绎分析方法，用于分析引发事故的原因并评价其风险。

事件树分析（ETA），是一种按事故发展的时间顺序由初始事件开始推论可能的后果，从而进行危险源辨识的方法。

故障类型、影响和致命度分析（FMECA），是针对产品所有可能的故障，并根据对故障模式的分析，确定每种故障模式对产品工作的影响，找出单点故障，并按故障模式的严重度及其发生概率确定其危害性。所谓单点故障，指的是引起产品故障，且没有冗余或替代的工作程序作为补救的局部故障。FMECA包括故障模式与影响分析（FMEA）以及危害性分析（CA）。

定性评价方法通常比较简单，易于理解和使用，但一般具有较强的主观性，需要大量的经验判断。半定量方法的结果是相对值，不能量化事故的概率和严重程度，但是可以起到初步的风险筛选排序功能。定量评价方法通常比较复杂，采用了大量计算公式和经验模型，需要较多数据支撑。

定性风险分析（Qualitative Risk Analysis）的主要作用是找出管道系统存在哪些事故危险以及诱发管道事故的各种因素，这些因素对系统产生的影响程度以及在何种条件下会导致管道系统设备设施失效，最终确定控制事故的措施。传统的定性风险评价方法主要有安全检查表（SCL）、预先危害性分析（PHA）以及危险和操作性分析（HAZOP）等。其特点是不必建立精确的数学模型和计算方法，可以根据专家的观点提供高、中、低风险的相对等级，评价的精确性取决于专家经验的全面性，划分影响因素的细致性、层次性等，具有直观、简便、快速、实用性强的特点。其使用局限是危险性事故的发生频率和事故损失后果均不能量化。

半定量风险分析（Semi-Quantitative Risk Analysis）是以风险的数量指标为基础，对管道事故损失后果和事故发生概率按权重值各自分配一个指标，然后用加和除的方法将两个对应事故概率和后果严重程度的指标进行组合，从而形成一个相对风险指标。最常用的是专家打分法，其中最具代表的是海湾出版公司出版的《管道风险管理手册》（Pipe Risk Management Manual）。目前，该书所介绍的评价模型已为世界各国普遍采用，国内外大多数管道风险评价软件程序都是基于它所提出的基本原理进行编制的。中国石油管道科技研究中心开发的 RiskScore——管道风险评价系统就是一种基于肯特方法进行改进的半定量风险评价软件，其在肯特指标体系和计算模型的基础上，充分结合了中国石油管道分公司的实际情况，对原肯特指标体系进行适当的修正。

定量风险分析是管道风险评价的高级阶段，是一种定量的基于应用事故频率的严密数学和统计学的评价方法，其预先给危险性的管道系统事故发生的概率和事故损失后果一个具有明确物理意义的单位，通过综合考虑管道系统失效的每个事件，算出最终事故的发生概率和事故损失后果。站场量化风险分析中常用到的 QRA 方法就是一种定量风险评价方法，其最终的风险值体现为个人风险和社会风险，通过这两个指标来判断风险是否可以接受。

定量风险分析法的评估结果有实际意义，可以与历史水平对比，也可以与其他同类管道系统进行对比，可以用于风险、成本、效益分析。但也有不少缺点，如需要收集大量的数据，对数据的准确度要求也比较高；不适合数据不全的管道；需要进行大量的分析和计算工作，耗费人力、物力和财力也比较大，等等。另外，目前大多数研究工作集中于生命安全风险或经济风险评价，而对液体管道失效的环境破坏风险还不能定量评估，生命安全风险、环境破坏风险和经济风险的综合评价也未有合适的方法。另外，定量风险评价需要建立在历史失效率的概率统计基础之上，而公用数据库一般没有特定管道系统失效的详细数据，公布的数据也不足以描述给定管道系统设备、设施的失效概率。

三、常用风险评价方法

风险评价的方法很多，如因果分析法、失效模式分析法、故障树分析（FTA）、事件树分析（ETA）、道化学（DOW）危险指数法、肯特（KENT）危险指数分析法等。其中肯特危险指数分析法是基于美国运输部的实际运行经验和其他部门的相关研究结果而提出的。因其方法独特，通俗易懂，便于掌握，在长输管道的安全分析、评价中发挥了巨大作用，并成为现代油气储运系统工程的重要组成部分。

管道系统的风险评价与其他工程、生产装置有着不同的特点。由于管道系统是由管道、站场和附属设施组成的复杂系统，管道具有点多、线长、涉及面广、沿线条件不同的特点，它们的危害因素及事故后果的特点也有所不同，站场也不同于一般的生产工艺装置。只用一种风险评价方法无法对如此庞大、复杂的管道系统进行全面的风险评价。下面介绍几种常用的管道系统风险评价方法。

1. 安全检查表（SCL）

1）定义

为检查某一系统（工程、装置等）中的不安全因素，把系统加以剖析，检查各层次的不安全因素，事先将要检查的项目以提问方式编制成表，以便进行系统检查，这种表就称为安全检查表。

安全检查表适用于工程、系统的各个阶段评价。安全检查表可以评价物质、设备和工艺，常用于专门设计的评价。安全检查表法也能用在新工艺（装置）的早期开发阶段，判定和估测危险，还可以对已经运行多年的在役装置的危险进行检查。

2）安全检查表的编制依据

（1）国家、地方的相关安全法规、规定、规程、规范和标准，行业、企业的规章制度、标准及企业安全生产操作规程。

（2）国内外行业、企业事故统计案例和经验教训。

（3）行业及企业安全生产的经验，特别是本企业安全生产的实践经验，引发事故的各种潜在不安全因素及成功杜绝或减少事故发生的成功经验。

（4）系统安全分析的结果，即为防止重大事故的发生而采用事故树分析方法，对系统进行分析得出能导致引发事故的各种不安全因素的基本事件，作为防止事故控制点源列入检查表。

3）安全检查表的编制步骤

要编制一个符合客观实际、能全面识别、分析系统危险性的安全检查表，首先要建立一个编制小组，其成员应包括熟悉系统各方面的专业人员。其主要步骤有：

（1）熟悉系统，包括系统的结构、功能、工艺流程、主要设备、操作条件、布置和已有的安全消防设施。

（2）搜集资料，搜集有关的安全法规、标准、制度及本系统过去发生事故的资料，作为编制安全检查表的重要依据。

（3）划分单元，按功能或结构将系统划分成若干个子系统或单元，逐个分析潜在的危险因素。

（4）编制检查表，针对危险因素，依据有关法规、标准规定，参考过去事故的教训和本单位的经验确定安全检查表的检查要点、内容和为达到安全指标应在设计中采取的措施，然后按照一定的要求编制检查表。

（5）编制复查表，其内容应包括危险、有害因素明细，是否落实了相应的设计对策、措施，能否达到预期的安全指标要求，遗留问题及解决办法和复查人等。

4）编制安全检查表的注意事项

编制安全检查表力求系统完整，不漏掉任何能引发事故的危险关键因素。检查表内容要重点突出，简繁适当，有启发性。各类检查表的项目、内容应针对不同被检查对象有所侧重，分清各自职责内容，尽量避免重复。检查表的每项内容要定义明确，便于操作。检查表的项目、内容能随工艺的改造、设备的更新、环境的变化和生产异常情况的出现而不断修订、变更和完善。凡能导致事故的一切不安全因素都应列出，以确保各种不安全因素能及时得以发现或消除。

5）应用安全检查表的注意事项

为了取得预期目的，应用安全检查表时，应注意以下几个问题：

（1）各类安全检查表都有适用对象，专业检查表与日常定期检查表要有区别。专业检查表应详细、突出专业设备安全参数的定量界限，而日常检查表尤其是岗位检查表应简明扼要，突出关键和重点部位。

（2）应用安全检查表实施检查时，应落实安全检查人员。公司级日常安全检查可由安技部门现场人员和安全监督巡检人员会同有关部门联合进行。站场级的安全检查可由站长或指定安全员检查。岗位安全检查一般指定专人进行。检查后应签字并提出处理意见备查。

（3）为保证检查的有效定期实施，应将检查表列入相关安全检查管理制度，或制定安全检查表的实施办法。

（4）应用安全检查表检查，必须注意信息的反馈及整改。对查出的问题，凡是检查者当时能督促整改和解决的应立即解决，当时不能整改和解决的应进行反馈登记、汇总分析，由有关部门列入计划安排解决。

（5）应用安全检查表检查，必须按编制的内容，逐项目、逐内容、逐点检查。有问必答，有点必检。按规定的符号填写清楚，为系统分析及安全评价提供可靠准确的依据。

6）安全检查表的优点、缺点

（1）安全检查表的优点。

安全检查表具有检查项目系统、完整，可以做到不遗漏任何能导致危险的关键因素，避免传统的安全检查中易发生疏忽、遗漏等弊端，因而能保证安全检查的质量；可以根据已有的规章制度、标准、规程等，检查执行情况，得出准确的评价；安全检查表采用提问的方式，有问有答，给人的印象深刻，能使人知道如何做才是正确的，因而可起到安全教育的作用；编制安全检查表的过程本身就是一个系统安全分析的过程，可使检查人员对系统的认识更深刻，更便于发现危险因素；对不同的检查对象、检查目的有不同的检查表，应用范围广等优点。

（2）安全检查表的缺点。

针对不同的需要，必须事先编制大量的检查表，工作量大且安全检查表的质量受编制人员的知识水平和经验影响。

7）安全检查表的分类

安全检查表的分类方法可以有许多种，如可按基本类型分类或检查内容分类，也可按适用场合分类。

目前，常用安全检查表有 3 种类型：定性检查表、半定量检查表和否决型检查表。

定性安全检查表是列出检查要点逐项检查，检查结果以"是"或"否"表示，检查结果不能量化。

半定量检查表是给每个检查要点赋以分值，检查结果以总分表示，有了量的概念，对不同的检查对象也可以进行相互比较。但缺点是检查要点的赋值比较困难，我国原化工部制定的 1990 年、1991 年、1992 年安全检查表以及《中国石油化工总公司石化企业安全性综合评价办法》中的检查表即为此种类型。

否决型安全检查表是给一些特别重要的检查要点作出标记，这些检查要点如不满足要求，检查结果视为不合格。这样可以做到重点突出，我国的 GB 13548—1992《光气及光气化产品生产装置安全评价通则》中的安全检查表即属此类。

由于安全检查的目的、对象不同，检查的内容也有所区别，因而应根据需要制定不同的安全检查表。

8）实例分析

下面列举出一个管道方面的安全检查表，见表 2-2。

表 2-2　站场储罐区安全检查表

序号	检查项目	检查情况
1	消防通道畅通无阻，消防设施齐全完好	
2	防雷、防静电设施良好，照明设施齐全并符合安全防爆规定	
3	呼吸阀、检测口、通风管、排污孔、高低出入口、切水阀、加热盘管、液位计、高低液位报警器等齐全好用，无堵塞、泄漏	
4	压力储缺罐符合压力容器有关规定	
5	可燃气体检测报警系统布点及安装符合规范要求	
6	切水系统可靠好用，水封井及排水闸完好可靠	
7	喷淋冷却设施齐全好用	
8	罐区整洁，无脏、乱、差、锈、漏，无杂草等易燃物	
备注		

2. 风险矩阵

在进行风险评价时，将潜在的危害事件后果的严重性相对地定性，并分为若干级；将潜在的危险事件发生的可能性相对地定性，并分为若干级。然后，以事故的严重性为表列、以发生的可能性为表行制成表，在行列的交点上给出定性的风险等级，这就是风险矩阵，也是一种定性方法。

图 2-6 给出了一个典型的风险矩阵图。事故发生的可能性根据频率由小到大分为四级，分别用数字 1、2、3、4 表示，事故的严重性也分为四级，也分别用数字 1、2、3、4 表示。风险大小为事故发生的可能性和严重性的乘积，数字如图所示，深灰代表高风险（9、12、16）：不可接受的风险，必须采取措施来降低风险；中灰代表中等风险（6、8）：不期望的风险，当风险降低不可行或成本与取得的改善严重不对称时允许；白色代表低风险（4）：应根据危险因素制订管理计划，防止事故发生，并且监控可能影响风险等级改变的因素变化；浅灰代表可忽略风险（1、2、3）：可以忽略的风险，不需要

建议的风险排序表					
		频率或发生的可能性			
		1	2	3	4
		在此地此事故最多可能发生一次	这事故在相似的地方发生过或可能发生在下五年以内	这事故可能要发生好多次	这事故每年可能要发生好多次
事故的严重性	轻微事故1 工作人员——没有或有轻微伤害 附近居民区域——没有伤害，没有泄漏不允许的物质 环境——没有违反任何许可证件的条件，没有泄漏不允许的物质。不需要向政府机构报告 企业单位——装置或生产损失少于400000元	1	2	3	4
	一般事故2 工作人员——可能有不严重的伤害 附近居民区域——可能有诉述但没有人伤害 环境——少量的物质泄漏，对人的健康可能有轻微的影响 企业单位——装置或生产损失大于400000元	2	4	6	8
	严重事故3 工作人员——可能有一个或一个以上的人受严重的伤害 附近居民区域——可能有人受轻微伤害 环境——物质泄漏，对人的健康可能有立刻或长期影响 企业单位——装置或生产损失大于5774000元	3	6	9	12
	巨大事故4 工作人员——可能有一个或一个以上的人死亡或永久不能工作 附近居民区域——可能有一个或一个以上的人受伤害 环境——物质泄漏，对人的健康可能有立刻或长期影响 企业单位——装置或生产损失大于61000000元	4	8	12	16

图 2-6　风险矩阵图

采取措施。

由于每个行业差别比较大，可根据企业特性对风险矩阵进行修改，以适应企业的特点，例如对长输管道系统，后果可考虑五个方面，即人员伤亡、财产损失、环境影响、停输影响和声誉影响，当同时存在多个方面的影响且等级不同时，取其中等级最高者。

风险矩阵图简单明了，可以快速地得出风险等级，也可以与半定量和定量风险评价方法结合，用来展示最终的计算结果。

对于划分的风险等级，需要采取如下的风险控制措施：

（1）如潜在问题在高风险区域，则应该不惜成本阻止其发生；

（2）如潜在问题在中等风险区域，应安排合理的费用来阻止其发生；

（3）如潜在问题在低风险区域，应采取一些合理的步骤来阻止发生或尽可能降低其发生后造成的影响；

（4）如潜在问题在可忽略风险区域，只需准备应急计划，平时可不予以关注。

3. 危险和可操作性分析（HAZOP）

1）HAZOP 概述

（1）定义。

危险和可操作性分析（Hazard and Operability Analysis，简称 HAZOP）是英国帝国化学工业公司（ICI）于 1974 年开发的，是以系统工程为基础，主

要针对化工设备、装置而开发的危险性评价方法。该方法实施的基本过程是以关键词为引导，寻找系统中工艺过程或状态的偏差，然后再进一步分析造成该变化的原因、可能的后果，并有针对地提出必要的预防对策措施。

运用危险与可操作性分析方法，可以检查系统中存在的危险、有害因素，并能以危险、有害因素可能导致的事故后果确定设备、装置中的主要危险、有害因素。

（2）HAZOP 的适用范围。

危险和可操作性分析方法适用于设计阶段和对现有的生产装置的评价。起初，英国帝国化学工业公司开发的危险和可操作性分析方法主要在连续的化工生产工艺过程中得以应用。对现有的生产装置分析时，如能吸收有操作经验和管理经验的人员共同参加，会收到很好的效果。化工生产工艺过程中管道内物料工艺参数的变化可以反映各装置、设备的状况，因此，在连续工艺过程中，分析的对象应确定为管道，通过管道内物料状态及工艺参数产生偏差的分析，查找出系统存在的危险、有害因素以及可能产生事故后果。通过对管道的分析，就能够全面地了解整个系统存在的危险。通过对危险和可操作性分析方法的适当改进，该方法也能应用于间歇化工生产工艺过程的危险性分析。在进行对化工生产工艺过程的评价时，分析的对象不再是管道，而应该是主体设备，如反应器等。根据间歇生产的特点，分成三个阶段（即进料、反应和出料）对反应器加以分析。同时，在这三个阶段内，不仅要按照关键词来确定工艺状态及参数可能产生的偏差，还要考虑操作顺序等因素可能引起的偏差。这样才可以对间歇过程做出全面、系统的评估。

通过 HAZOP 分析，能够发现装置中存在的危险，根据危险带来的后果明确系统中的主要危害。如果需要，可利用故障树对主要危害继续分析，这又是确定故障树"顶上事件"的一种方法，可以与故障树配合使用。同时，针对装置存在的主要危险，可以对其进行进一步的定量风险评估，量化装置中主要危险带来的风险，所以，HAZOP 又是定量风险评估中危险辨识的方法之一。

（3）HAZOP 应用现状

HAZOP 是由英国帝国化学工业（ICI）公司于 20 世纪 70 年代早期提出的，第一本详细介绍 HAZOP 方法的书在 1977 年出版。这种方法以其分析全面、系统、细致等突出优势成为目前工艺危险性分析领域最盛行的分析方法之一。

在国外，HAZOP 是许多安全规范中推荐使用的危险辨识方法。英国石化有限公司制定的《健康、安全和环境标准与程序》中明确规定在项目设计阶段必须进行设计方案的 HAZOP 分析；德国拜尔公司 1997 年制定《过程与工厂安全指导》中规定，其所属工厂必须进行 HAZOP 分析并形成安全评估报告；美国政府颁布的《高度危险化学品处理过程的安全管理》（PSM）法规中也建议采用 HAZOP 方法对石油化工装置进行危险评估。

在我国，对国内首次采用新技术、新工艺的危险化学品建设项目，政府也在积极倡导采用 HAZOP 进行工艺安全分析；对危险化学品建设项目的验收前评价，建议以安全检查表法为主，尽可能以危险和可操作性分析法（HAZOP）为辅。

HAZOP 分析方法不仅适用于对石油、化工过程进行危险性分析，对其他行业（如机械、航天、兵器、国防、核工业等）生产过程，只要稍加修改，也可使用。

（4）HAZOP 分析的作用。

通过 HAZOP 分析，对在装置工艺过程及设备中存在的危险及应采取的措施会有透彻的认识。实践证明，HAZOP 分析已经被证明是过程工业中安全保障的有效方法，这一点已经在世界范围内得到了承认。

HAZOP 分析的目的是识别工艺或者操作过程中存在的危害，识别不可接受的风险状况。HAZOP 分析能够识别设计、操作程序和设备中的潜在危险，将项目中的危险尽可能消灭在项目实施的早期阶段，节省投资。HAZOP 分析为企业提供系统危险程度证明，并应用于项目实施过程。

（5）HAZOP 的通用表格。

危险和可操作性分析的通用表格见表 2-3。

表 2-3　危险和可操作性分析的通用表

单位：		车间/工段： 子系统： 任务：		编号： 页码： 制表：　年　月　日 审核：　年　月　日	
引导词	偏差	可能原因	影响或后果	对策措施	备注

（6）HAZOP 的优、缺点。

该方法优点是简便易行，且背景各异的专家在一起工作，在创造性、系统性和风格上互相影响和启发，能够发现和鉴别更多的问题，汇集了集体的智慧，这要比他们单独工作时更为有效。其缺点是分析结果受分析评价人员主观因素的影响。

2）HAZOP 实施方法

（1）基本原理。

HAZOP 分析是一种用于辨识设计缺陷、工艺过程危害及操作性问题的结构化分析方法，方法的本质就是通过系统的会议对工艺图纸和操作规程进行分析。在这个过程中，由各专业人员组成的分析组按规定的方式系统地研究每一个单元（即分析节点），分析偏离设计工艺条件的偏差所导致的危险和可操作性问题。HAZOP 分析组分析每个工艺单元或操作步骤，识别出那些具有潜在危险的偏差，这些偏差通过引导词引出。使用引导词的一个目的就是为了保证对所有工艺参数的偏差都进行分析。分析组对每个有意义的偏差都进行分析，并分析可能原因、后果和已有安全保护等，同时提出应该采取的措施。HAZOP 分析方法明显不同于其他分析方法，是一个系统工程，如图 2-7 所示。HAZOP 分析必须由不同专业组成的分析组来完成。HAZOP 分析的这种群体方式的主要优点在于能相互促进、开拓思路。这就是 HAZOP 分析的核心内容。

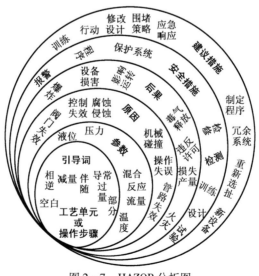

图 2-7　HAZOP 分析图

（2）常用术语及关键词。

危险与可操作性分析常用术语见表2-4。

表2-4 HAZOP分析常用术语表

项目	说明
工艺单元	具有确定边界，由设备、阀门、管道等构成的工艺系统
节点	工艺单元中某一环节或控制点构成的系统
设计意图	设计想要达到的目的，一般用工艺参数指标或操作信号表示
操作步骤	用于HAZOP分析组分析的操作步骤，可能是手动、自动或计算机自动控制的操作
工艺指标	工艺过程正常操作条件下的参数，用文字或图表进行说明，如工艺说明、流程图、PID图等
引导词	用于定性设计工艺指标的简单词语，引导识别工艺过程偏差产生后造成的危险
工艺参数	与工艺过程有关的物理特性和化学特性，如温度、压力、流量、组成、相数等
偏差	分析组使用引导词系统地对每个分析节点的工艺参数（如流量、压力）进行分析发现的一系列偏离工艺指标的情况（如无流量、压力高等）；通常用"引导词+工艺参数"
原因	偏差的原因，可能是设备故障、人为失误、不可预见的工艺状态（如组成改变）、外部条件的改变等
后果	偏差所造成的后果；分析组常假定发生偏差时安全保护系统失效；不考虑细小的与安全无关的后果
安全保护	指设计的工程系统或调节控制系统（如报警、连锁、安全泄放等）
措施或建议	修改设计、操作规程或者进一步分析研究（如增加压力报警、改变操作顺序）建议

危险与可操作性分析引导词定义见表2-5。

表2-5 HAZOP分析引导词定义表

引导词	意义	说明
没有（否）	完成这些意图是不可能的	任何意图都实现不了，但也没有任何事情发生
多（过大）	数量增加	与设计确定值相比数值偏大，如温度、压力、流量偏高
少（过小）	数量减少	与设计确定值相比数值偏小，如温度、压力、流量偏低
多余（以及）	定性增加	所有设计与操作意图均伴随其他活动或事件的发生
部分（局部）	定性减少	仅有部分意图能够实现
相反（反向）	逻辑上与意图相反	出现与设计意图完全相反的事或物
其他（异常）	完全不同	出现了与设计要求不相同的情况

引导词用于两类工艺参数，一类是概念性工艺参数如反应、混合；另一类是具体的工艺参数如温度、压力。当概念性的工艺参数与引导词组合偏差时，常常会发生歧义，分析人员有必要对一些引导词进行修改。

（3）HAZOP 操作步骤。

危险和可操作性分析方法的目的主要是调动生产操作人员、安全技术人员、安全管理人员和相关设计人员的想象性思维，使其能够找出设备、装置中的危险、有害因素，为制定安全对策措施提供依据。HAZOP 分析可按以下步骤进行：

①成立分析小组。

根据研究对象，成立一个由多方面专家（涉及工艺、仪表、设备、设计和安全等各方面人员）组成的分析小组，一般为 4～8 人组成，并指定负责人。

②收集资料。

分析小组针对分析对象广泛地收集相关信息、资料，包括产品参数、工艺说明、环境因素、操作规范、管理制度等方面的资料，尤其是带控制点的流程图。

③划分评价单元。

为了明确系统中各子系统的功能，将研究对象划分成若干单元，一般可按连续生产工艺过程中的单元以管道为主、间歇生产工艺过程中的单元以设备为主的原则进行单元划分。明确单元功能，并说明其运行状态和过程。

④定义关键词。

按照危险和可操作性分析中给出的关键词逐一分析各单元可能出现的偏差。

⑤分析产生偏差的原因及其后果。

⑥制定相应的对策措施。

危险和可操作性分析的分析步骤如图 2-8 所示。

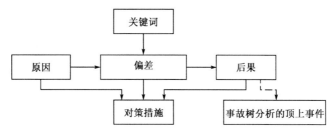

图 2-8 危险和可操作性分析的分析步骤

3）实例分析

以中国石油某成品油管线泵站的 HAZOP 分析为例。将该站划分成 13 个节段（表 2-6），每一个节段代表了一部分设施，实现对每个节段的设施和系统进行详尽的分析（在本书中仅对第一个节点进行详细分析）。

（1）节点分析。

表2-6　节段划分表

节段	类型	备　注	HAZOP 日期	设计/因素	机件编号
1. 进口管道	进口管道	HAZOP 评估完成 - 在 HAZOP 评估会上确定绝大部分工艺已完成	1. 1/25/2007	—	—
2. 油罐 1210 - 内浮顶	油罐	HAZOP 评估完成 - 在 HAZOP 评估会上确定绝大部分工艺已完成	1. 1/25/2007	包括所有内浮顶油罐	T - 01210
3. 给油泵 P1410	给油泵	HAZOP 评估完成 - 在 HAZOP 评估会上确定部分工艺建造还没有完成	2. 1/26/2007	两个给油泵一起开动	P1410
4. 油罐 1260 - 拱顶	油罐	HAZOP 评估完成 - 在 HAZOP 评估会上确定绝大部分工艺已完成	2. 1/26/32007	包括所有拱顶油罐	T - 01260
5. 外输泵 P1440 和 P1460	外输泵	HAZOP 评估完成 - 在 HAZOP 评估会上确定部分工艺建造还没有完成	2. 1/26/2007	包括第一个泵和第三个泵，两个相似的泵	P1440，P1460
6. 外输泵 P1450VFD	外输泵	HAZOP 评估完成 - 在 HAZOP 评估会上确定部分工艺建造还没有完成	2. 1/26/2007	—	P1450VFD
7. 控制阀 FV1401	控制阀	HAZOP 评估完成 - 在 HAZOP 评估会上确定部分工艺建造还没有完成	2. 1/26/2007	当压力超过 8.2MPa 时，控制阀泄压把液体输到给油泵进口管道。供给动力切断，阀保持它最后位置。控制阀通常是流量控制阀，但当压力超过预定数时，控制阀成为压力控制	FV - 01401

油气管道安全管理

节段	类型	备 注	HAZOP 日期	备 注	机件编号
8. 外输管道	外输管道	HAZOP 评估完成－在 HAZOP 评估会上确定绝大部分工艺已完成	2. 1/26/2007	包括发清管球器（PL－01110）和相关的管道	350－PR－01020－E6
9. 泡沫系统	消防系统	HAZOP 评估完成－在 HAZOP 评估会上确定部分工艺建造还没有完成	3. 2/21/2007	—	—
10. 消防水系统	消防系统	HAZOP 评估完成－在 HAZOP 评估会上确定部分工艺建造还没有完成	3. 2/21/2007	和泡沫系统相似	—
11. 倒灌泵 P1470	倒灌泵	HAZOP 评估完成－在 HAZOP 评估会上确定部分工艺建造还没有完成	2. 1/26/2007	和其他泵和管道相似	P－01470
12. 污油罐 V1120	污油罐	HAZOP 评估完成－在 HAZOP 评估会上确定部分工艺建造还没有完成	2. 1/26/2007	—	V－01120
13. 电力供给	电力供给	HAZOP 评估完成－在 HAZOP 评估会上确定部分工艺建造还没有完成	2. 1/26/2007	—	—

（2）可能偏差。

可能偏差见表 2-7。

表 2-7　可能偏差表

节段：1. 进口管道

类型：进口管道　　　　　　　　　　　　　图纸：

设计/因素：　　　　　　　　　　　　　　机件编号：

偏　差	索引词	因素	备　注	HAZOP 日期
1. 杂质	超过设计范围	成分	完成	1. 1/25/2007

偏　　差	索引词	因素	备　注	HAZOP 日期
2. 高流量	过高	流量	完成	1.1/25/2007
3. 高压	过高	压力	完成	1.1/25/2007
4. 高温	过高	温度	完成	1.1/25/2007
5. 泄漏	超过设计范围	流量	完成	1.1/25/2007
6. 低温	过低	温度	完成	1.1/25/2007
7. 低压	过低	压力	完成	1.1/25/2007
8. 低/没有流量	低/没有	流量	和低压相似	1.1/25/2007
9. 逆流/流向不符	逆流/流向不符	流向	包括其他偏差评估	1.1/25/2007
10. 破裂	除了	流量	和其他偏差评估相似	1.1/25/2007

（3）HAZOP 记录。

HAZOP 记录见表 2−8。

表 2−8　HAZOP 记录表

节段：1. 进口管道								
类型：进口管道					图纸：			
设计/因素：					机件编号：			
原因	后果	风险矩阵			现存防范措施	改进建议	负责	现状
		严重性	发生概率	风险				
偏差1：杂质								
1. 炼油厂操作问题	不纯的石油成品在油罐和管道中	1	2	2	炼油厂检测石油成品	1. 见证炼油厂的检测。2. 自设检测实验室		
2. 炼油厂送错了成品	不纯的石油成品在油罐和管道中	1	2	2	炼油厂的操作规程	1. 见证炼油厂的检测 2. 自设检测实验室		

原因	后果	风险矩阵			现存防范措施	改进建议	负责	现状
		严重性	发生概率	风险				
3. 腐蚀	对油罐和管道可能具有轻微的腐蚀性	1	2	2	无	无		
4. 在建造时留下建造杂物和水	损毁泵和阀	1	1	1	建造和开工前操作规程	建议把水冲管道包括在开工前的操作规程内		
偏差2：高流量								
几个泵同时操作	速度超过设计	1	2	2	无	建议查看炼油厂泵的设计		
	油罐液位升涨太快	1	1	1				
偏差3：高压								
1. 操作泵，但汽油罐阀1231、1232、1241、1242、1251、1252关闭	进口管道设计是1.6MPa，泵的设计是0.3MPa，不会造成管道渗漏和破裂	1	3	3	无			
	损毁泵	2	2	4	泵压不能超过设计	1. 操作规程规定在炼油厂送成品时阀1231、1232、1241、1242、1251、和1252 100%开 2. 建议查看炼油厂泵的设计		
2. 热涨压力在两头关闭的管道	高压造成管道渗漏和破裂	2	3	6	现有管道到油罐1240	1. 操作规程规定阀1248A和1248B锁链常开。 2. 建议设置热涨安全阀		

续表

原因	后果	风险矩阵			现存防范措施	改进建议	负责	现状
		严重性	发生概率	风险				
偏差4：高温								
邻界油罐失火	管道高压可能超压，造成管道渗漏和破裂	3	1	3	1. 现有火警系统。 2. 油罐水冷却系统。 3. 油罐消防泡沫系统。 4. 其他消防设备	建议以后设计管道在地下或在防火堤外		
偏差5：漏								
腐蚀	从地面、地下管道释放产品	2	3	6	外表为防腐蚀表皮	建议设置阴极保护保护地下管道		
偏差6：低温								
无	无				无	无		
偏差7：低压								
泵失掉功能	无	1	1	1	无	无		
偏差8：低流量/没有流量								
和低压相似	无					无		
偏差9：逆流/流向不符								
无	无				单向阀	无		
偏差10：破裂								
和其他偏差相似	参照其他偏差情况					无		

注：风险矩阵列数字的意义参见图2-6。

4. 量化风险评价（QRA）

在风险评价中，定性评估和半定量评估是非常有价值的，但是这些方法仅仅是定性分析，不能提供足够的定量分析，特别是不能对复杂的并存在危险的工艺流程等提供决策的依据和足够的信息。在这种情况下，必须要有能够提供完全定量分析的评价方法。

1）概述

（1）QRA定义。

量化风险评价（Quantitative Risk Assessment，简称QRA）是对某一设施或作业活动中发生事故的估算频率和/或后果进行表达的系统方法，或者说是一种对风险进行量化管理的技术手段。在分析过程中，不仅要求定量风险评估对事故的原因、过程、后果等进行定性分析，而且要求对事故发生的频率和后果进行定量计算，并将计算得出的风险与风险标准相比较，判断风险的可接受性，提出降低风险的建议措施。

（2）QRA的目的。

风险无处不在，即使很有把握的事情，也有可能发生意外，即风险具有客观存在性。QRA是对危险进行识别、定量评价，作出全面、综合的分析。借助QRA所获得的数据和结论，并综合考虑经济、环境、可靠性和安全性等因素，可以确定适当的风险管理程序，帮助系统操作者和管理者作出安全决策。

（3）QRA内容。

QRA的主要内容如图2-9所示。

（4）QRA的风险接受准则。

风险接受准则表示了在规定时间内或某一行为阶段可接受的总体风险等级，它为风险分析以及制定减少风险的措施提供了参考依据，因此在进行风险评估之前应预先给出。此外，风险接受准则应尽可能地反映安全目标的特点。

根据分析的目的和进行的程度，常用的风险接受准则有风险矩阵和ALARP（AsLow Reasonable Practice）原则。在QRA中，一般采用ALARP原则作为风险接受准则。

目前工业界一般采用ALARP原则作为唯一可接受原则。ALARP原则可以适用于个人死亡风险、环境风险和财产风险的评估。ALARP原则要求尽可能降低风险，同时这样低的风险程度应该是能够实现的，如图2-10所示。

2）实施方法

（1）基本原理。

风险评价普遍采用以Kent打分法为代表的定性方法。但是定量风险评价（QRA）也是十分必要的，主要是采用基于设备失效历史数据库和已有成熟的

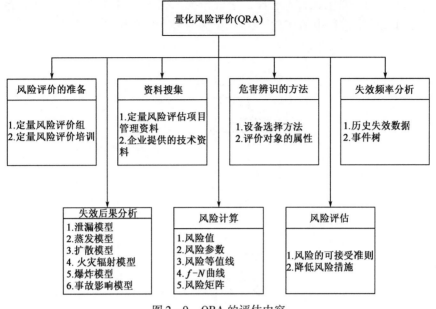

图 2-9　QRA 的评估内容

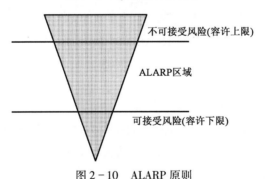

图 2-10　ALARP 原则

数值模型，进行设备失效概率分析和失效后果分析，最后计算得到风险值。研究表明，QRA 受人员主观判断影响较小，计算方法科学合理，结果量化，对进行检测与维护维修资源的分配具有很好的指导意义。在定量风险评价中风险的表达式为：

$$R = \sum_i (f_i \cdot c_i) \qquad (2-2)$$

式中　f_i——事故发生的概率；

　　　c_i——该事件产生的预期后果。

（2）QRA 程序。

QRA 作为一种工程技术手段，很好地揭示了意外事故发生的机理和各种措施在事故发生过程中的作用。QRA 作为最复杂的风险评估技术之一，其基本程序如图 2-11 所示。

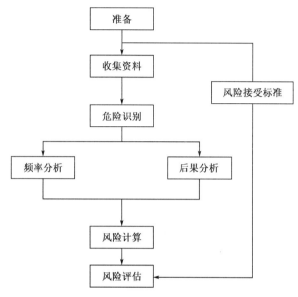

图 2-11　QRA 的基本程序

具体程序分为以下七步：

①定量风险评估准备。

a. 定量风险评估工作组。

定量风险评估需要从很多方面收集数据，专门分析和作出风险管理决定。一般来说，一个人不会有单独完成整个研究的背景知识和技术，通常由一个工作小组来有效实施定量风险评估。定量风险评估团队工作组是由企业和负责定量风险评估项目的技术服务商双方共同组成，其成员包括安全工程师、工艺工程师、设计工程师、工艺操作员、化学工程师和技术员等。

b. 定量风险评估培训。

在项目的准备阶段还包括培训工作。培训不仅是为了使工作人员具备实施定量风险评估所需要的能力，使之能担负责任，而且还是一个企业与定量风险评估技术服务商进一步沟通的机会。

培训可以分为两个阶段，第一阶段培训的对象是企业的管理层和参与定量风险评估项目的有关部门人员，第二阶段的培训主要是面向定量风险评估项目的具体参与者，即定量风险评估工作组的人员。这两个阶段的培训内容根据不同的目的也应各有侧重，第一阶段的培训内容主要在对定量风险评估方法的理解以及项目的管理和控制方面，希望使企业的管理层和各职能部门能够认可定量风险评估方法和了解自己在整个项目中的职责；第二阶段培训的主要内容是定量风险评估具体的工作要求和流程，明确定量风险评估小组成员在这个团队中的角色，培训完成指定工作所需要的技能。

培训的内容可以包括：

——定量风险评估原理；

——定量风险评估所采用的定量风险评估方法的介绍；

——失效概率的计算方法和规则；

——失效后果的计算方法和规则；

——定量风险评估工作组的组成和职责；

——数据的采集；

——数据的审核和缺失数据的处理。

c. 定量风险评估项目管理

定量风险评估组织者和领导者负有项目管理的责任。有效的定量风险评估项目管理是确保项目成功完成的基础，将获得定量风险评估小组内部和企业用户的接受和肯定，而一个劣质的项目会对企业的设备长期管理起到相反的作用。定量风险评估小组的组长无疑是项目管理中最重要的人。

②资料收集。

定量风险评估就是建立模型，然后再利用模型计算的过程。先把评价目标模型化，然后再进行失效频率和失效后果的计算。评价目标的模型化就是对过程本身进行非常精确的描述。对所有相关数据进行收集，使分析尽可能地建立在准确的基础上，同时也对评估的边界进行了限定。资料的准备包括用于控制定量风险评估项目实施的项目管理资料和需要企业提供的技术资料。

③危险识别。

危险识别是进行风险评估非常重要的一步。进行危险识别不但可以为后面进行风险评估提供一系列危险列表，还可以对危险进行定性评估并采取措施来降低风险。

④失效频率分析。

失效频率分析是 QRA 中非常重要的一步。失效频率分析分为两个部分，一是容器泄漏的频率分析；二是容器泄漏后引起火灾、爆炸等事故的频率分析。

容器泄漏的频率分析是要确定容器发生泄漏可能发生的频率。通过失效频率分析，可以预测现在或将来容器发生泄漏的频率，并作为起始频率供容

器泄漏事故频率分析使用。

容器泄漏后引起火灾、爆炸等事故频率分析是要确定容器发生泄漏后引起各种事故的频率。本评估利用事件树方法，利用容器发生泄漏的频率作为起始频率，分析容器泄漏后引起的事故频率。

⑤失效后果分析。

后果分析是 QRA 中必需的一部分。后果分析主要是通过使用一些理论模型来预测事故的影响范围。与后果分析相关的理论模型有泄漏源模型、扩散模型、爆炸模型和热辐射模型等。现在多数后果分析模型都已经实现了计算机化，可以使用一些商品化的软件来进行计算，例如，挪威船级社 DNV 的 PHAST 软件、荷兰应用技术研究院 TNO 的 DAMAGE 和 EFFECT 软件、英荷壳牌的 FRED 软件。在风险评估中，利用这些理论模型可以分析事故的后果。

⑥风险计算。

QRA 分析过程中计算的是个人风险与社会风险：

a. 个人风险代表 1 个人死于意外事故的频率且假定该人没有采取保护措施；个人风险在地形图上以等值线的形式给出。

b. 社会风险代表有 N 个或更多人同时死亡的事故发生的频率，通常假定被卷入事故当中的人都有一些保护措施。社会风险以一条 $F-N$ 曲线的形式表示出来，其中，N 为死亡人数，F 为有 N 个或更多人死亡的事故的发生频率。

⑦风险评估。

风险评估是整个 QRA 分析过程中的最后一步，也是非常重要的一步。通过风险分析计算得到的结果是否可以接受，这一点是在风险评估中完成的。利用风险计算结果对应相关的风险接受准则，得到相应的风险可接受程度；对于不可接受的风险，提出降低风险的措施，并进行重新评估；若风险仍不可接受，则应该重新设计。

3）实例分析

以某油库量化风险评价为例。该油库毗邻长江，总共有大约 88000m³ 的储存量，承担接收、储存某输油管线成品油的运营任务（平面图如图 2 - 12 所示）。输入管线由某调度中心控制，柴油与汽油共用该输油管道进行分时分批输送。柴油、汽油交替过程中产生大量的混油需要分离处理，大约占总量的 1%。总输油量为每年 1200000m³，其中有 2/3 柴油和 1/3 汽油。汽油有两类，辛烷值分别为 90 和 93。输入端流速为 310 ~ 420m³/h，平均流速为 365m³/h，输出端流速约 200m³/h。其主要设施有：8 个 10000m³ 的油罐，其中 3 个柴油罐，5 个汽油罐；2 个 2000m³ 混油罐；3 个 1000m³ 混油罐；2 个

$600m^3$ 汽油罐；2 个 $300m^3$ 柴油罐；地下混油罐 $500m^3$；混油分离装置（拔头区）；泵房；地上、地下管网。

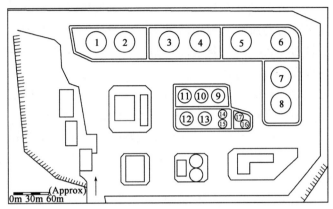

图 2-12 油库平面图

（1）风险识别。

以 HAZOP 分析方法进行风险识别，识别系统中的危险，找出与设计有偏离的因素，以及由此引发的安全与可操作性问题，并对受控区域内不同危险源（设备）进行设备指令与设备选择数计算并确定主要风险设备。经过评估，这些设施被认为是主要的风险源，因此也是评价重点，即储罐、输油管道、炼制单元和热交换器和泵。

（2）失效频率分析。

①装置泄漏频率分析。

装置泄漏频率主要是通过历史数据统计而得到。此实例分析泄漏频率取自国外数据库，该频率反映了一个国际评价水平。为了使定量风险评价更符合实际情况，根据美国石油学会炼油和石油化工行业的 API581，对失效频率进行了调整。

采用评分的方法，通过设备系数（F_E）和管理系数（F_M）两项对失效频率进行修正，根据式（2-3）得到调整系数：

$$F_{调整后} = F_{原始} \times F_E \times F_M \qquad (2-3)$$

其中 F_E 是设备系数，包括了对通用因素和工艺因素的考虑。通用因素分为工厂条件、冷天气运行、地震活动性；工艺因素分为工艺的连续性、稳定性等。

F_M 是管理系数，考虑因素包括领导和管理、工艺安全信息、工艺危害性分析、变更的管理、运行规程、安全工作时间规程、培训、机械完整性、预启动安全审查、紧急响应、事故调查、承包商和安全生产管理系统评估。

②泄漏后引起火灾、爆炸等事故频率分析。

在完成了装置泄漏频率分析后，需要计算泄漏后引起火灾、爆炸等事故的综合事故频率。容器泄漏后现场情况不同会导致不同的事故后果。在该油库的评估中，针对一系列的气象条件和物料性质进行计算后，得到的结论是所有事故的后果都是形成池火。

在对泄漏频率计算时，不考虑渗漏情况，原因是汽油的蒸发速率高于渗漏速率，意味着液池半径很小，渗漏对风险水平没有大的影响。

所以在计算综合事故频率时，先根据国际数据库的标准失效频率，继而按现场实际装置情况计算装置泄漏导致液池形成的频率，然后将该频率乘以因直接点火引起池火的可能性系数0.065，即为综合事故频率。该算法适用于储罐、管道、炼制单元、热交换器和泵的综合事故频率计算。

（3）风险计算。

在此采用SAVE Ⅱ3.03.2a版定量风险评估软件进行计算。评估计算出的风险分为两类，即个人风险和社会风险。

①个人风险。

个人风险代表1个人死于意外事故的频率且假定该人没有采取保护措施。个人风险在地形图上以等值线的形式给出。

该评估给出了原始失效频率的个人风险等值线（即 $F_{原始}=1$）和采取调整后失效频率的个人风险等值线（即 $F_{调整后}=0.4$），分别如图2-13（a）和图2-13（b）所示。

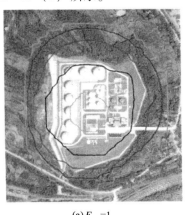

Legend
⎯ 10^{-8} riskcontour
⎯ 10^{-7} riskcontour
⎯ 10^{-6} riskcontour
⎯ 10^{-5} riskcontour
⎯ 10^{-4} riskcontour

(a) $F_{原始}=1$ (b) $F_{调整后}=0.4$

图2-13　个人风险等值线

通过风险等值线可得到不同的影响距离，就是等值线中心的距离。不同风险等值频率下影响距离的汇总见表2-9。

表2-9 影响距离汇总

风险等值线	影响距离（$F_{原始}=1$），m	影响距离（$F_{调整后}=0.4$），m
10^{-4}—风险等值线	65	—
10^{-5}—风险等值线	150	120
10^{-6}—风险等值线	215	185
10^{-7}—风险等值线	250	230
10^{-8}—风险等值线	275	245

②社会风险。

社会风险代表有 N 个或更多人同时死亡的事故发生的频率，通常假定被卷入事故当中的人都是有一些保护措施。社会风险以一条 $F-N$ 曲线表示，其中 N 为死亡人数，F 为 N 个或更多的人死亡的事故的发生频率。

将评价区域划分成网格，针对每一个计算网格进行计算。对每个网格单元，计算一个由容器泄漏（LOC）、天气等级、风向以及由起火事件引起的预计死亡人数，然后计算所有网络单元的预期死亡人数 N，最后确定 N 个人及以上死亡的累积频率。

由于站内工作人员需要24小时在油库轮班，而休息室在油库地势较低的地方，所以若计算中考虑工作人员的死亡频率，社会风险线如图2-14（a）所示；若驻站人员住宿楼移到油库外，则同频率的死亡人数有所下降，如图2-14（b）所示。当采取良好的管理体系，失效频率调整后，上述两种情况下的社会风险线如图2-14（c）和图2-14（d）所示。

（4）定量风险计算结果。

该油库的定量风险评估结论如下：

①通过对总共25种事故情景的定量风险评估，确定主要的风险源是泵和管道。造成泵和管道风险高的主要原因是由于没有围堰，导致漏油液池的半径较大。

②根据API581的评价原则，该油库的设备水平基本上为国际平均水平，故 $F_E=1.0$。管理水准略优于美国平均水平，在对失效频率调整后使用 $F_M=0.4$ 的调整系数。

③不论是基于调整前或调整后的失效频率，该评估结果表明，该油库的个人风险等值线都符合接受标准，但是油库的驻站人员宿舍和油库西面的消防楼仍可能在 10^{-6}—风险等值线范围内。

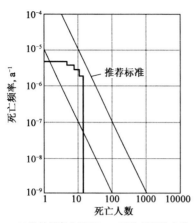

(a)失效频率未调整($F=1$,不包括驻站人员)

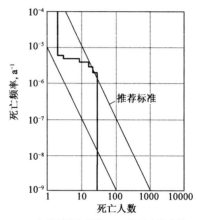

(b)失效频率未调整($F=1$,包括驻站人员)

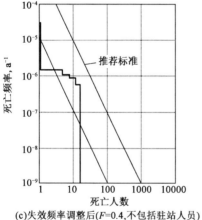

(c)失效频率调整后($F=0.4$,不包括驻站人员)

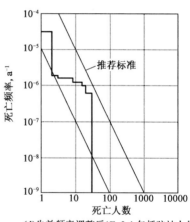

(d)失效频率调整后($F=0.4$,包括驻站人员)

图 2-14　社会风险线

④社会风险没有超出可允许风险线,可认为没有高风险,但是社会风险值落在可忽略风险和可允许风险之间,仍有改善的空间。

⑤从降低风险的角度出发,可以通过以下的措施来实现更低的个人风险和社会风险:

a. 考虑把驻站人员安排到 10^{-6}—风险等值线以外住宿。

b. 由于综合事故频率和设备维护水平和管理水平有关,所以加强设备维护,改善管理,有助于降低个人风险和社会风险。如果能始终保持良好的管理,并不断改进,驻站现状也可接受。

c. 泵区、计量区和拔头区由于没有防火堤，导致漏油液池的半径较大。采取措施防止液池的扩大，能有效地降低个人风险，从而也降低社会风险。

d. 充分考虑由于泄漏导致的环境影响，制定环境突发事件的应急计划，降低环境风险。

e. 完善现有的应急计划，提高工作人员的安全系数。

f. 尽快考虑实施其他在安全环保审核中提出的整改措施。

5. 油气管道风险评分法（Kent 打分法）

1）Kent 打分法概述

管道风险分析技术起源于美国，从 20 世纪 70 年代开始研究，到 90 年代美国已把这项技术应用到许多油气管线的风险管理上。管道风险分析技术在美国二十多年的应用结果表明，该技术在有效监管油气管道的运行状态，减少管道突发性灾难事故和合理使用油气管线维护费用等方面具有独到的优势。

1992 年，W. Kent 撰写了《管道风险管理手册》，2004 年已经修订为第 3 版，国内学者翻译出版了第 2 版。通常将此书中记录的方法简称为肯特打分法或 Kent 打分法、Kent 评分法等。

Kent 打分法的原理是对管道发生事故的第三方破坏、腐蚀、设计和操作四大类因素按一定的规则评分得到各因素的指数，然后相加得到表征失效可能性的指数和；再结合管输介质的危险性和周围环境，评出事故后果严重的泄漏冲击指数。最后两者相除得到相对风险系数，结果越大表明管道越安全。

Kent 打分法的特点表现在以下几个方面：

（1）适应管道特点且便于应用。

Kent 打分法较全面地考虑了管道的实际危害因素，集合了大量事故的统计数据和操作者的经验，所得的结论可信程度较高；又避免了对事故概率等数据的要求，无须建立精确的数学模型和计算方法以及采用复杂的强度理论和昂贵的现代分析手段，便于掌握和应用。

（2）存在一定的主观性。

各项因素指标的权重反映了该因素对管道风险的影响大小，权重分配由人为制定。另外参加人员打分高低也有一定的主观性。

（3）评价结果的相对性。

管道评价结果只是相对风险值，它只有相对意义，不能量化管道事故率和后果严重程度。其主要计算模型如图 2-15 所示。

Kent 打分法的主要计算公式为：

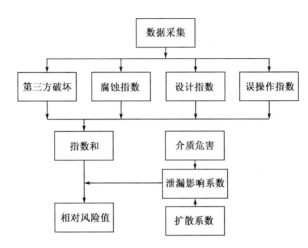

图 2 - 15　Kent 打分法模型

相对风险值 =(指数和)/(泄漏影响系数)

　　　　 =[(第三方破坏指数)+(腐蚀指数)+(设计指数)

　　　　 +(误操作指数)]/(泄漏影响系数)

主要分值分配见表 2 - 10 ～表 2 - 14。

表 2 - 10　第三方破坏指数

二　级　指　数	分　值　范　围	权　　　重
A. 最小埋深	0 ~ 20 分	20%
B. 活动程度	0 ~ 20 分	20%
C. 地面设施	0 ~ 10 分	10%
D. 直呼系统	0 ~ 15 分	15%
E. 公共教育	0 ~ 15 分	15%
F. 管道用地标志	0 ~ 5 分	5%
G. 巡线频率	0 ~ 15 分	15%
合计	100 分	100%

表 2 - 11　腐 蚀 指 数

腐蚀指数 =（大气腐蚀）+（管道内腐蚀）+（埋地金属腐蚀）		
二级、三级指数	分值范围	权重
A. 大气腐蚀	0 ~ 20 分	20%
（1）设施	0 ~ 5 分	

续表

腐蚀指数 = （大气腐蚀）+（管道内腐蚀）+（埋地金属腐蚀）		
二级、三级指数	分值范围	权重
（2）大气类型	0~10分	
（3）包覆层/检测	0~5分	
B. 管道内腐蚀	0~20分	20%
（1）产品腐蚀	0~10分	
（2）管道内防护	0~10分	
C. 埋地金属腐蚀	0~60分	60%
（1）阴极保护	0~8分	
（2）包覆层状况	0~10分	
（3）土壤腐蚀	0~4分	
（4）系统运行年限	0~3分	
（5）其他金属	0~4分	
（6）交流感应电流	0~4分	
（7）机械腐蚀	0~5分	
（8）管—地电位测试桩	0~6分	
（9）密间隔检测	0~8分	
（10）管道内检测器	0~8分	
合计	100分	100%

表 2-12 设 计 指 数

二级指数	分值范围	权重
A. 管道安全系数	0~20分	20%
B. 系统安全系数	0~20分	20%
C. 疲劳	0~15分	15%
D. 水击潜在危害	0~10分	10%
E. 系统水压试验	0~25分	25%
F. 土壤移动	0~10分	10%
合计	100分	100%

表 2-13　误操作指数

二级、三级指数	分值范围	权重
A. 设计	0~30 分	30%
（1）危害识别	0~4 分	
（2）达到 MAOP 的可能性	0~12 分	
（3）安全系统	0~10 分	
（4）材料选择	0~2 分	
（5）检查	0~2 分	
B. 施工	0~20 分	20%
（1）检验	0~10 分	
（2）材料	0~2 分	
（3）连接	0~2 分	
（4）回填	0~2 分	
（5）搬运	0~2 分	
（6）包覆层	0~2 分	
C. 运行	0~35 分	35%
（1）工艺规程	0~7 分	
（2）SCADA/通信	0~5 分	
（3）毒品检查	0~2 分	
（4）安全计划	0~2 分	
（5）检查	0~2 分	
（6）培训	0~10 分	
（7）机械失误防护措施	0~7 分	
D. 维护	0~15 分	15%
（1）文件编制	0~2 分	
（2）计划	0~3 分	
（3）维护规程	0~10 分	
合计	100 分	100%

表 2 – 14　泄漏影响系数

二级、三级、四级指数	分值范围
A 介质危害（急剧危害 + 长期危害）	0 ~ 22 分
（1）急剧危害	
a. N_f	0 ~ 4 分
b. N_r	0 ~ 4 分
c. N_h	0 ~ 4 分
（2）长期危害	0 ~ 10 分
B. 扩散系数 =（泄漏分）÷（人口分）	0 ~ 6 分
（1）液体或其他泄漏	0 ~ 6 分
（2）人口密度	0 ~ 4 分
泄漏影响系数 =（介质危害）/（扩散系数）	

总的风险值 =（指数和）/（扩散系数）= 0 ~ 2000 分

2）Kent 打分法的基本假设

（1）独立性假设。

影响风险的各因素是相互独立的，亦即每个因素独立地影响风险的状态，总风险是各独立因素的综合。

（2）最坏状况假设。

评估风险时要考虑最坏的状况，例如评价一条管道，该管道的总长为100km，其中90km 埋深为1.2m，另10km 埋深为0.8m，则埋深应按0.8m考虑。

（3）相对性假设。

评估的分数只是一个相对的概念，例如，对一条管道评估得到的风险值与对另外几条管道评估得到的风险值相比，其分数较高，这表明其安全性高于其他几条管道，即风险低于其他管道。事实上绝对风险数是无法计算的。

（4）主观性假设。

评分的方法及分数的界定虽然有其科学的依据，但最终还是人为确定的，主观性难以避免。

3）Kent 打分法的基本评价步骤

（1）待评价管道的资料收集。

待评价管道的资料收集、调查是一项基础性的工作，它是评价结果准确与否的根本保障，一般包括管线的长度、管径、壁厚、材质、最大设计压力、最大操作压力、已使用年限、埋深、穿越河流状况、阴极保护测试状况、腐蚀测试状况、内外防腐措施、阴极保护措施、水压测试状况、水击出现状况、防水击措施、沿线截断阀室设置状况、管路沿线地区的地质水文资料、风土人情等。

（2）第三方破坏指数 TI 的确定。

第三方破坏指数在管道的风险评估中占有重要地位。根据美国运输部的统计，1976—1986 年期间，在美国诸多管道事故中第三方破坏占 40% 左右，我国情况也与此类似。影响第三方破坏指数的因素主要包括管道的最小埋深指数 TI_1、居民活动水平指数 TI_2、地上管道保护设施状况指数 TI_3、公众教育状况指数 TI_4、管线标志状况指数 TI_5、巡线频率指数 TI_6 等，即：

$$TI = TI_1 + TI_2 + TI_3 + TI_4 + TI_5 + TI_6$$

（3）腐蚀指数 CI 的确定。

腐蚀是管道运行中最常见的破坏形式。对于埋地管道而言，腐蚀来自两个方面，即内腐蚀 CI_1 和外腐蚀 CI_2，即：

$$CI = CI_1 + CI_2$$

内腐蚀指数 CI_1 与管道输送介质指数 CI_{11}、管道内腐蚀保护措施指数 CI_{12} 有关；外腐蚀指数 CI_2 与阴极保护指数 CI_{21}、保护层指数 CI_{22}、土壤腐蚀性指数 CI_{23}、管道使用年限指数 CI_{24}、管线周围金属埋地物指数 CI_{25}、交流电干扰指数 CI_{26}、应力腐蚀指数 CI_{27}、测试桩设置指数 CI_{28}、管道土壤电位指数 CI_{29}、管道内壁检测指数 CI_{210} 有关，即：

$$CI_1 = CI_{11} + CI_{12}$$

$$CI_2 = CI_{21} + CI_{22} + CI_{23} + CI_{24} + CI_{25} + CI_{26} + CI_{27} + CI_{28} + CI_{29} + CI_{210}$$

（4）设计指数 DI 的确定。

在油气管道的设计过程中，由于资料不全、经验不足、方案有误、监督缺失等因素皆可导致设计风险，进而影响管道运行安全。管道设计指数 DI 与钢管安全指数 DI_1、系统安全指数 DI_2、管道疲劳指数 DI_3、水击指数 DI_4、水压试验指数 DI_5、土壤移动指数 DI_6 有关，即：

$$DI = DI_1 + DI_2 + DI_3 + DI_4 + DI_5 + DI_6$$

（5）误操作指数 OI 的确定。

管道风险的一个重要方面来自于人的操作失误，以误操作指数 OI 表示。

误操作指数 OI 包括管道设计误操作指数 OI_1、管道施工误操作指数 OI_2、管道操作误操作指数 OI_3、管道维护误操作指数 OI_4。

管道设计误操作指数 OI_1 与危险有害因素辨识指数 OI_{11}、达到最大允许工作压力指数 OI_{12}、安全系统指数 OI_{13}、材料选择指数 OI_{14}、设计检查指数 OI_{15} 有关。

管道施工误操作指数 OI_2 与施工检验指数 OI_{21}、材料指数 OI_{22}、接头指数 OI_{23}、回填指数 OI_{24}、储运保护与组对控制指数 OI_{25}、防腐保护层指数 OI_{26} 有关。

管道操作误操作指数 OI_3 与操作规程指数 OI_{31}、SCADA 系统指数 OI_{32}、安全管理指数 OI_{33}、安全检查指数 OI_{34}、人员培训指数 OI_{35}、机械故障保护装置指数 OI_{36} 有关。

管道维护误操作指数 OI_4 与维护记录指数 OI_{41}、维护计划指数 OI_{42}、维护作业指导书指数 OI_{43} 有关，即：

$$OI = OI_1 + OI_2 + OI_3 + OI_4$$

$$OI_1 = OI_{11} + OI_{12} + OI_{13} + OI_{14} + OI_{15}$$

$$OI_2 = OI_{21} + OI_{22} + OI_{23} + OI_{24} + OI_{25} + OI_{26}$$

$$OI_3 = OI_{31} + OI_{32} + OI_{33} + OI_{34} + OI_{35} + OI_{36}$$

$$OI_4 = OI_{41} + OI_{42} + OI_{43}$$

（6）泄漏影响系数 PI 的确定。

泄漏影响系数 PI 由介质危险指数 PI_1 和扩散影响指数 PI_2 决定。管道所输送介质的危险性可分为两类，即当前危险和长期危险。

当前危险是指突然发生并应立即采取措施的危险，如爆炸、火灾、毒物泄漏等；长期危险指的是危险存在的时间长，如水源的污染、潜在有毒气体的扩散等。介质危险指数 PI_1 为当前危险指数 PI_{11} 和慢性危险指数 PI_{12} 之和，而 PI_{11} 由介质可燃性指数 PI_{111}，介质活化性指数 PI_{112}、介质毒性指数 PI_{113} 三部分组成。扩散影响指数 PI_2 由介质泄漏指数 PI_{21} 和人口密度指数 PI_{22} 组成。

$$PI = PI_1 / PI_2$$

$$PI_1 = PI_{11} + PI_{12}$$

$$PI_{11} = PI_{111} + PI_{112} + PI_{113}$$

$$PI_2 = PI_{21} / PI_{22}$$

（7）计算相对风险数指数 KI。

$$KI = (TI + CI + DI + OI) / PI$$

4）肯特法应用举例

下面以某管道为例，简要介绍其风险评价过程和结果。

管道全长330.970km，管径529mm，设计压力6.4MPa，设计年输油能力750×10⁴t。根据管道分段原则，结合现场调查、专家咨询意见，将此管道划分为13个管段。各管段的主要情况见表2-15。

表2-15　各管段的主要情况

管段	管径 mm	壁厚 mm	管材	制管方式	线路长度 km	设计压力 MPa	地区等级	埋地深度 m	防腐形式	地形地貌	地震烈度	土壤腐蚀度
1		7/9			32.10					半丘陵、平原		强
2					30.40							
3					32.50							
4					23.50							
5	529	7/8	16Mn	螺旋焊缝钢管	33.55	6.4	三级	1.0 ~2.5	石油沥青加强防腐	平原	VII	中
6					26.18							
7					24.45							
8					34.65							
9		7/9			29.40							
10					24.90							
11		7/8			34.60							
12	720	8/9			17.03					半丘陵、平原		强
13	720	7/8			17.35							

采集肯特打分法主要基础属性数据，并对管道沿线进行踏勘后，小组讨论再进行分析评价。以管段1第三方破坏为例，得分情况见表2-16。

表2-16　管段1的第三方破坏得分情况

项目	管道最小埋深	活动程度	地面设施	直接系统（通讯保障系统）	公共教育	管道用地标志	巡线频率	合计
范围	0~20	0~20	0~10	0~15	0~15	0~5	0~15	0~100
管段1	16	5	10	15	15	5	15	81

同样对其他几项指数进行分项评分后，可以得到管段1的各项指数得分见表2-17。

表 2 - 17 管段 1 的各项指数得分

指　　　数	得　　　分	取　值　范　围
腐蚀	66	0 ~ 100
设计	63	0 ~ 100
误操作	77	0 ~ 100
第三方破坏	81	0 ~ 100
后果	7.69	—

管段 1 的风险值计算如下：

相对风险评估值 = $(66 + 63 + 77 + 81) \div 7.69 = 37.3$

对每个管段重复上述计算过程，可得到此管道的风险分布结果，如图 2 - 16 所示。

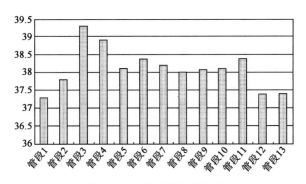

图 2 - 16 管道风险分布图

6. 其他油气管道风险评价方法

油气储运系统风险评价方法除了上述四种主要方法之外，还有其他方法。下面简单介绍其他油气管道系统的风险评价方法。

1）事故树分析（FTA）

事故树分析（Fault Tree Analysis，简称 FTA），又叫故障树分析法，是由美国贝尔实验室的维森提出的，最先用于民兵式导弹发射系统的可靠性分析。事故树分析是一种演绎分析方法，用于分析引发事故的原因并评价其风险。

它采用逻辑方法，将事故因果关系形象地描述为一种有方向的"树"：把系统可能发生或已发生的事故（称为顶事件）作为分析起点，将导致事故原因的事件按因果逻辑关系逐层列出，用树形图表示出来，构成一种逻辑模型，然后定性或定量地分析事件发生的各种可能途径及发生的概率，找出避免事故发生的各种方案并优选出最佳安全对策。FTA 法形象、清晰，逻辑性强，它能对各种系统的危险性进行识别评价，既适用于定性分析，又能进行定量分析。

以原油管线失效为例来说明事故树分析法的具体应用。根据顶事件确定原则，选择原油管线故障树的顶事件为"原油管线失效"。引起的最直接原因为穿孔与破裂，二者中只要有一个出现，就会引起原油管线失效的发生。同样地，以这两个因素为次顶事件，对引起的相应原因进行分析，共考虑了47个基本影响因素，建立了原油管线失效故障树，如图 2 - 17 所示，图中各符号所代表的意义见表 2 - 18。

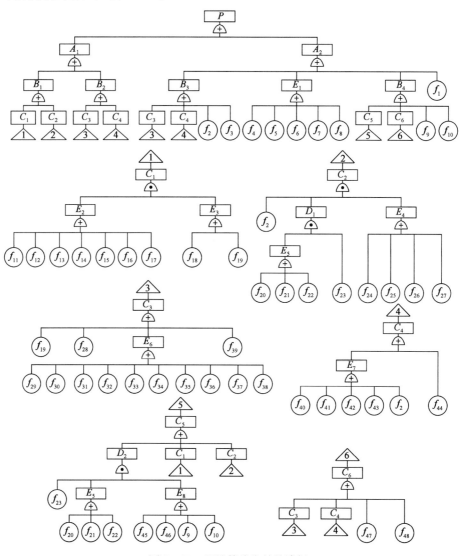

图 2 - 17　原油管线失效故障树

表 2-18　原油管线失效故障树中的符号与相应的事件

符号	事件	符号	事件	符号	事件
P	管线失效	f_2	管材抗腐蚀性差	f_{26}	管道衬里脱落
A_1	管线穿孔	f_3	管道强度设计不合理	f_{27}	管线清管效果差
A_2	管线开裂	f_4	违章建筑物	f_{28}	管沟质量差
B_1	管线腐蚀严重	f_5	管道附近土层运移	f_{29}	管道焊接方法不当
B_2	管线存在缺陷	f_6	管线标志桩不明	f_{30}	焊接材料不合格
B_3	管线承压能力低	f_7	沿线压管严重	f_{31}	管段预处理质量差
B_4	管线腐蚀开裂	f_8	管道上方违章施工	f_{32}	管道焊接表面有气孔
C_1	管线外腐蚀	f_9	外界较大作用力	f_{33}	管线末焊头部分过大
C_2	管线内腐蚀	f_{10}	管线内应力较大	f_{34}	焊接区域渗碳严重
C_3	施工缺陷	f_{11}	土壤根茎穿透防腐层	f_{35}	焊接区域存在过热组织
C_4	初始缺陷	f_{12}	土壤中含有硫化物	f_{36}	焊接区域存在显微裂纹
C_5	管线存在裂纹	f_{13}	土壤含盐量高	f_{37}	焊接表面有夹渣
C_6	管材力学性能差	f_{14}	土壤 pH 值低	f_{38}	管段焊后未清渣
D_1	管线内腐蚀环境	f_{15}	土壤中含有 SRB	f_{39}	管线安装质量差
D_2	管线应力腐蚀严重	f_{16}	土壤氧化还原电位高	f_{40}	管材中含有杂质
E_1	第三方损坏严重	f_{17}	土壤含水率高	f_{41}	管材金相组织不均匀
E_2	土壤腐蚀	f_{18}	阴极保护失效	f_{42}	管材晶粒粗大
E_3	管线外防腐措施不利	f_{19}	防腐层绝缘老化	f_{43}	管材选择不当
E_4	酸性物质	f_{20}	原油中含有硫化氢	f_{44}	管材加工质量差
E_5	管线内防腐措施不利	f_{21}	原油含有 O_2	f_{45}	管段存在残余应力
E_6	管道焊接质量不良	f_{22}	原油含有 CO_2	f_{46}	管段存在应力集中
E_7	材质存在缺陷	f_{23}	原油含有水	f_{47}	管材机械性能差
E_8	管线承载大	f_{24}	缓蚀剂失效	f_{26}	管道衬里脱落
f_1	结蜡严重，憋压	f_{25}	管道内涂层变薄	f_{27}	管线清管效果差

2）事件树分析法（ETA）

事件树分析（Event Tree Analysis，ETA），是安全系统工程中的重要分析方法之一。它是一种从原因到结果按时间顺序描绘事故发生的树形模型图，利用事件树可以对事故因果关系进行逻辑性分析。

用事件树方法来分析设备泄漏导致各种事故的可能性，首先从事故的初始事件开始，途经中间环节事件到最终后果事件为止，每一事件按"成功"

和"失败"两种状态进行分析。成功和失败的分叉点为节点，用树枝上分支作为成功事件，把下分支作为失败事件，按事件发展顺序不断延续分析，直至最后结果，最终形成一个在水平方向横向展开的树形图。根据事件发展的不同情况，如果知道每个节点处成功或失败的概率，就可以计算出各种不同结果的概率。

当管道由于各种原因发生失效时，输送介质（如油、气）从管道释放到环境中，产生的失效后果可用事件树来表示。对输气管道而言，气体从管道释放后所产生的后果如图 2 - 18 所示。

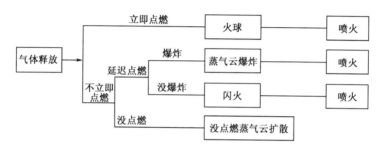

图 2 - 18　输气管道气体释放后的后果分析事件树

事件树中主要考虑了管道泄漏后介质的一系列危害和危险的发展结果，常与其他风险评价方法综合使用，用于事故后果的分析。概率风险评价一般会在上述事件树的基础上进行定量分析，计算各类后果发生的概率。

3）预先危险分析（PHA）

预先危险分析（Preliminary Hazard Analysis，简称 PHA）又称初步危险分析。预先危险分析是系统设计期间危险分析的最初工作。也可运用它对运行系统的最初安全状态检查，是对系统进行的第一次危险分析。通过这种分析，可以找出系统中的主要危险，对这些危险作出估算，或要求安全工程师控制它们，从而达到可接受的系统安全状态。最初 PHA 的目的不是为了控制危险，而是为了认识与系统有关的所有状态。PHA 的另一用处是确定在系统安全分析的最后阶段采用怎样的故障树。当开始进行安全评价时，为了便于应用商业贸易研究中的这种研究成果（在系统研制的初期或在运行系统情况中都非常重要）及对安全状态的早期确定，在系统概念形成的初期，或在安全的运行系统情况下，就应当开始危险分析工作。所得到的结果可用来建立系统安全要求，供编制性能和设计说明书等。另外，预先危险分析还是建立其他危险分析的基础，是基本的危险分析。英国 ICI 公司就是在工艺装置的概念设计阶段，或工厂选址阶段，或项目发展的初期，用这种方法来分析可能存在的危险性。

在预先危险分析中，分析组应该考虑工艺特点，列出系统基本单元的可能性和危险状态。这些是概念设计阶段所确定的，包括原料、中间物、催化剂、"三废"、最终产品的危险特性及其反应活性；装置设备；设备布置；操作环境；操作及其操作规程；各单元之间的联系；防火及安全设备。当识别出所有的危险情况后，列出可能的原因、后果以及可能的改正或防范措施。

四、风险评价方法的选择

1. 风险评价方法选择的一般原则

每种风险评价方法都有各自的优缺点，对不同的评价对象只有选用合适的方法，才能取得较好的效果。在选用方法之前，应考虑以下几个因素：

（1）评价目的，首先必须考虑评价结果是否能达到预想的目的；

（2）评价结果的表现形式，如危险因素一览表、潜在危害事件一览表、风险等级一览表、风险控制措施一览表等；

（3）评价资料及信息，各种工艺、设备、原料等资料的数量、质量，评价对象的复杂程度和规模，生产方式、操作方式等；

（4）评价人员及时间，开展评价的技术人员及其素质，完成期限，评价专家和管理人员的知识结构等。

在选择评价方法时，除了考虑上述因素外，还要对评价方法可提供的结果及其适用范围做进一步的分析。对于某个比较复杂的系统，出于多种目的的评价，采取单一的评价方法有时往往难以满足要求，因此有时候需要采用两种或两种以上的评价方法进行组合，对系统作出正确的评价。

2. 管道系统风险评价方法的选择

对管道系统进行风险评价前，需要收集相应的管道系统的设计、施工、运行、检测、维护等报告，事故、风险报告，环境资料及相关的标准、规范等资料。在初期评价时，收集的资料较少，不够完整，主要对管道系统的重大风险进行分析和筛选，对各个风险进行大小排序，确定管道系统的重大风险性质，再对水平较高的风险进行详细的定量分析。

对油气管道系统的各子系统，要根据它们的特点选用不同的评价方法。例如，在管道部分，可以先用安全检查表、风险矩阵或管道风险评分法进行初步评价，对筛选出的高风险段再用 QRA 定量风险评价法进行计算，算出其

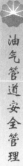
风险概率水平。在站内可先用安全检查表或 HAZOP 进行风险评价，再对高危险单元进行 QRA 定量评价。

第四节　风险控制

一、风险控制的要求及原则

（1）对不可承受风险，必须迅速制定风险控制措施计划以降低风险，使其达到可承受程度；

（2）对可承受风险，需保持相应的风险控制措施，并要进行不断监视，以防其风险变大至不可承受的范围；

（3）对于已识别出的需通过职业健康安全目标和管理方案来消除或控制的不可承受风险，组织应将其作为职业健康安全目标和管理方案的重要输入信息；

（4）风险控制措施应与组织的运行经验和能力相适应；

（5）既使组织所采取的风险控制措施已经涵盖了所考虑的职业健康安全风险，在进行策划时，组织还要考虑这些风险控制措施的实际控制程度；

（6）风险控制的结果应该是一个按优先顺序排列的建议清单以及保持或改进控制的措施清单。

二、风险控制方法

风险控制的四种基本方法是风险规避、风险转移、风险自留和风险减轻。

1. 风险规避

风险规避是通过改变项目计划，以排除风险，或者保护项目目标，使其不受影响，或对受到威胁的一些目标放松要求，例如延长进度或减小范围等。完全规避风险，即通过放弃或停止业务活动来回避风险源。虽然潜在的或不确定的损失能就此避免，但获得利益的机会也会丧失。

2. 风险转移

风险转移是指将风险的后果连同应对的责任转移到第三方的身上。转移风险实际上只是把风险管理责任推给另一方，而并没有消除风险。采取风险转移策略一般需要向风险承担者支付风险费用，因此在进行风险转移时要做权衡，并不是把风险转移出去就一定对项目有利。转移的工具很多，经常采用的有保险、履约保证书、担保书等。在工程建设中，也可以利用合同将风险责任转移给另一方，例如在多数情况下，使用费用加成合同可将费用转移给业主，而固定总价合同可把大部分风险转移给承包商。

3. 风险自留

风险自留是指有关项目参与方自己承担风险带来的损失，并做好相应的准备工作。在工程项目管理的实践中，许多风险发生的概率很小，且造成的损失也很小，没必要采用风险回避、降低、分散或者是转移等措施，则可采用风险自留。也可能对风险难以采取措施来应对或无法转移，以至于项目参与方不得不自己承担这样的风险。此外，当风险转移得不偿失时，也可以采用风险自留。

4. 风险减轻

通常把风险控制的行为称为风险减轻，包括减小风险发生的概率和控制风险损失。在制定减轻风险措施前，应首先明确风险降低后的可接受水平，即风险难以采取要达到什么目标，这主要取决于项目的具体情况、项目管理的要求和对风险的认识态度。

三、管道风险的控制措施

风险控制要突出一个"效"字，即针对评价出的具有较高或者高的风险对象采取有效的控制措施，确保将风险控制在可接受的范围内。控制重大风险的途径一般有三个：

（1）通过目标、方案，控制现有防治措施难以奏效的重大风险，或用于事故预防的持续改进；

（2）通过运行控制程序，控制正常活动和相关活动中的重大风险；

（3）通过应急准备与响应程序，控制紧急、异常、突发性的重大风险。

开展风险评价后，对识别出来的风险采取措施进行控制，其措施一般有以下几类：一类是针对马上要整改的，应根据风险制定目标、指标、管理方案并予以实施，目标、指标、管理方案多从硬件上着手，例如，在计划的时间内进行检修，在计划的时间内更换一段腐蚀的管线等，管理方案要明确完成的时间、负责人或负责部门、所选用的方法以及所需要的资源等。另一类是针对由于没有相应的规定或执行不好或问题没有及进发现、纠正的，一般从管理上加以控制，没有相应规定的要建立规定，规定执行不好的要加强考核，问题没有及时发现、纠正的，要加强检查与整改。还有一类是针对已在企业控制之中的，那就要进行维持管理。

　　管道线路、油气站场的风险评价结果除了反映管道、站场的风险水平或风险等级外，还会反映出一些实际存在的危害、现在的控制措施以及建议或改正的控制措施。对实际存在的危害，尤其是现场存在的危害，应马上采取预防和控制措施；对现有的控制措施以及建立或改正的控制措施，编制管理措施或作业指导书，以达到对风险的控制。

　　对风险的控制一般采取分级控制的原则，有企业级的、部门级的，都可以从以上 3 种控制方式对识别出的风险进行控制。

油气管道安全管理

第三章　现场安全管理

　　管道系统的现场安全管理是实现安全生产的前沿战场，是安全工作的最终落脚点。在油气输送过程中，涉及人、机、料、法、环等众多因素，隐患存在于现场、不安全行为具体表现在现场、事故也同样发生在现场，油气管道的现场安全管理至关重要。本章主要介绍和分析油气管道风险管理中的现场安全管理的一些实用方法，并着重介绍每个方法的基本知识、适用范围及应用举例等内容。

第一节　现场安全管理概述

一、现场安全管理及其重要性

　　现场安全管理就是指用科学的管理制度、标准和方法对油气管道现场与安全有关的各项生产要素，包括人（工人和管理人员）、机（设备、工具、工位器具）、料（原材料）、法（加工、检测方法）、环（环境）、信（信息）等进行合理有效的计划、组织、协调、控制和检测，使其处于良好的结合状态，达到优质、高效、低耗、均衡、安全、文明生产的目的。

　　在管道的施工和运营实践中，大多数的员工和几乎全部设备都集中在生产作业现场，密集的人流、物流、能量流、信息流造成了生产现场、工艺的复杂性、连贯性和整体性，给现场安全生产管理工作带来相当的难度。现场涉及人、机、料、法、环等众多因素，具有明显的多元化，人的安全技能差、安全意识薄弱、违章作业是导致各类事故发生的主因；设备缺陷和设备防护装置的缺乏是诱发事故的重大隐患，规章制度不健全，使员工陷入无章可循的状态，无法实施安全作业；物料的类别、性质、运输、使用是影响现场的相关因素，环境状况或因尘毒污染影响职工健康（包括急性中毒）和工作效率，或因粉尘弥漫、强烈噪声、振动而对安全信号起屏蔽作用，影响职工视听而判断失误。要实现安全生产，就必须实行现场安全管理，就要在充分考虑上述诸多因素影响的前提下，强化现场安全管理，从根本上提高油气管道现场安全管理水平。

此外，安全生产涉及人人事事、方方面面、时时刻刻，是一个相当复杂的系统工程，必须实行全员、全过程、全方位的安全管理，其管理内容和成效必须在现场管理上得到充分体现。如果孤立、片面地来看待和解决安全问题，仅仅靠安全部门的协调、安全人员的努力是不可能达到安全生产的目的。即使能够获得指标的改善，也很难实现持续不断地再上新台阶，换言之，极难达到一个更高的水平。所以，尤其是在油气管道的运营一线，必须将安全生产扎根于现场和班组，扎根于广大员工之中，才能最终将领导和管理人员的安全理念转化为生产作业者的实际行动，使安全生产的运行始终处于受控范围之内。

二、"5W1H"和PDCA

油气管道现场安全管理可使用"5W1H"综合分析方法和和PDCA现场安全持续改进的安全管理理念。

1. "5W1H"综合分析方法

"5W1H"法可以用来检测班组现场管理方法是否合理，及时发现改善的地方。"5W1H"法内容包括对象（What）、目的（Why）、场所（Where）、时间（When）、人（Who）和方法（How）。

"5W1H"法的特点是就问题点直接发问，回答也要求就问题直接作答。回答的结果又将成为下一个发问的问题，连续6次就可以找到问题的症结，是解决问题的一个引导思路和方法（表3-1）。

表3-1　"5W1H"法的实际操作过程

内容	"5W1H"	问题	方法
对象	What	做什么工作？内容是什么？	明确工作对象，排除不必要的部分
目的	Why	为什么要做？目的是什么？	
场所	Where	在哪里做？一定要在那里吗？	如有可能，可以进行组合或改变
时间	When	什么时间做？什么时候应该做完？	
人	Who	谁来做最合适？	
方法	How	用什么方法来做？有没有更好的办法？	简化工作，提高效率

2. PDCA 现场安全持续改进

PDCA 是美国质量管理专家戴明提出，也被称为"戴明循环管理法"。PDCA 指的是计划（Plan）、执行（Do）、检查（Check）、行动（Action）这四个英文单词的首字母缩写。

PDCA 法的基本原理是做任何一项工作，首先要有个设想，根据设想提出计划，然后按照计划去执行、检查和总结；最后通过工作循环，一步一步地提高水平，实现持续改进。

第一个阶段是制定计划（P），包括确定方针、目标和活动计划等内容。

（1）提出工作设想，收集资料并进行初步调查，提出方针和目标。

（2）按照规定的方针、目标，提出各种决策方案，从中选择最理想的方案。

（3）按照决策方案，编制具体的活动计划并下达执行。

第二阶段是执行（D），主要是组织和执行，确保计划的实施。根据确定的理想方案，具体落实到各个部门和相关责任人，贯彻执行。

第三阶段是检查（C），重点是对计划执行情况的检查。

（1）检查计划的执行情况，对已进行的工作进行评价，建立健全原始记录和有关资料。

（2）对检查出的问题要及时找出原因，加以改正。

第四阶段是行动（A），总结成功的经验教训，将未完成的工作带到下一个 PDCA 循环中去（图 3-1）。

PDCA 循环螺旋式上升和发展。每循环一次，离预定的目的和方针就更进一步。每一次总结都要巩固成绩，克服缺点，对未解决的问题必须进入下一轮循环解决。这样才能保证系统水平的持续提高（图 3-2）。

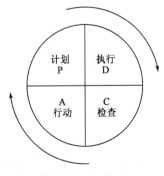

图 3-1 PDCA 法

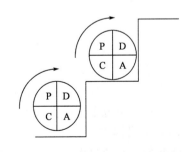

图 3-2 PDCA 持续改进循环示意图

油气管道现场安全管理的方法还有很多，在后面的章节中会着重介绍作业安全分析法（JSA）、目视管理、安全检查与安全会议、锁定管理、"两书一表"、危险作业许可六种具体的安全管理方法，及这些方法在油气管道系统中的具体应用和实施过程。

第二节 作业安全分析

油气管道作业安全分析是将油气输送过程中涉及的各项作业活动进行分解，对分解后的每一个步骤进行危险识别，找出潜在的事故隐患并对其进行风险评估，通过制定相应的控制措施来实现安全生产的安全管理方法。

一、作业安全分析的定义

作业安全分析（Job Safety Analysis，简称 JSA）是目前欧美企业实施安全管理使用最普遍的一种定性的安全分析方法与控制管理工具。作业安全分析（JSA）的定义为："仔细地研究和记录工作的每一个步骤，识别已有或者潜在的隐患（人员、程序和计划、设备、材料和环境等隐患源）并对其进行风险评估，找到最好的办法来减少或者消除这些隐患所带来的风险以避免意外的伤害或者损坏，达到安全进行作业"的一种方式。

作业安全分析（JSA）程序不但能够将风险管理细化到每一个具体的作业步骤，还可以让员工通过参与对 JSA 的编写、讨论、沟通、遵守及修订等，提高员工对日常作业中的风险及控制方法的认识水平。

二、作业安全分析的方法

作业安全分析法是以危险辨识为基础，对作业活动的每一个步骤进行分析，辨识潜在的危害并制定相应的安全措施（图 3-3）。

根据 JSA 现场操作经验，在识别各个步骤中的危险因素时，重点考虑的因素主要有以下五个方面供参考：

（1）人员因素。

①年龄过小或过大；

②身体患病或残疾；

③无从业资格或技能、经验不足；

④工作态度恶劣或心理状态不稳定等性格因素。

（2）设备因素。

①防护设施不当；

②选型不当；

③缺乏测试或检修；

④存在故障或缺乏保养等。

（3）环境因素。

①照明、通风不足，温度不适；

②缺乏消防器材和安全通道等；

③滑到、绊跌、坠落；

④震动、噪声、辐射、热源，粉尘等；

⑤工作空间不足等。

（4）材料因素。

①材料有害，属危险物质，如易燃、易爆、有腐蚀、有毒；

②材料形状有危险，如有尖角、利刺；

③材料体积过大等。

（5）工作方法。

①工作方法不正确；

②工作缺乏指导、经验不足；

③工作缺乏统一的组织、协调；

④工作时间不足等。

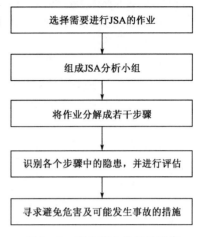

图3-3　作业安全分析的程序

由图3-3可以看出，"识别各个步骤中的隐患，并进行评估"是作业安全分析法的核心步骤，如何能够有效地辨识危险因素是制定和寻求防范措施的前提，也是影响作业安全分析法实施好坏的关键点。

三、作业安全分析的应用

JSA在油气管道管理中的应用主要在作业现场进行。对于大型或复杂的任务，初始的JSA可以在办公室以桌面练习的形式进行。最关键的是JSA应由熟悉现场作业和设备、有经验的人员进行。有经验的员工能够帮助识别与该工作相关的潜在隐患，他们可能有一些别人不知道的经验和知识，让员工参与作业安全分析有助于保护员工自己和同事。

JSA 在实际应用中，通常采取下列步骤：

（1）选择需要进行作业安全分析（JSA）的作业。

所有的行业都要进行作业安全分析，但首先要确保对关键性的作业实施分析。确定分析作业时，优先考虑以下活动：

①事故频率高或不经常发生但可导致灾难性后果的作业。

②事故后果严重、作业条件危险或者是长时间内暴露在有毒有害环境中的作业。

③新工作、非日常工作或者工作发生变化。由于这些工作是新的工作或者与原来的工作不同，那么事件发生的可能性就大大增加。

④在一段时间内多次重复接触或暴露于隐患中，该作业需要 JSA 分析。

（2）组成作业安全分析小组。

安全分析小组通常由 4~5 人组成，要求有安全工作相关经验。建议：有1 位了解作业区域和生产流程设备的操作人员，有 1 位负责实施作业小组的成员和 1 位安全专业人员。安全分析小组的组长通常由站场负责人担任。

（3）将作业分成若干步骤。

实施作业任务的小组成员负责为 JSA 做准备。将作业任务分解成几个关键的步骤，并将其记录在作业安全分析表中（表 3-2）。

表 3-2 作业安全分析表

作业许可证号：	站场负责人：	JSA 参加人员签名：		JSA 编号：
主要作业：	签名：			第　　页
步骤序号	基本工作步骤	潜在风险	控制措施	负责人

划分作业步骤需要注意，划分的步骤要具体，要明确"做什么"而不是"如何做"，要涉及整个作业过程中的方方面面。当然划分也不能过细，如果

太细，就会产生太多的步骤。一般来说，一项作业活动划分不应超过 15 项，如果作业活动太过复杂，其划分结果太多，可以先将作业活动提前分为几个部分，再分别进行作业安全分析。作业步骤的划分需要经过作业安全分析小组的一致讨论通过。

（4）识别各个步骤中的隐患，并对其进行风险评估。

审查每一步作业，分析哪一个环节会出现隐患，并将其记录在作业安全分析表中"隐患"一列。在识别作业步骤中的隐患时，应该参考"隐患分析表"（表 3 - 3）。

该表主要针对人员、程序与计划、设备与工具、材料和环境（PPEME）五个方面来考虑可能存在的隐患。尽可能多地识别各个步骤中的隐患，对每个步骤都应该问："这个工作步骤中可能存在什么样的隐患，这些隐患可能导致什么样的事件？"。

（5）寻求避免危害及可能发生事故的控制措施。

本步骤是提出工作隐患分析表格所列隐患的控制措施。在制定隐患控制措施的时候，要求参考《隐患控制优先级别和常见现场控制措施》（图 3 - 4），考虑以下的几个方面：

①消除：

工作任务必须做吗？

√ 用机械装置取代手工操作。

②替代：

是否可以用其他替代品来降低风险？

√ 使用危害更小的材料或者工艺设备。

√ 降低物件的大小、重量。

③工程控制：

消除隐患（本质安全），使设备和工作环境本身没有隐患。员工不可能接触到隐患。能否用下面的设备来降低风险：

√ 常规通风或者强制通风。

√ 防护栏、防护罩。

√ 隔离（机械、电力）。

√ 照明。

√ 封闭。

④隔离：

能否用距离、屏障、护栏防止员工接触隐患。

√ 进入控制。

表 3 - 3　隐患分析表

人员

1	特殊作业人员是否具备资质	
2	作业人员是否有足够的与本工作相关的知识和培训	
3	新员工、新手占作业队伍的比例大（60%以上）	
4	作业人员选择是否合适	a　体力和身材
		b　视力—色盲，近视，听觉缺陷
		c　是否适合女工
		d　是否有年龄限制

程序、计划

1	是否有相关安全作业程序
2	现有安全作业程序是否足够
3	是否需要专门为该项作业制定程序
4	是否有应急程序
5	现有应急程序是否足够
6	是否需要专门为该项作业制定应急程序
7	大型重物吊装是否有吊装方案
8	是否有吊装设备的检查程序

设备工具

1	完成工作所需要的设备、工具	a　工具是否防爆
		b　工具是否合适
		c　工具是否损坏、有缺陷
		d　工具是否经过校验（如仪表等）
		e　吊装设备是否有三方检验证书、SWL 标志等
		f　吊装设备使用前是否经过检查
		g　压缩气瓶是否摆放合理、相关附件是否经过检查

材料

1	有腐蚀性的材料：酸、碱等	
2	易燃易爆材料	a　气割使用的压缩气
		b　油漆、稀料
		c　燃料油燃料、气和其他油料
		d　易燃、易爆化学品
		e　炸药、雷管
3	有毒有害材料	

工作环境

1	内部环境	a　工作场所布局是否狭小
		b　设备布局是否合理，是否造成工作障碍，影响行动、视线和沟通
		c　工作场所照明是否足够，如暗、眩目
		d　工作场所通风是否足够
		e　工作场所温度过高和过低（中暑、冻伤）
		f　工作场所噪声过高
		g　工作场所地面光滑，如有积水和油，结冰、积雪等

续表

人员	程序、计划	设备工具	材料	工作环境
4　e 影响工作的疾病,即心脏病、高血压、恐高症、血糖低、癫痫等	9 对有放射源的设备是否有安全使用要求	1　h 所用电气设备,电线和接地状况是否完好	3　a 石棉,含石棉材料	1　h 工作场所工具,物品,设备存放不整洁
身体移动和站位	10 本项工作是否有相关的事故数据或者经验教训	i 是否使用带有辐射源的设备	b 硫化氢,汞	i 没有合适的警示标志
5　a 长时间重复弯腰,扭腰,过度用力等	11 职责分配不清或者有冲突	j 是否使用了爆炸源设备	c 有毒有害化学品	j 工作场所的警报系统不足
b 上下爬高作业	12 施工方案,计划是否充分	k 脚手架是否已检查挂牌	d 含铅油漆	k 洞口,邻边没有防护(人员,工具,设备坠落等)
c 站在移动和固定物体之间	13 作业时间是否太紧,是否需要夜晚作业	l 各种车辆状态是否完好,且按功能正确使用	自然放射物质	l 工作场所没有适当隔离
d 站在吊装的重物之下或路径上,或落物伤害范围内	14 作业方案是否考虑了可能影响到的交叉作业	m 是否使用了高压设备如高压喷砂喷漆设备,以及压缩气瓶等	e 惰性气体泄漏,如压缩气瓶泄漏,惰性气体灭火系统释放、泄漏等	m 没有应急通道或不足
e 站或工作在没有保护的洞口或邻边	15 是否制定了倒班人员的交接计划,方案	n 移动式工作台是否状态良好,包括结构,梯子,护栏,踢脚板,轮子及其制动机构	4 使用的化学品是否有化学品安全说明书(MSDS)	n 应急设备和通道没有保持随时可用和畅通
f 手放在容易伤害的挤压点	16 作业人员是否清楚事故,隐患的报告程序			o 梯子和上下楼状况是否合格和状况良好
	17 是否规定了紧急集合点,作业人员是否清楚			p 上空是否有高压线,工艺设施和设备等

续表

人　员	程序·计划	设　备　工　具	材　　料	工　作　环　境
6　作业安全要求是否与相关人员沟通足够（班前会等）		1　o　工具和机械是否按要求装上了保护装置如安全阀、安全销、自动保护装置等	5　材料使用过程中是否有粉尘产生	q　地下是否有电线、通信线和管路等
7　是否影响到本作业区域交叉作业人员		2　工作所涉及的工艺流程和设备	6　材料使用过程中是否有害废物产生	r　作业是否会产生明火、火花或高温表面（火灾、烧伤）
8　是否影响到社会公众		a　是否需要能源隔离、挂牌、锁定、试开机	7　材料使用过程中是否有易燃易爆产生，如电池充电过程中产生 H_2，电石遇水或受潮产生 CH_4 等	s　作业是否会产生有毒有害物质
9　是否影响到邻单位员工		b　是否有残余压力	8　不同的材料不合理存放或混放	t　作业是否造成环境污染泄漏
10　是否每个人都知道应急的电话号码和电话机的地点		c　是否有毒、有害、可燃气体和缺氧的可能	9　油抹布在炎热的天气长期堆放可能自燃	u　下水道和地漏设有适当保护
11　是否每个人都知道自己的工作职责和应急职责		d　是否有静电产生和防止措施	10　是否涉及活泼的金属如钾、钠等	v　是否有合适的休息吃饭场所
12　是否需要人工（单人或多人一起）搬运重物		e　接地措施是否完好	11　是否使用了不能与水接触的化学品，参照 MSDS	w　是否把重的货物放在货架上部，而轻的货物放在下部
13　超速驾驶车辆如叉车、绞车的汽车				x　作业场所和工具是否会产生强烈的全身或局部振动

续表

人员	程序、计划	设备工具	材料	工作环境
14 错误使用工具、材料		f 机械传动和转动部分是否有防护罩		y 是否存在同一区域内交叉作业带来的其他风险
15 超负荷使用吊装设备、电器和线路		g 安全设备是否被正确劳通		z 其他不可控制的风险
16 是否需要外部专业人员如消防、医务急救人员等		h 是否有锋利的边角		外部环境
17 作业人员是否因服用酒精类、处方药和毒品而影响安全作业		i 周边设备和流程对工作安全进行有无影响		a 公共交通影响
18 是否有人被其他事情分心如纠纷、矛盾、紧张的同事关系		j 如果不是同种设备更换，是否已经过变更管理（MOC）审批		b 外部资源的取得难易程度（专业和应急资源等）
		k 周边的感光、感烟、感热探测设备是否会受到作业过程中使用或产生的强光、烟雾、热能或辐射的影响而误动作		c 自然灾害：洪水、滑坡、泥石流、雪崩、塌方等
		3 所需的劳动保护用品		d 公共治安：人为破坏、恐怖活动、盗抢等
				e 恶劣天气：风、雨、雾、雷电、雪、冰雹、强烈的阳光

人员	程序、计划		设备、工具	材料	工作环境
		3	a	是否已配备了适合本项工作的劳动保护用品		
			b	PPE状况是否良好		
			c	作业人员是否会正确使用PPE		
			d	特殊的PPE是否需要如呼吸器、护目镜、绝缘鞋和手套、防酸手套等		
		4		是否需要必要的应急设备		
			a	消防设备、人员（必要时包括外部专业资源）		
			b	急救设备和专业人员		
			c	急救药箱、担架、眼睛冲洗设备等		

√　距离。

√　时间。

√　工程控制。

⑤减少员工接触：

限制接触风险的员工数目，控制接触时间。

√　在低活动频率阶段进行危险性工作，如周末、晚上。

√　设计工作场所。

√　工作轮换。

√　换班。

⑥个人劳动保护用品：

使用充分的个人防护用品，是否适合工作任务。通常都需要使用劳保用品，但是绝对不能将劳保用品作为控制隐患的第一选择，只能作为隐患控制的最后一道控制措施，因为即便是使用了劳保用品，隐患还是存在，即并不能消除隐患。

√　安全带，防坠葫芦。

√　呼吸保护设备。

√　化学品防护服、手套。

√　护目镜。

√　面具。

⑦程序：

是否可以用来规定安全工作系统，减低风险？

√　工作许可。

√　检查单。

√　操作手册、作业方案。

√　风险评估、作业安全分析。

√　工艺图。

（6）审查完所有作业步骤后，安全主管或协调员或经理应将所有已识别的控制措施在安全分析工作表中列出，包括作业危害、控制要求、在作业期间谁负责实施执行等内容。

（7）安全主管或协调员或经理应将所有 JSA 文件存档。如果某项作业任务以后还可能进行，应考虑建立 JSA 数据库，以备将来审查时借鉴和使用。

（8）负责该项作业任务的监督应确保在审批该项作业许可证时，作业安

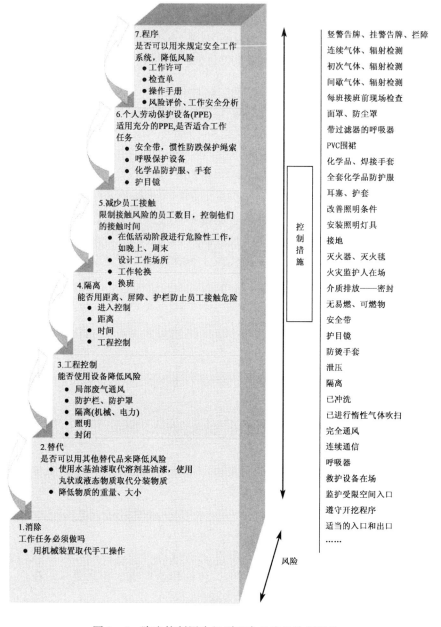

7.程序
是否可以用来规定安全工作
系统,降低风险
- 工作许可
- 检查单
- 操作手册
- 风险评价、工作安全分析

6.个人劳动保护设备(PPE)
适用充分的PPE,是否适合工作
任务
- 安全带,惯性防跌保护绳索
- 呼吸保护设备
- 化学品防护服、手套
- 护目镜

5.减少员工接触
限制接触风险的员工数目,控制他们
的接触时间
- 在低活动阶段进行危险性工作,
如晚上、周末
- 设计工作场所
- 工作轮换
- 换班

4.隔离
能否用距离、屏障、护栏防止员工接触危险
- 进入控制
- 距离
- 时间
- 工程控制

3.工程控制
能否使用设备降低风险
- 局部废气通风
- 防护栏、防护罩
- 隔离(机械、电力)
- 照明
- 封闭

2.替代
是否可以用其他替代品来降低风险
- 使用水基油漆取代溶剂基油漆,使用
丸状或液态物质取代分装物质
- 降低物质的重量、大小

1.消除
工作任务必须做吗
- 用机械装置取代手工操作

风险

控制措施

竖警告牌、挂警告牌、拦障
连续气体、辐射检测
初次气体、辐射检测
间歇气体、辐射检测
每班接班前现场检查
面罩、防尘罩
带过滤器的呼吸器
PVC围裙
化学品、焊接手套
全套化学品防护服
耳塞、护套
改善照明条件
安装照明灯具
接地
灭火器、灭火毯
火灾监护人在场
介质排放——密封
无易燃、可燃物
安全带
护目镜
防烫手套
泄压
隔离
已冲洗
已进行惰性气体吹扫
完全通风
连续通信
呼吸器
救护设备在场
监护受限空间入口
遵守开挖程序
适当的入口和出口
……

图3-4　隐患控制层次级别和常见隐患控制措施

全分析表应和作业许可申请单附在一起。

（9）作业任务的负责监督负责向所有参与作业的人员介绍作业危害、控制措施和限制（通常通过作业前安全会），确保所有控制措施都按照 JSA 的要求及时实施。

四、作业安全分析的适用范围

作业安全分析法适用于所有需要工作许可证的现场作业过程。对那些不属于工作许可证所规范的作业，也需要做作业安全分析，但该作业安全分析不必以书面的形式来表达，可通过作业前安全会或者小组讨论的方式进行。

综上，作业安全分析法（JSA）适用于管道系统各作业场所内的任何作业。

五、作业安全分析实际应用举例

下面是某企业维修抢修中心的一个关于过滤分离器捕雾器拆除作业的作业安全分析应用实例（表 3-4）。

表 3-4　过滤分离器捕雾器的拆除作业的作业安全分析表

过滤分离器捕雾器的拆除				
管理单位	XX 管理处	施工单位　　XX 维修抢修中心		JSA 编号
作业内容	XX 压气站过滤分离器（GF202）捕雾器拆除			作业许可证号
作业地点	分离区	审批人（负责人）		版本
参加分析人员	XX 维修抢修中心			第　　页
序号	基本作业步骤	潜在风险	安全控制措施	责任人
1	倒越站流程（先开 1101[#] 阀，后关 1202[#]、1302[#] 阀）	1.1　开关阀门顺序错误，导致憋压。 1.2　需就地操作时，外排天然气引起闪爆。 1.3　就地操作时，高分贝噪声对听力有影响	1.1.1　严格执行操作票制度，安排人员监护。 1.2.1　清理现场，严禁现场有交叉作业或非防爆设备。 1.3.1　佩戴听力保护装置	
2	对 XF202、GF202 进行排污（排污罐）	2.1　未降压进行排污，导致爆罐	2.1.1　确认排污管线及排污罐的压力等级，并确认压力安全保护。 2.1.2　确认排污罐放空阀门状态	

油气管道安全管理

序号	基本作业步骤	潜在风险	安全控制措施	责任人
3	点火炬，全站放空	3.1 用信号弹点火，存在闪爆	3.1.1 调节放空管线阀门控制气体流量。 3.1.2 点火人员处于上风位，清离火炬周围100m范围内人员、设备及易燃物	
4	对被隔离段进行氮气置换并检测	4.1 误将氧气作为置换气体注入。 4.2 在搬运气瓶过程中，气瓶撞击伤人；气瓶突然释放，导致伤害。 4.3 气瓶与注入口的连接软管破损导致气体外喷。 4.4 置换不合格或检测仪器不合格，为后续作业埋下隐患	4.1.1 在气体注入前对气体性质进行检测确认。 4.2.1 用专用小车搬运气瓶；气瓶就位后将气瓶固定好；使用专用气瓶架；固定好气瓶帽。 4.3.1 使用专用接头和符合要求的防脱装置。 4.4.1 定期对检测仪器进行标定检测。 4.4.2 用符合要求的2个以上的可燃气检测仪进行检测。同时做好复检	
5	对GF202加盲板隔离	5.1 人员高处坠落。 5.2 落物伤人。 5.3 液压扳手使用过程中的挤压。 5.4 临时用电设备漏电造成触电	5.1.1 搭设固定牢固的操作平台，并加设围栏和踢脚板。 5.2.1 及时清理或固定高处松散物品，设置隔离带，加警示牌。 5.3.1 不能戴手套操作；由受专业培训人员操作；两个操作人员做好信息沟通。 5.4.1 办理临时用电作业票，并落实作业票各项安全措施	
6	吊装割管机及配套设备	6.1 吊车及吊物撞击或挤压管线、设备及人员。 6.2 吊车支护不稳定，倾倒造成伤害、损害。 6.3 指挥、操作或配合不当，造成伤害。 6.4 进入工艺区吊车未配带符合防爆要求的阻火器，造成爆炸	6.1.1 起吊前对吊车进行安全防护装置、液压系统及吊索具检查。对吊索具安全负荷进行确认。 6.1.2 清理作业区无关人员，作业人员使用牵引绳牵引吊物。 6.1.3 在恶劣气候条件下终止作业。 6.2.1 吊车选择相对安全的起吊位置。 6.2.2 吊车必须经过质量技术监督部门定期检验合格。 6.3.1 起吊前操作手和指挥人员做好沟通。 6.3.2 吊车操作人员及指挥人员必须经过专业培训和持有效操作证上岗。 6.4.1 配带符合要求的阻火器，并检查	

序号	基本作业步骤	潜在风险	安全控制措施	责任人
7	对 GF202 注水，割 GF202 出口管，拆除 GF202 出口法兰	7.1　置换不合格，导致爆炸。 7.2　因被切割段固定不当，导致坠落伤人；损伤法兰密封面；管线或切割设备损坏。 7.3　切割设备使用不当，刀具损坏伤人或者损坏切割面。 7.4　切割冷却液污染作业现场，滑倒伤人。 7.5　切割铁屑及切口划伤人。 7.6　液压扳手使用过程中的挤压。 7.7　临时用电设备漏电造成触电。 7.8　拆除法兰过程中螺栓或液压扳手坠落伤人	7.1.1　切割作业人员必须经过专业培训，持有效操作证操作。 7.1.2　按作业票确认安保措施到位。 7.1.3　切割前及切割过程中用双可燃气检测仪检测，确保天然气浓度低于20% LEL（爆炸下限）。 7.2.1　按施工方案对切割段固定。 7.3.1　切割作业区设立警戒区，作业过程中无关人员处于警戒区域以外；切割人员戴护目镜并避开切口。 7.3.2　切割作业前熟悉切割设备规程，检查设备完好性，作业过程严格按规程操作。 7.4.1　用积液槽收集冷却液，并及时清理外溅的切割冷却液。 7.5.1　清理切口及铁屑，作业人员佩戴手套。 7.6.1　见5.3.1。 7.7.1　见5.4.1。 7.8.1　见5.2.1	
8	吊离拆除切割设备及管段	8.1　吊装风险参见6.1～6.4。 8.2　切割管段滑脱伤人及损坏设备。 8.3　切割口伤人及异物进入工艺管段损伤设备	8.1.1　参见6.1.1～6.1.3。 8.2.1　采取管道水平吊装，加设牵引绳牵引。 8.3.1　及时封闭工艺管段切割口	
9	开 GF202 快开盲板，拆除滤芯	9.1　FeS 自燃	9.1.1　在拆除法兰前对 GF 注水	
10	从 GF202 出口法兰处进入容器，并用砂轮机切割拆除捕雾器	10.1　火灾爆炸。 10.2　窒息。 10.3　飞溅物伤人。 10.4　触电。 10.5　遗留杂物损伤设备	10.1.1　按进入有限空间作业管理规定办理作业票，并安排专人做好监护。 10.1.2　用双可燃气检测仪对拆除端进行可燃气检测，天然气浓度小于20% LEL。 10.2.1　采用防爆轴流风机在GF202快开盲板端强制通风。 10.2.2　用双含氧量检测仪对捕雾器拆除空间进行检测，含氧量达到20%。 10.3.1　作业人员佩戴护目镜、面罩、防尘口罩、手套。 10.4.2　见5.4.1。 10.5　拆除结束后全面清理容器内杂物	

续表

序号	基本作业步骤	潜在风险	安全控制措施	责任人
11	吊管、对口及焊管（管线恢复）	11.1 切屑及打磨铁屑未清理，损伤设备。 11.2 吊管作业风险见6.1-4。 11.3 对口时碰撞管口，焊接质量下降。 11.4 触电。 11.5 未按焊接工艺要求进行焊接，焊接质量不达标。 11.6 辐射	11.1 焊接前全面清理管道内杂物及铁屑。 11.2 参见6.1.1-3。 11.3 采用专用对口器对口。 11.4.1 对对焊机做有效地及漏电保护检查。 11.5 焊接前确认焊接工艺评定，并进行焊接工艺交底。焊接作业人员必须经过专业培训，持符合焊接工艺要求的有效证件焊接。 11.6 焊接作业人员佩戴面罩及防烫伤焊工服，非作业人员做好防护	
12	对焊口进行无损检测	12.1 辐射	12.1 检测点50m范围内设置隔离带，设醒目警示牌，专人看护，严禁人员入内。 12.2 检测人员必须按照无损检测安全防护要求穿戴防辐射工作服，并持有效检测证上岗操作	
13	拆除所有隔离盲板，恢复法兰，安装滤芯及恢复盲板	风险见5.1~5.4	见5.1.1~5.4.1。	
14	氮气置换	风险见4.1~4.4	见4.1.1~4.4.1。 14.2 用含氧量检测仪检测含氧量，浓度小于2%	
15	按作业方案进行站内升压操作，对GF202逐级升压，进行连接法兰漏点检测	15.1 泄漏。 15.2 高压气流伤人。 15.3 高空作业风险见5.1。	15.1.1 升压前按作业方案要求对阀门状态、仪器仪表、快开盲板、法兰紧固情况进行检查确认。 15.1.2 采取逐级升压、稳压检漏方式。 15.1.3 停止站内所有与流程恢复无关的作业。 15.2.1 检测人员避开法兰连接面、快开盲板正面，避让仪器仪表连接点及脱出正面位置。 15.3.1 参见5.1.1~5.2.1。	
16	清理现场，恢复流程	16.1 拆装设备过程中对站内设备、人员损伤	参见以上吊装、搬运、安装等相关控制措施	

在表 3-4 中，首先将拆除过滤分离器捕雾器的作业分解为倒越站流程（先开 1101\# 阀，后关 1202\#、1302\# 阀），对 XF202、GF202 进行排污（排污罐），点火炬，全站放空等 16 个步骤，再分别寻找每个步骤内的潜在风险，考虑该步骤是否可能造成人员、财产、环境等损害，然后再评估其风险的大小，制定相应的安全控制措施对风险进行控制，最后将责任落实到个人，要求按照"过滤分离器捕雾器的拆除作业的作业安全分析表"严格执行。

可以看出，作业安全分析法的操作程序实际上是以风险管理的主要内容为主线，即风险辨识、风险评估以及风险控制，是风险管理在企业现场作业过程中的具体应用。作业安全分析法是现场安全管理的重要方法之一。

第三节　危险作业许可管理

常见的危险作业许可管理有七类：动火安全作业管理、进入受限空间安全作业许可管理、盲板抽堵安全作业管理、高处作业安全许可管理、吊装作业安全许可管理、断路作业安全许可管理和动土作业安全许可管理。

一、动火安全作业管理

1. 动火作业分类

在禁火区进行焊接与切割作业及在易燃易爆场所使用喷灯、电钻、砂轮等进行可能产生火焰、火花和赤热表面的临时性作业，易燃易爆场所、生产和储存物品的场所符合 GB 50016—2006 中火灾危险分类为甲、乙类的区域。

2. 动火分析及合格标准

动火分析：

（1）动火分析应由动火分析人员进行。凡是在易燃易爆装置、管道、储罐、阴井等部位及其他认为应进行分析的部位动火时，动火作业前必须进行动火分析。

（2）动火分析的取样点均应由动火所在单位的专（兼）职安全员或当班班长负责提出。

（3）动火分析的取样点要有代表性，特殊动火作业的分析样品应保留到动火结束。

（4）取样与动火间隔不得超过30min，如超过间隔或动火作业中断时间超过30min，必须重新取样分析。如现场分析手段无法实现上述要求，应由主管厂长或总工程师签字同意，另做具体处理。

动火分析合格标准：

（1）如使用测爆仪或其他类似手段，被测的气体或蒸气浓度应小于或等于爆炸下限的20%。

（2）在使用其他分析手段，被测的气体或蒸气爆炸下限大于或等于4%时，其被测浓度小于或等于0.5%；当被测的气体或蒸气爆炸下限小于4%时，其被测浓度小于或等于0.2%。

二、进入受限空间安全作业许可管理

进入设备内作业，其安全要求如下：

（1）设备与外界连接的电源应有效切断，电源有效切断可采用取下电源保险熔断丝或将电源开关拉下后上锁等措施，并加挂警示牌。

（2）管道安全隔绝可采用插入盲板或拆除一段管道进行隔绝，不能用水封或阀门等代替盲板或拆除管道。

（3）进入设备区内作业前，必须对设备内进行清洗和置换，并达到要求，有毒气体浓度、可燃气体浓度符合许可规定。

（4）要采取措施，保持设备内空气良好流通，打开所有人孔、手孔、料孔、风门、烟门进行自然通风。必要时可采取机械通风。

（5）采用管道空气送风时，通风前必须对管道内介质和风源进行分析确认。禁止向设备内充氧气或富氧空气。

进入受限空间作业的风险分析和安全措施见表3-5。

表3-5　进入受限空间作业的风险分析和安全措施

序号	风险分析	安全措施	选项
1	作业人员身体状况不好	体质较弱的人员不宜进入受限空间内	
2	作业人员不清楚现场危险	作业前进行安全教育	
3	系统内存在危险品	进行置换、冲洗至分析（提前30min）合格，涂刷具有挥发性溶剂的涂料时应连续分析	
4	系统未隔绝	所有连通生产管线阀门必须关死，不能用盲板或拆卸管道彻底隔绝的必须经安全部门批准	

续表

序号	风险分析	安全措施	选项
5	存在搅拌等转动设备	切断电源，并悬挂警示标志	
6	通风不好	打开人孔、手孔、料孔、风门、烟门等，必要时强制通风，不准向内冲氧气或富氧空气	
7	高处作业	办理高处作业证	
8	需动火时	办理动火作业证	
9	监护不足	指派专业人员监护，并坚守岗位；对有险情重大作业，应增设监护人员	
10	不佩戴劳动防护用品	按规定佩戴安全带（绳）、防毒用品等	
11	易燃易爆环境	使用防爆低压灯具（干燥器内为36V，潮湿或狭小容器内为12V）和防爆电动工具，禁止使用可能产生火花的工具	
12	使用的设备、工具不安全	检查，确保安全可靠	
13	未准备应急用品	备有空气呼吸器、消防器材或清水等应急用品	
14	内外人员联络不畅	正常作业时，内外可通过绳索互通信号或配备可靠的通信工具	
15	人员进出通道不畅	检查，确保安全可靠	
16	无事故情况下的应急措施	工作者感到不适，要连续不断地扯动绳索或使用通信工具报告，并由监护人员协助下离开。发生事故时，监护人员要立即报告救护人员，必须做好自身防护方可入内实施抢救	
17	吊拉物品时滑脱	可靠捆绑、固定	
18	交叉作业	采取互相之间避免伤害的措施	
19	抛掷物品伤人	不准抛掷物品	
20	出现危险品泄漏	立即停止作业，撤离人员	
21	作业人员私自卸去安全带、防毒面具或违反安全规程	监护人员立即令其停止工作	
22	作业后罐内或现场有杂物	清理现场	
23	下水道、污泥含有硫化氢或其他毒物	按规定佩戴安全带（绳）、防毒面具等	

三、盲板抽堵安全作业管理

盲板抽堵作业安全要求：

（1）盲板抽堵作业必须办理"盲板抽堵安全作业证"，否则不准进行盲板抽堵作业。

（2）不得涂改安全作业证。变更作业内容、扩大作业范围或转移作业部位时，必须重新办理作业证。

（3）对作业审批手续不全、安全措施不落实、作业环境不符合安全要求的，作业人员有权拒绝作业。

（4）在有毒气体的管道、设备上抽堵盲板时，非刺激性气体的压力应小于26.66kPa；刺激性气体的压力应小于6.67kPa；气体温度应小于60℃。

盲板抽堵作业风险分析和安全措施见表3-6。

表3-6 盲板抽堵作业风险分析和安全措施

序号	风 险 分 析	安 全 措 施	选项
1	盲板选材不当	外观平整、光滑，经检查无裂纹和孔洞；符合管道内介质性质、压力、温度要求；高压盲板应经探伤合格	
2	盲板的尺寸不当	盲板的直径应依据管道法兰密封面直径制作，厚度应经强度计算合格	
3	盲板辨识困难	必须有1个或2个手柄，每个抽堵盲板处设标牌标明	
4	作业人员不清楚现场危险	作业前必须进行安全教育	
5	监护不足	指派专人监护，并坚守岗位	
6	未佩戴劳动防护用品	按规定佩戴	
7	与生产现场联系不足	应事先与车间负责人或工段长（值班主任）取得联系，建立联系信号	
8	在有毒气体的管道、设备上抽堵盲板	非刺激性气体的压力应小于26.66kPa；刺激性气体的压力应小于6.67kPa；气体温度应小于60℃	
9	在危险性大的场所作业	消防队、医务人员等到场	
10	涉及整个生产系统	生产技术处负责人和调度人员必须在场	
11	在易燃易爆场所作业	作业地点30m内不得有动火作业；工作照明应使用防爆灯具；并应使用防爆工具，禁止用铁器敲打管线、法兰等	
12	在同一管道上多处作业	严禁同时进行两处以上抽堵盲板作业	

续表

序号	风 险 分 析	安 全 措 施	选项
13	需多处抽堵盲板	编制盲板位置图及盲板编号，有施工总负责人统一指挥作业	
14	出现危险品泄漏	立即停止作业，撤离人员	
15	作业后现场有杂物	清理现场	

四、高处作业安全许可管理

1. 作业部门审批

（1）一级高处作业：作业高度为 2～5m；

（2）在坡度大于 45°的斜坡上面以及在升降（吊装）口、坑、井、池、沟、洞等上面或附近及架空管道上方进行的化工工况高处作业。

2. 安全部门审批

（1）二级高处作业：作业高度为 5～15m；

（2）三级高处作业：作业高度为 15～30m；

（3）在易燃、易爆、易中毒、易灼伤的区域或转动设备附近以及在无平台、无护栏的塔、釜、炉、罐等化工容器、设备上方进行的化工工况高处作业。

3. 主管副总经理或总工程师审批

（1）特级高处作业：作业高度不小于 30m；

（2）在塔、釜、炉、罐等设备内进行的化工工况高处作业；

（3）特殊高处作业，包括：

①在无立足点或无牢靠立足点的条件下进行的悬空高处作业；

②在降雨、降雪、阵风风力不小于 6 级（风速不小于 10.8m/s）时或夜间进行的高处作业；

③在高温（工作地点具有生产性热源，气温高于本地区夏季室外通风设计计算温度的气温 2℃ 及以上）或低温（气温低于 5℃）环境下进行的异温高处作业；

④作业人员在电力生产和供、用电设备的维修中采取地（零）电位或等（同）电位作业方式，在接近（距离 10kV 以下带电体低于 1.7m；距离 20～35kV 带电体低于 2.0m）或接触带电体条件下对带电设备和线路进行的带电

高处作业。

高处作业风险分析和安全措施见表3-7。

表3-7　高处作业风险分析和安全措施

序号	风险分析	安全措施	选项
1	作业人员身体状况不好	对患有职业禁忌症和年老体弱、疲劳过度、视力不佳及酒后人员等，不准进行高处作业	
2	作业人员不清楚现场危险状况	作业前必须进行安全教育	
3	监护不足	指派专人监护，并坚守岗位	
4	未佩戴劳动防护用品	按规定佩戴安全带等，能够正确使用防坠落用品与登高器具、设备	
5	在危险品生产、储存场所或附近有放空管线的位置作业	事先与施工地点所在单位负责人或班组长（值班主任）取得联系，建立联系信号	
6	材料、器具、设备不安全	检查材料、器具、设备，必须安全可靠	
7	上下时手中持物（工具、材料、零件等）	上下时必须精神集中，禁止手中持物等危险行为，工具、材料、零件等必须装入工具袋	
8	带电高处作业	必须使用绝缘工具或穿绝缘服	
9	现场噪声大或视线不清楚等	配备必要的联络工具，并指定专人负责联系	
10	上下垂直作业	采取可靠的隔离措施，并按指定的路线上下	
11	易滑动、滚动的工具、材料堆放在脚手架上	采取措施防止坠落	
12	登石棉瓦、瓦楞板等轻型材料作业	必须铺设牢固的脚手板，并加以固定，脚手板上要有防滑措施	
13	抛掷物品伤人	不准抛掷物品	
14	出现危险品泄漏	立即停止作业，人员撤离	
15	作业后高处或现场有杂物	清理现场	

五、吊装作业安全许可管理

（1）吊装作业按吊装重物的重量分为3级：吊装重物的重量大于80t，为一级吊装作业；吊装重物的重量大于或等于40t至小于或等于80t时，为二级吊装作业；吊装重物的重量小于或等于40t时，为三级吊装作业。

（2）吊装作业按吊装作业级别分为3类：一级吊装作业为大型吊装作业；二级吊装作业为中型吊装作业；3级吊装作业为一般吊装作业。

（3）"吊装安全作业证"由机动部门负责管理。

（4）施工单位编制吊装方案，填好"吊装安全作业证"并得到审批。

（5）"吊装安全作业证"批准后，项目负责人应将"吊装安全作业证"交作业人员。

（6）作业人员应检查"吊装安全作业证"，确认无误后方可作业。对吊装作业审批手续不全，安全措施不落实，作业、环境不符合安全要求的，作业人员有权拒绝作业。

（7）严禁变更作业内容。扩大作业范围或转移作业部位，应重新办理相关手续。

吊装作业风险分析和安全措施见表3-8。

表3-8　吊装作业风险分析和安全措施

序号	风 险 分 析	安 全 措 施	选项
1	作业人员不清楚现场危险状况	作业前必须进行安全教育	
2	吊装重量大于或等于40t的物体和土建工程主体结构；吊物重量虽不足40t，但形状复杂、刚度小、长径比大、精密贵重，施工条件特殊	编制吊装施工方案，并经工程处和环保安全处审查，报主管副总经理或总工程师批准后方可实施	
3	监护不足	指派专人监护，并坚守岗位，非施工人员禁止入内	
4	不佩戴劳动防护用品	按规定佩戴安全帽等防护用品	
5	与生产现场联系不足	应事先与车间负责人或工段长（值班主任）取得联系，建立联系信号	
6	无关人员进入作业现场	在吊装现场设置安全警戒标志	
7	夜间作业	必须有足够的照明	
8	室外作业遇到大雪、暴雨、大雾及6级以上大风	停止作业	
9	吊装设备实施带病使用	检查起重吊装设备、钢丝绳、链条、吊钩等各种机具，必须保证安全可靠	

序号	风 险 分 析	安 全 措 施	选项
10	指挥联络信号不明确	必须分工明确、坚守岗位,并按规定的联络信号统一指挥	
11	将建筑物、构筑物作为锚点	经工程处审查核算并批准	
12	周围有电气线路	吊绳索、拖拉绳等避免同带电线路接触,并保持安全距离	
13	人员随同吊装重物或吊装机械升降	采取可靠的安全措施,并经过现场指挥人员批准	
14	利用管道、管架、电杆、机电设备等作吊装锚点	不准吊装	
15	悬吊重物下方站人、通行和工作	不准吊装	
16	超负荷或物体质量不明	不准吊装	
17	斜拉重物、重物埋在地下或重物紧固不牢,绳打结、绳不齐	不准吊装	
18	棱刃物体没有衬垫措施	不准吊装	
19	安全装置失灵	不准吊装	
20	用定型起重吊装机械(履带吊车、轮胎吊车、轿式吊车等)进行吊装作业	遵守该定型机械的操作规程	
21	作业过程中盲目起吊	必须先用低高度、短行程试吊	
22	作业过程中出现危险品泄漏	立即停止作业,撤离人员	
23	作业完成后现场有杂物	清理现场	

六、断路作业安全许可管理

厂区断路作业指在化工企业生产区域内的交通道路上进行施工及吊装吊运物体等影响正常交通的作业。

断路作业安全要求:

（1）负责断路项目的申请部门经办断路作业许可证，并书面通知生产、调度等有关部门。

（2）施工单位负责管理现场，设立断路标志、绕行标志、安全围栏、安全警告和夜间红灯标志。

（3）断路作业结束后，施工单位负责清理现场，经负责断路项目的申请部门检查许可证后，恢复交通。

（4）断路作业变更内容、扩大作业范围或转移作业部位，需重新办理断路作业许可证。

（5）"断路安全作业证"审批手续不全、安全措施不落实、作业环境不符合安全要求的，作业人员有权拒绝作业。

断路作业风险分析和安全措施见表3－9。

表3－9　断路作业风险分析和安全措施

序号	风 险 分 析	安 全 措 施	选项
1	断路路口未设立断路标志	设立断路标志，为来往的车辆指示绕行路线，必要时设置交通挡杆、交通警示牌	
2	作业前未通知相关应急部门	通知安全、生产、消防、医务等部门	
3	作业过程中无关人员进入施工场	施工现场设置围栏，夜间应悬挂红灯	
4	作业结束后现场标志未撤除	撤除	
5	作业结束后现场有杂物	清理现场	
6	作业结束后未通知相关应急部门	通知安全、生产、消防、医务等部门	

七、动土作业安全许可管理

动土作业是指挖土、打桩、地锚入土深度0.5m以上；地面堆放负重50kg/㎡以上；使用推土机、压路机等施工机械进行填土或平整场地的作业。

动土作业安全要求：

（1）动土作业前，项目负责人应对施工人员进行安全教育；施工负责人对安全措施进行现场交底，并督促落实。

（2）动土作业施工现场应根据需要设置护栏、盖板和警告标志，夜间应悬挂红灯示警；施工结束后要及时回填土，并恢复地面设施。

（3）动土作业必须按"动土安全作业证"的内容进行。对审批手续不全、安全措施不落实的，施工人员有权拒绝作业。

（4）变更动土作业内容、扩大作业范围或转移作业地点需重新办理许可证。

（5）动土中如暴露出电缆、管线以及不能辨认的物品时，应立即停止作业，妥善加以保护，报告动土审批单位处理、采取措施后方可继续动土作业。

（6）动土临近地下隐蔽设施时，应轻轻挖掘，禁止使用铁棒、铁镐或抓斗等机械工具。

动土作业风险分析和安全措施见表3-10。

表3-10 动土作业风险分析和安全措施

序号	风险分析	安全措施	选项
1	作业人员作业前未经安全教育	进行作业前安全教育	
2	未按规定佩戴劳动防护用品	佩戴安全帽等防护用品	
3	在化工危险场所动土时，与生产现场联系不足	与有关操作人员建立联系，现场不安全时操作人员要通知作业人员撤离	
4	警示标志不足	设置护栏、盖板或警示标志，夜间应设置红灯	
5	动土地点存在电线、管道等地下隐蔽设施	各审批单位向施工单位交待清楚并派专人监护；作业时要轻挖，禁止使用铁棒、铁镐或抓斗等机械工具	
6	多人同时作业	人员相距在2m以上，防止工具伤人	
7	设备、工具不合格	提前检查，必须牢固	
8	作业地点处于易燃易爆场所	禁止进行产生火花的作业，否则应同时办理动火证	
9	作业过程中暴露出电缆、管线和不能辨认的物品	停止作业，请专业人员辨认	
10	作业过程中出现危险品泄漏	停止作业，人员撤离	

第四节 目视管理

提起目视管理，就不能不提到日本丰田公司的准时生产制。随着市场需求的改变，原有的少品种大批量的生产方式已经变得越来越不合适了，企业面临着向多品种少批量的生产方式转变的事实。

由于汽车、家用电器等产品一般采用较长的生产线，如果生产线上发生一次加工失误或者零件不灵，马上就会产生许多次品。为了迅速区别产品品质的好坏以及识别生产有无延期，就必须制定出用目视能够判断现状是否正常的方法，即没有专业知识的人员也很容易了解，出现异常能马上判断。提高生产效率和生产灵活性，减少浪费成为必然的趋势，目视管理应运而生。

目视管理，顾名思义是用直观的方法揭示油气管道企业的管理状况和现场作业方法，让全体员工能够用眼睛看出工作进展状况是否正常，并迅速地判断和做出决策的方法。

一、目视管理的内容

目视管理是以视觉信号为基本手段，以公开化为基本原则，尽可能地将管理者的要求和意图让大家都看得见，借以推动自主管理、自我控制。所以目视管理是一种以公开化和视觉显示为特征的管理方式，也称为"看得见的管理"。目视管理在企业中的具体应用主要有以下几个方面：

1. 规章制度与工作标准的公开化

①凡是与现场工人密切相关的规章制度、标准、定额等，都需要公布于众。

②与岗位工人直接有关的，应分别展示在岗位上，如岗位责任制（图3-5）、操作程序图、工艺卡片等，并要始终保持完整、正确和洁净。

2. 生产任务与完成情况的图表化

现场是作业劳动的场所，因此，凡是需要协作共同完成的任务都应公布于众。

①计划指标要定期层层分解，落实到车间、班组和个人，并列表张贴在墙上。

②实际完成情况也要相应地按期公布，并用作图法使大家看出各项计划指标完成中出现的问题和发展的趋势，以促使集体和个人都能按质、按量、

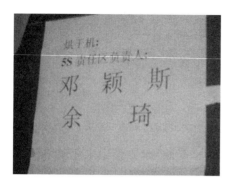
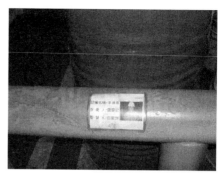

图3-5 岗位责任制示意图

按期的完成各自的任务。

3. 与定置管理相结合，实现视觉显示信息的标准化

在定置管理中，为了消除物品混放和误置，必须有完善而准确的信息显示，包括标志线、标志牌和标志色（图3-6）。

图3-6 目视管理在定置过程中的应用

目视管理在这里自然而然地与定置管理融为一体，按定置管理的要求，采用清晰、标准化的信息显示符号，将各种区域、通道，各种辅助工具（如料架、工具箱、工位器具、生活柜等）标画出来。值得注意的是，对所运用颜色应该进行标准化管理，不得任意涂抹。

4. 生产作业控制手段的形象直观与使用方便化

为了有效地进行生产作业控制，使每个生产环节、每道工序都能严格按照期量标准进行生产，杜绝过量生产、过量储备，要采用与现场工作状况相适应、简便实用的信息传导信号，以便在后道工序发生故障或由于其他原因停止生产，不需要前道工序供应在制品时，操作人员能看到信号，及时停止投入。

　　各生产环节和工种之间的联络也要设立方便实用的信息传导信号，以尽量减少工时损失，提高生产的连续性。例如，在机器设备上安装红灯，在流水线上配置工位故障显示屏，一旦发生停机，即可发出信号，巡回检修工看到后就会及时前来修理。

　　生产作业控制除了期量控制外，还要有质量和成本控制，也要实行目视管理。例如质量控制，在各质量管理点（控制），要有质量控制图，以便清楚地显示质量波动情况，及时发现异常，及时处理。车间要利用板报形式，将"不良品统计日报"公布于众，当天出现的废品要陈列在展示台上，由有关人员会诊分析，确定改进措施，防止再度发生。

　　5. 物品的码放和运送的数量标准化

　　物品码放和运送实行标准化，可以充分发挥目视管理的长处。例如，各种物品实行"五五码放"，各类工位器具，包括箱、盒、盘、小车等，均应按规定的标准数量盛装，这样操作、搬运和检验人员点数时既方便又准确（图3－7）。

图3－7　物品码放目视化

6. 现场人员着装的统一化与实行挂牌制度

（1）着装统一化。

现场人员的着装不仅起劳动保护作用，在机器生产条件下，也是正规化、标准化的内容之一。它可以体现职工队伍的优良素养，显示企业内部不同单位、工种和职务之间的区别，因而还具有一定的心理作用，使人产生归属感、荣誉感、责任心等，对于组织指挥生产，也可创造一定的方便条件（图3-8）。

图3-8　统一化着装

（2）挂牌制度，包括单位挂牌和个人佩戴标志。

①单位挂牌。按照企业内部各种检查评比制度，将那些与实现企业战略任务和目标有重要关系的考评项目结果以形象、直观给单位挂牌的方式展示出来，能够激励先进单位更上一层楼，鞭策后进单位奋起直追。

②个人佩戴标志，如胸章、胸标、臂章等，作用同着装统一化类似。除此之外，还可同考评相结合，给人以压力和动力，达到催人进取、推动工作的目的。

7. 色彩的标准化管理

色彩是目视管理中利用视觉最常用的一种方式。目视管理要求科学、合理、巧妙地运用色彩，并实现色彩的统一标准化管理，不允许随意变更和涂抹，这是因为色彩的运用受多种因素的制约：

（1）技术因素。

不同的色彩有不同的物理指标，如波长、反射系数等。强光照射的设备多涂成蓝灰色，因为其反射系数适度，不会过分刺激眼睛；而危险信号多用红色，这既是传统的习惯，也是因为其穿透力强，具有颜色鲜明的特点。

（2）心理因素。

不同的色彩会给人以不同的重量感、空间感、冷暖感、软硬感、清洁感等情感效应。例如，低温车间采用红、橙、黄等暖色，使人感觉温暖；而高温车间的涂色应以浅蓝、蓝绿、白色等冷色调为基调，可以让人产生清凉舒心的感觉；热处理设备多用属冷色的铅灰色，能够起到降低心里温度的作用。

（3）生理因素。

从生理上看，长时间受一种或者几种杂乱颜色的刺激，会产生视觉疲劳，因此就要讲究员工休息室的色彩。例如，冶炼厂员工休息室宜用冷色；纺织厂员工的休息室宜用暖色，这样有利于消除员工的职业疲劳。

此外，颜色的使用还要注意不同国家、地区和民族对其的理解和偏好。即便是同一种颜色，在不同国家、地区和民族，意义也可能是不一样的。

总之，色彩包含着丰富的内涵，现场中凡是需要用到色彩的，都应有标准化的要求，企业应根据自身的具体情况确定几种标准颜色，并让所有的员工都清楚明白。

二、目视管理的应用

管道企业中的目视管理应紧扣目视管理的内容并结合企业的安全生产情况，制定出适合自身的目视管理推动方式、实施办法、检查方式以及针对各项具体内容的目视管理方法。

1. 目视管理的推动方式

一般而言，企业目视管理的实施必须建立起自上而下的推动方式。

首先，强化实施。应建立起从上至下，由领导到基层的全方位的管理体系。目视管理的实施需要领导的明确支持和推动、全体员工的理解和认可、集全员之力一起实施。

其次，建立适宜的管理体制。根据目视管理的内容和方法，建立和完善与现场的操作规程、计划和实绩图及作业流程看板等相适宜的管理体制。

最后，通过建立企业文化，创造整体氛围。创造整体氛围非常关键，对于怎样推动目视管理，必须按功能设置不同的责任部门和责任人，培训和实践同时开展。

此外，目视管理的实施也可以围绕推动"5S"❶运动、改善流程、规划放置

---

❶ "5S"是整理（Seiri）、整顿（Seiton）、清扫（Seiso）、清洁（Seiketsu）和素养（Shitsuke）这5个词的缩写。"5S"活动起源于日本，并在日本企业中广泛推行，它相当于我国企业开展的文明生产活动。"5S"活动的对象是现场的"环境"，它对生产现场环境全局进行综合考虑，并制订切实可行的计划与措施，从而达到规范化管理。"5S"活动的核心和精髓是修身，如果没有职工队伍修身的相应提高，"5S"活动就难以开展和坚持下去。

场所、掌握突发状况等内容进行展开（图3-9）。实施"5S"运动，必须明确责任分担，具体实施，特别是要遵守既定规则；进行流程系统的整理，扩大视野，井然有序地整理系统，这对推动目视管理非常关键；规划放置场所，应该一边减少管理，一边明确物品放置场所；对突发状况的判断和界定应该进一步明确化，使人一目了然。根据具体的突发事件制定更加具体化、规则化的突发状况处理方法的同时，还应进行异常处理训练。

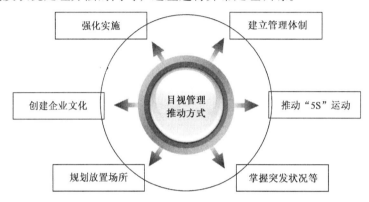

图3-9 目视管理推动方式

2. 目视管理的实施办法

在企业日常的工作中，应用目视管理的地方很多。常见的目视管理工具有标志线、标志牌、信号灯等，表3-11列举了区域画线、物品的行迹管理、仪表的正常标示等目视管理在企业生产过程中的应用办法以及产生的作用。

表3-11 目视管理实施办法

实 例	实 施 方 法	作 用
区域画线	1. 用油漆在地上刷出线条。 2. 用彩色胶条粘贴于地面形成线条	1. 对工作区域画线，确定各区域功能。 2. 划分通道和生产现场，保持通道畅通。 3. 防止物品随意搬动和摆放
物品的行迹管理	1. 在物品放置处画上该物品的形状，并标出名称。 2. 标出该物品的使用者或借出者。 3. 必要时使用台账管理	1. 明示物品放置的位置和数量。 2. 物品取走后，对使用者可做到一目了然。 3. 防止需要时找不到工具的现象发生

实 例	实 施 方 法	作 用
安全库存量与最大库存量	1. 明示应该放置何种物品。 2. 明示最大库存量和安全库存量。 3. 明示物品数量不足时如何应付	1. 防止过量采购。 2. 防止断货,以免影响生产
仪表正常、异常标示	在仪表指针的正常范围上标示为绿色,异常范围上标示为红色	使工作人员对于仪表的指针是否处于正常范围一目了然
"5S"实施情况确认表	1. 设置现场"5S"责任区。 2. 设计表格内容:责任人姓名、"5S"实施内容、实施方法、要达到的要求、实施周期和实施情况记录等	1. 明确职责,明示该区域的"5S"责任人。 2. 明确要求,明示日常实施内容和要求。 3. 监督日常"5S"工作的实施情况

3. 目视管理检查

目视管理在现场的具体实施效果可以通过目视安全管理检查表进行考核,通过考核真正将目视管理落实到日常的生产作业中。目视管理也是动态的安全管理方法,随着生产的进行,要不断地进行调整和改进。

表 3-12 给出了某企业的现场目视安全管理检查表。

表 3-12　现场目视安全管理检查表

项目	检查内容	非常好 4分	好 3分	普通 2分	差 1分
地面	无洒落油渍、切削、粉屑				
	无散落垃圾、零件等				
	无污渍				
	无破损或油漆剥落				
	割分线、定位线无破损或脱落				
公布栏	无污损、破裂				
	内容更新				
	……				
…	……				

4. 现场目视管理的具体应用

1) 现场目视信息管理

现场目视信息管理主要有作业标准信息和生产目标信息等的目视管理。

（1）作业标准信息目视化。

将作业标准悬挂在工作现场，使各岗位的人员都能够随时对照，体现了作业标准信息目视管理。这些目视化标准信息不但可以提醒员工随时核对操作方法，同时也便于现场班组长对员工的工作进行判定。公开化的作业标准信息便于现场的规范化操作和互相监督，可提高现场管理水平和效率。

（2）生产目标信息目视化。

每小时及每天的生产目标要陈列在公告栏上，其旁边记录实际产量数值。

2）物料目视管理

在生产现场，班组长需要对消耗品、物料、在制品等各种各样的物料进行管理。在进行物料目视化管理的过程中应该注意：首先，规划物料放置区域，对物料实行定置管理；其次，物料放置区应有醒目的标示牌；再次，成品和半成品要分开存放；最后，同一区域、同一规格的材料要经常调整位置，让先进厂的材料摆放在最方便的地方，实现先进厂先使用。

3）设备目视管理

设备的目视化管理要做到"注意事项明显化，正确操作标准化，维护保养制度化"，塑造一个良好的设备目视管理环境。

4）质量目视管理

质量目视管理能够及时发现问题，减少品质问题的出现。在各个质量管理点应该设有质量控制图，可以清楚地显示质量情况，出现问题可以及时处理。最常见的质量管理办法有"QC工具看板"和"质量状况看板"。

5）安全目视管理

安全目视管理是将危险因素显于人前，使其暴露，刺激人们提高警觉，提高安全意识，防止事故的发生。在安全目视管理中，常常对消防器材的存放、放置位置以及消防器材的操作步骤进行目视管理（图3-10）。

图3-10　安全目视管理示意图

三、目视管理的对象

目视管理的对象范围很广，构成企业的所有要素都是其管理对象，例如，管道、成品油、零配件、设备、工具夹、模具、计量具、搬运工具、货架、通道等。

根据作业对象的不同，目视管理的对象包括两方面：

一是生产现场的目视管理，是对生产现场的进度、物料或半成品的库存量、品质不良、设备故障、停机原因等状况，以视觉化的工具进行预防管理，使任何人都能了解好与坏的状态，即使是对新近人员，也能很快掌握作业上的品质差异。

二是非生产部门的目视管理，诸如技术、设计、仓储、采购等部门，也需要引入目视管理，使信息的公开、公布和业务实现标准化、简单化，为生产现场提供准确有效的信息资源，配合生产现场工作。

四、目视管理的特点

目视管理就是要以视觉信号显示为基本手段，让大家都能看得见的公开化的管理方式。我们在推进目视管理的过程中要做到：统一，目视管理要实行标准化管理，消除五花八门的现象，其结果不会因人而异；明确，各种视觉信号简约易懂，一目了然，无论是谁都能正确理解；鲜明，各种视觉信号的设计和显示要清晰，位置要适宜，让现场的人员在各自的工作岗位上都能看得见、看得清。目视管理统一、明确、鲜明的特点可以为企业安全管理带来以下几方面的改进：

（1）目视管理形象直观，有利于提高工作效率。

目视管理最主要的特点，用很简单的一句话表示就是：迅速快捷地传递信息。油气管道现场管理人员组织指挥生产，实质是在发布各种信息。操作工人有秩序地进行生产作业，就是接收信息后采取行动的过程。在现场的生产操作过程中，生产系统高速运转，要实现安全管理，就必须要求信息传递和处理得既快又正确。如果每个指令都要由现场的安全管理人员一一传达，那么可以想象，在拥有成百上千工人的生产现场，现场的安全管理效率是很难满足实际生产的要求。

目视管理为上述这个问题找到了解决的办法。生产实践经验告诉我们，迄今为止，操作工人接受信息最常用的感觉器官是眼、耳和神经末梢，其中又以视觉的应用最为广泛。

利用视觉，现场管理人员可以通过仪器、电视、信号灯、标识牌、图表等手段向工人发出信号。其特点是形象直观，容易认读和识别。目视管理形象直观的管理方式有利于提高现场安全管理的工作效率。

（2）目视管理公开透明，便于现场人员互相监督。

实行目视管理，对生产作业的各种要求可以做到公开化。有利于统一的识别，干什么、怎样干、干多少、什么时间干、在何处干等问题一目了然，让全体员工默契配合、互相监督，使违反劳动纪律的现象不容易隐藏。

例如，根据不同工种的特点，规定穿戴不同的工作服和工作帽，很容易使那些擅离职守、串岗聊天的人处于众目睽睽之下，促其自我约束，逐渐养成良好习惯。又如，有些地方对企业实行了挂牌制度，单位经过考核，按优秀、良好、较差、劣等四个等级挂上不同颜色的标志牌；个人经过考核，有序与合格者佩戴不同颜色的臂章，不合格者无标志。这样，目视管理就能起到鼓励先进，鞭策后进的激励作用。

（3）目视管理有利于产生良好的生理和心理效应。

对于改善生产条件和环境，人们往往比较注意从物质技术方面着手，而忽视现场人员生理、心理和社会特点。例如，改善现场作业的机器设备，对生产工具进行升级换代，这是从物质技术的方面着手，改进生产条件。

那么，如何从现场人员的生理、心里和社会特点着手来改善生产条件和环境呢？在生产一线，如果要问：哪种形状的刻度表容易认读？数字和字母的线条粗细的比例多少才最好？白底黑字是否优于黑底白字？等等，多数的现场管理者无法做出明确的回答。然而这些却是降低误读率、减少事故所必须认真考虑的生理和心理需要。又如，谁都承认车间环境必须干净整洁。但是，不同车间（如机加工车间和热处理车间），其墙壁是否应"四白落地"，还是采用不同的颜色？什么颜色最适宜？诸如此类的色彩问题也同人们的生理、心理和社会特征有关。

目视管理十分重视综合运用管理学、生理学、心理学和社会学等多学科的研究成果，利用颜色、图片等直观的视觉因素，让现场人员通过视觉来感知生产有关的各种环境因素，使之既符合现代技术要求，又适应人们的生理和心理特点，有利于提高油气储运工作现场的安全水平。

（4）促进企业安全文化的建立和形成。

安全文化是凝聚人心的无形资产和精神力量，是企业实现可持续发展的灵魂和推动力。因此，安全文化被称为是一个企业活的灵魂。

目视管理不仅体现在生产一线的操作环节，它也同样能融入到企业员工生产和生活的各个领域。通过对员工的合理化建议的展示，优秀事迹和对先进的表彰，公开讨论栏，关怀温情专栏，企业宗旨方向，远景规划等各种健康向上的内容，这些能使所有员工形成一种非常强烈的凝聚力和向心力，都是建立良好企业安全文化的一个良好开端。

五、目视管理应用举例

现场目视管理常用工具有看板、信号灯或异常信号灯、操作流程图、反面教材、提醒板、区域线、警示线、告示板和生产管理板。

1. 看板

用在"6S"❶的看板工作中，表示板（图3－11）给出了使用的物品放置场所等基本状况的示意。物品的具体位置在哪里？数量多少，谁负责，甚至说谁来管理等重要的项目，一一列在看板上，让人一目了然。因为"6S"的推动，它强

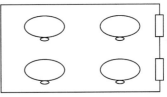

图3－11　看板示意图

调的是透明化、公开化，目视管理有一个先决的条件，就是消除黑箱作业。

2. 信号灯或者异常信号灯

在生产现场，第一线的管理人员必须随时知道机器是否在正常地开动，是否在正常作业。信号灯是工序内发生异常时用于通知管理人员的工具。信号灯的种类如下：

---

❶ "6S"管理由日本企业的"5S"扩展而来，整理（Seiri）——将工作场所的任何物品区分为有必要和没有必要的，除了有必要的留下来，其他的都消除掉。目的：腾出空间，空间活用，防止误用，塑造清爽的工作场所。整顿（Seiton）——把留下来的必要用的物品依规定位置摆放，并放置整齐加以标识。目的：工作场所一目了然，消除寻找物品的时间，保持整整齐齐的工作环境，消除过多的积压物品。清扫（Seiso）——将工作场所内看得见与看不见的地方清扫干净，保持工作场所干净、亮丽。目的：稳定品质，减少工业伤害。安全（Security）——重视成员安全教育，每时每刻都有安全第一观念，防范于未然。目的：建立起安全生产的环境，所有的工作应建立在安全的前提下。清洁（Seiketsu）——将整理、整顿、清扫进行到底，并且制度化，经常保持环境外在美观的状态。目的：创造明朗现场，维持上面的成果。素养（Shitsuke）——每位成员养成良好的习惯，并遵守规则做事，培养积极主动的精神（也称习惯性）。目的：培养有好习惯、遵守规划的员工，营造团队精神。

（1）发音信号灯。适用于物料请求通知。当工序内物料用完，或者该供需的信号灯亮时，扩音器马上会通知搬送人员立刻及时地供应。信号灯也是看板管理中的一个重要项目。

（2）异常信号灯。用于产品质量不良及作业异常等异常发生场合，通常安装在大型工厂中较长的生产、装配流水线（图 3-12）。

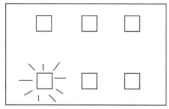

图 3-12　异常信号灯示意图

一般设置红或黄两种信号灯，由员工来控制。当发生零部件用完，出现不良产品及机器故障等异常时，往往会影响到生产指标的完成，这时由员工马上按下红灯的按钮，等红灯一亮，生产管理人员和厂长都要停下手中的工作，马上前往现场，予以调查处理。异常被排除以后，管理人员就可以把这个信号灯关掉，然后继续维持作业和生产。

（3）运转指示灯。检查、显示设备运转、机器开动、转换或停止的状况；若机器停止，也显示它的停止原因（图 3-13）。

运行中
呼叫
换模具中
机械故障
不良品发生
加工品积压

图 3-13　运转指示灯示意图

（4）进度灯。它是比较常见的，安在组装生产线以及手动或半自动生产线上。它的每一道工序间隔大概是 1~2min，用于组装节拍的控制，以保证产量。进度灯节拍时间隔有几分钟的长度时，用于作业。就作业员本身，自己应把握进度，防止作业迟缓。

3. 操作流程图

操作流程图本身是描述工序重点和作业顺序的简明指示书，也称为步骤图，用于指导生产作业。在一般的车间内，特别是工序比较复杂的车间，在看板管理上一定要有个操作流程图。原材料进来后，第一个工序可能是签收，第二个工序可能是点料，第三个工序可能是转换或者转制，这样的图就称为操作流程图（图3－14）。

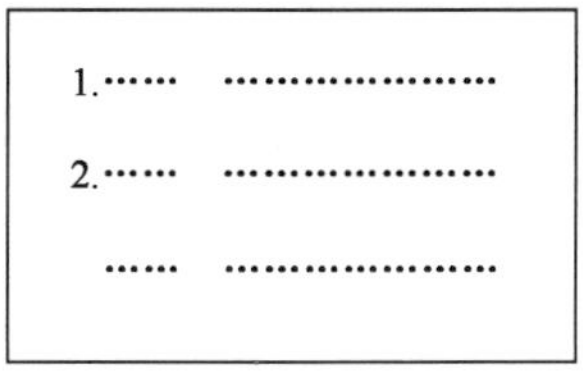

```
┌─────────────────────────────┐
│  1.……  ………………… │
│                             │
│  2.……  ………………… │
│                             │
│    ……  ………………… │
└─────────────────────────────┘
```

图3－14　操作流程示意图

4. 反面教材

反面教材，就是让现场的作业人员明白，也知道他的不良表现及其带来的后果。一般是放在人多显著位置上。

5. 提醒板

提醒板，用于防止遗漏。健忘是人的本性，不可能杜绝，只有通过一些自主管理的方法来最大限度地尽量减少遗漏或遗忘。例如，在有的车间进出口处有一块板子，提醒今天有多少产品要在何时送到何处，或者什么产品一定要在何时生产完毕；或者有领导来视察，下午两点钟有一个什么检查。这些都统称为提醒板。一般来说，用纵轴表示时间，横轴表示日期，纵轴的时间间隔通常为一个小时，一天用8个小时来区分，就每一个时间段记录正常、不良或者是次品的情况，让作业者自己记录。提醒板一个月统计一次，在每个月的例会中总结，与上个月进行比较，看是否有进步，并确定下个月的目录，这是提醒板的另一个作用。

6. 区域线

区域线是指对半成品放置的场所或通道等区域用线条把它画出来，主要用于整理与整顿，确定异常原因、停线故障等，用于看板管理。

7. 警示线

警示线，就是在仓库或其他物品放置处，用来表示最大库存量或最小库存量涂在地面上的彩色漆线，用于看板作战中。

8. 告示板

告示板，是一种实现及时管理的道具，也就是公告。

9. 生产管理板

生产管理板，是揭示生产线的生产状况、进度的表示板，记入生产实绩、设备开动率、异常原因（停线故障）等，用于看板管理。

第五节　安全检查与安全会议

安全检查、安全会议是企业安全生产的两项基本制度，是安全管理的重要内容之一。通过安全检查，可以了解企业安全状况，发现不安全因素，获取安全信息，消除事故隐患，交流经验，推动安全工作，促进安全生产。安全会议的展开则能够及时解决生产经营活动中出现的安全问题，消除事故隐患，部署安全工作，同时也能加强各部门之间安全工作的沟通，总结安全生产工作经验和教训。

一、安全检查

1. 安全检查的内容

安全检查是指对生产过程及安全管理中可能存在的隐患、有害与危险因素、缺陷等进行查证，以确定它们的存在状态，找到让它们转化为事故的条件，以便制定整改措施，消除隐患和危险等有害因素。

安全检查一般从几个方面的内容着手，即查思想、查意识、查制度、查管理、查事故处理、查隐患和查整改。

（1）查思想，查企业从领导到员工对安全生产的认识是否正确，安全责任心是否很强，有无忽视安全的思想和行为。

（2）查意识，查企业对事故预防的认识以及实现安全生产的信心和意识。

（3）查制度，安全生产制度是全体员工的行动准则和规范，查制度就是检查企业安全生产规章制度是否健全，安全在企业的生产活动中是否得到了贯彻执行，有无违章作业、违章指挥等现象。查安全生产规章制度主要包括以下几个方面内容：

①安全组织和机构的设置与安全人员的配备；

②安全生产责任制；

③安全奖惩制度；

④安全检查与隐患整改制度；

⑤安全教育制度；

⑥安全技术措施计划的实施与管理制度；

⑦事故调查处理、统计报告制度及事故应急处理制度；

⑧尘毒作业、职业病、职业禁忌症、特种作业管理制度；

⑨保健、防护用品的发放管理制度；

⑩各工种安全技术操作规程及职工安全守则。

（4）查管理，查安全管理是否到位，企业管理是否存在安全漏洞。

（5）查事故处理，检查企业对伤亡事故是否及时报告，认真调查；查事故的处理结果是否做到"三不放过"：事故原因分析不清不放过，事故责任者与群众未受到教育不放过；没有防范措施不放过；是否采取了有效的措施，防止重复发生类似事故。

（6）查隐患，深入生产现场，检查企业的设备、设施、安全卫生措施、生产环境条件以及人的不安全行为。对随时可能造成伤亡事故的重大隐患，检查人员有权下令停工；直至隐患排查后，经检查人员签字后方可复工；对违章作业行为，检查人员有权制止和处理。

（7）查整改，对已经查出的不安全因素和事故隐患提出整改要求，对企业安全生产起到监督、检查作用。

安全检查的具体内容应本着重点突出的原则进行确定。对于危险性大、易发事故、事故危害大的生产系统、部位、装置、设备等应加强检查。一般应重点检查：易造成重大损失的易燃易爆危险品、剧毒品、压力容器、起重设备、运输设备、冶炼设备、电气设备、冲压机械、高处作业和本企业已发生工伤、火灾、爆炸等事故的设备、工种、场所及其特种人员；造成执业中毒或者职业病的尘毒源及其作业人员；直接管理重要危险点和有害点的部门及其负责人。

对管道运营公司，目前国家有关规定要去强制性检查的项目有：压力容器、压力管道、高压医用氧舱、起重机、电梯、自动扶梯、施工升降机、简易升降机、防爆电器、厂内机动车辆等；作业场所的粉尘、噪声、震动、辐射、高温、低温、有毒物质的浓度。

2. 安全检查的方式

安全检查的方式一般按检查的目的、要求、阶段、对象不同，可以分为经常性检查、定期检查、专业（项）检查和群众性安全检查四种。

1）经常性检查

经常性检查是指安全技术人员和车间、班组干部职工对安全生产的日查、周查和月查。它是企业内部为保障安全而进行的最基本、最重要的安全管理手段。通过经常性检查，可以在施工过程中及时发现问题、及时整改；可以反映企业生产过程中的真实情况；检查面宽。经常性检查包括以下几种形式：

（1）巡逻检查，主要指安全专业人员和管理人员对生产现场进行的巡视监督检查；

（2）岗位检查，操作人员对操作岗位的作业环境、施工、生产条件、机器设备、安全防护设施及措施等进行检查确认；

（3）相互检查，作业人员之间相互监督、对不安全行为、个人防护用品佩戴等的检查；

（4）重点检查，企业安全部门组织对企业内部的重点岗位、关键设备设施等进行经常性的检查。

2）定期检查

定期检查一般是企业或主管部门通过有计划、有组织、有目的，按规定日程和周期进行的全面安全检查。检查周期根据企业实际情况确定，如次/年、次/季、次/月、次/周等。定期检查面广、有深度，能及时发现并解决问题。

定期检查包括以下几个方面的检查方式：

（1）安全生产大检查，是由国家或当地劳动部门和产业主管部门联合组织的定期普遍检查；

（2）行业检查，由企业主管部门组织的企业之间的相互检查；

（3）企业内定期检查，企业内部组织的定期检查；

（4）季节性检查，各级单位根据季节变化，按照事故发生的规律，突出重点进行季节性检查，如雨季进行防洪、防雷电检查；冬季进行防寒、防火、防滑检查；节假日进行设备检修安全检查、防火防爆和治安保卫措施检查等。

3）专业（项）检查

专业（项）检查是对某个专业（项）问题或在生产中存在的普遍性安全问题进行的单向定性或定量检查。例如，对危险较大的在用设备设施、作业场所环境条件的管理性或监督性定量检测检验属专业（项）安全检查。专业（项）检查具有较强的针对性和专业要求，用于检查难度较大的项目。通过检查发现潜在问题，研究整改对策，即消除隐患，进行技术改造。

4）群众性安全检查

群众性安全检查是指职工普遍进行的安全检查，结合检查，对职工进行安全意识、安全知识和安全技术教育。这种检查可以采取个人检查、个人和个人之间、班组与班组之间相互检查等方式进行。

安全检查必须有明确的目的、要求和计划，避免走过场；做好详细的检查记录，并对检查的结果和存在的问题记录在案，按企业规定的职责范围落实整改措施，落实到人，限期解决并定期复查。对不能及时整改的隐患应该采取临时的安全措施，及时提出整改方案，报请上级部门批准。不论何种形式的检查，都应写出小结，提出分析、评价和处理意见。各级部门都应该积极吸取安全检查中和建议，及时整改，达到安全检查的目的。

3. 安全检查的方法

1）常规检查法

常规检查法是常见的一种检查方法，通常是由安全管理人员作为检查工作的主体，到作业现场，通过感官或者经验或辅助以简单的工具、仪表等，对作业人员的行为、现场的机器设备和作业环境进行的检查。其常规检查最常见的方法有：

（1）听取汇报法。

主要是通过听取被检单位的安全生产第一责任人、分管安全工作的领导、安全部门负责人对本单位安全情况的汇报，从宏观上了解被检单位的安全情况。例如，领导对安全工作的重视程度，对安全工作是否心中有数；安全职能部门建设和工作开展情况；对上级部门安全要求的贯彻落实情况。安全宣传教育及培训情况。在下一步的检查中可以对其汇报情况进行核实。

（2）制度质疑法。

对规章制度的检查可以采用这种方法。检查者任意选择某一方面的安全管理制度进行检查，内容包括：有没有这方面的安全管理制度；提出一些可能出现的问题，看该制度能不能覆盖到，有没有明确的规定，与有关政策和法规的要求是否相符；制度有没有具体的部门和人员来落实；怎样宣传和教育的；落实情况，看有没有对违反该制度进行处理的人或事，是否有记录等。

（3）走访了解法。

根据特定的安全检查内容和检查中存在疑惑，如事故调查，有针对性地走访领导层、管理者、作业人员、地方安全主管部门等。

（4）现象倒推法。

通过对现场发现的人的不安全行为、物的不安全状态倒推上去，发现其根源。例如，通过设备缺陷、维护不当、管理不严、宣传教育不够、无证上岗、违章指挥、违章作业、违反劳动纪律等现象和行为推断在安全技术或管理上的缺陷。

（5）规程比较法。

根据国家强制规程的规定对特定设备进行检查。这种方法主要用于对特种设备的检查，包括取证及检验情况、管理制度、设备运行状态、特种作业人员、仪表及安全附件、安全器具管理。

（6）现场考核法。

对现场工作人员进行其岗位安全事项及一般安全知识提问，包括对安全专职队伍的考核。提问的内容包括：是否了解安全方针（国家和企业的）；本岗位有哪些安全装置，状态如何；本岗位安全操作规程；一般安全常识，如报警、避险、灭火器的使用等。

以上几种方法可以交叉使用，目的是加强安全检查的力度，通过规范的检查，发现隐患，并追溯到管理问题上。针对每一个问题发生的原因，都应该明确是哪一个具体部门和人员的失误，分析其原因，落实责任，充分发挥安全责任制的优势。然而常规检查完全依靠安全管理人员的经验和能力，检查的结果以定性和主观的成分居多，其结果直接受到安全检查人员个人水平的影响。对检查人员的要求较高，就增加了现场检查的推广难度。

2）安全检查表

安全检查最有效工具是安全检查表（Safety Check List）。它是为检查某些系统的安全状况而事先制定的问题清单。将企业的各个系统进行剖析，列出各层次的不安全因素，确定检查项目，并将检查项目按系统的组成顺序编织成表，以便进行检查或评审，这种表即称为安全检查表。利用安全检查表进行的安全检查就称作安全检查表法。

安全检查表必须包括系统的全部主要检查部位，不能忽略主要的、潜在不安全因素，应从检查部位中引申和发掘与之有关的其他潜在危险因素。对每项检查要点，要定义明确，便于操作。安全检查表的内容应包括分类、项目、检查要点、检查情况及处理、检查日期及检查者。通常情况下检查项目内容及检查要点要用提问方式列出。检查情况用"是"、"否"或者用"√"、"×"表示。

（1）安全检查表的分类。

可以根据企业自身的具体情况，诸如检查的周期、作用以及对象等的不同可以编制成多种类型的安全检查表：

①根据检查周期的不同，可分为定期安全检查表和不定期安全检查表。

②根据检查作用的不同，可分为提示（提醒）安全检查表和规范型安全检查表。

③根据检查对象的不同，可分为项目工程设计审查安全检查表，项目工程竣工验收安全检查表，企业综合安全管理状况检查表，企业主要危险设备、设施安全检查表，不同专业类型的检查表，面向车间、工段、岗位不同层次

安全检查表等。

（2）安全检查表的优点。

①检查项目系统、完整，可以做到不遗漏任何能导致危险的关键因素，因而能保证安全检查的质量。

②可以根据已有的规章制度、标准、规程等，检查其执行情况，得出准确的评价。

③安全检查表采用提问的方式，有问有答，给人的印象深刻，能使人知道如何做才是正确的，因而可起到安全教育的作用。

④编制安全检查表的过程本身就是一个系统安全分析的过程，可使检查人员对系统的认识更深刻，更便于发现危险因素。

（3）安全检查表的编制。

安全检查表的编制一般是由具有系统安全知识背景的专业人员结合生产实际来进行编制。编制的主要依据主要是：国家的有关标准、规程、规范及规定；国内外事故案例及本单位在安全管理和生产中的有关经验；通过系统分析，确定的危险部位及防范措施都是安全检查表的内容；新知识、新成果、新技术、新方法、新法规和新标准。

现在我国很多行业都已编制了适合自身行业特点的安全检查表，如建筑安全检查表、电气安全检查表等。企业在实施安全检查工作时，根据行业颁布和编制的安全检查表，结合本单位的具体情况，可编制出适合自身、更具现场操作性的安全检查表。

3）仪器检查法

企业生产现场，机器、设备的缺陷以及作业环境下的真实信息和参数，有些只能通过特定的仪器进行检查来进行量化检验与测量。通过仪器检查，能够从定量的角度来衡量现场设备安全水平的高低，才能发现不同的安全隐患，为后续整改提供信息。作为常规安全检查方法的一个重要的补充，仪器检查法并没有统一的形式和操作方法，由于被检对象不同，检查所使用的仪器和设备也不相同。企业可以借鉴同行业相同设备的检验检测标准，来进行现场的仪器安全检查。

4. 安全检查应用举例

某石油管道分公司根据现场安全生产情况制订了一系列的安全检查表，包括输油（气）站生产现场、设备安全管理的各项安全检查表，例如输油现场安全检查表，油罐附件、输油泵、阀门、压缩机组等的安全检查表。下面是其油罐附件的安全检查表（表3－13）。

表 3 – 13　　油罐附件安全检查表

附件名	检 查 周 期	检 查 内 容	检查情况
透光孔	每周不少于 1 次	密封是否完好，是否漏油、漏气	
量油孔	每周不少于 1 次	盖与座之间密封垫是否严密、硬化；导尺槽磨损情况，螺帽活动情况	
机械呼吸阀	每月不少于 2 次；气温低于 0℃ 时，每周不少于 1 次	阀盘与阀座接触面是否良好；阀杆上下运动是否灵活，有无卡阻；阀壳网罩是否完好；呼吸通道有无阻塞现象；压盖衬垫是否严密；控制压力是否符合要求	
液压安全阀	每季不少于 1 次	保护网是否完好，有无阻塞；隔离液高度是否符合要求；控制压力是否符合要求	
阻火器	每季不少于 1 次；冰冻季节每月不少于 1 次	防火网和散热片是否清洁畅通；垫片是否完整，有无漏气	
面谈人员及职位		检查人员	

从表 3 – 13 中可以发现，安全检查表就是将现场安全生产的各个危险点以检查表的形式明确地列出来，逐项进行检查。由于安全检查表是事先编制的，其内容具有系统性、完整性、正确性（事先参考法规、制度和标准进行编制），避免现场检查中的遗漏环节。此外，一问一答的检查形式通俗易懂，便于企业内的推广和普及。

当然表 3 – 14 "油管附件安全检查表"也存在着编制方面的不足：一是检查表中的检查情况一栏应该用"是"或"否"来进行描述，"是"表示符合要求，"否"表示存在问题有待于进一步改进。用"是"或"否"来回答检查项目的情况是很明确的，应尽量避免填写式、模棱两可的检查情况记录。此外，也可以在每个提问后面设改进措施栏，明确改进措施。二是检查表的责任落实不具体。安全检查表除了包括检查时间、地点等检查信息，还要有具体的整改负责人。整改负责人就是在检查出问题后，要将问题的整改工作落实到个人，按照定制的措施限期整改完成，并再次进行检查。整改责任的落实是安全检查表的最终目的，是出发点也是落脚点，整改责任是否落实、落实的程度直接关系到安全检查的效果。要做到发现问题后必纠、必改、必查，只有这样才能真正避免安全检查中的走过场现象，才能发现危险，防患于未然，真正夯实企业安全生产的方方面面。

二、安全会议

1. 安全会议的内容

开展安全会议的目的就是要及时解决生产经营活动中出现的安全问题，消除事故隐患，部署和检查安全生产工作。安全会议的内容：一是传达上级安全生产文件、信息，宣传典型经验和先进事迹，吸取典型案例的经验教训；二是总结本单位安全生产情况，分析存在的问题和原因，并提出相应的预防和整改措施；三是布置安全生产任务。

2. 安全会议的开展

企业要根据自身的安全生产状况建立起适合本企业的安全生产会议制度。安全生产会议制度内容主要包括安全会议的主要内容、召开时间、考核制度以及会议记录等。

1）确定议题

安全会议的议题是会议内容的提炼，根据会议的不同内容开展相应的议题。企业中安全生产会议常见议题有：

（1）检查上阶段的安全生产工作，部署下阶段的安全生产工作。

（2）对员工提出的安全生产合理化建议进行评审。

（3）根据需要，对安全技术规程、安全操作规程等进行修订。

（4）讨论决定有关安全生产设施方面的技术改造、经费投入事项。

（5）对发生的安全生产事故，根据"四不放过"原则，作出处理决定。表彰奖励安全生产中的典型先进人物和事例。

（6）对生产中存在的问题、事故隐患，研究落实解决问题的措施和办法。

（7）传达贯彻上级有关安全生产方面的方针、政策、有关文件，并研究提出在本企业贯彻落实的措施。

2）会议时间

安全会议的时间安排要根据企业自身的生产经营状况、生产时间安排以及安全生产状况来确定。安全会议要落实到年、季、月、周，甚至每天。

一般来说，企业每年末召开一次全体员工参与的安全总结大会；每季度举行一次由各部门分管安全领导参加的安全工作例会；每月召开一次部门安全工作例会；每周基层工作单位要召开一次生产安全会议。

3）会议考核

安全会议实行签到制，由安全管理部门同意并作为单位考勤工作的重要考核部分，纳入个人考勤范围。确实不能参加的要在开会之前和召集人说明情况，并得到允许。对未经请假，无故不参加安全工作会议的应按旷工处理；对未经允许擅自迟到、早退的人员，会议召集人有权对其进行相应的处罚。

4）会议记录

安全会议要有专人记录。每次会议举行后，相关人员都要将安全会议有关内容记录在相应的安全会议记录上。重要的会议会后要下发会议纪要。对会议通过的内容要不折不扣地执行，对悬而未决的问题也要做好记录，在下次的安全会议上可以提出并讨论。下面是某企业安全工作会议记录，见表3-14，仅供参考。

表3-14　安全工作会议记录表

时间		地点	
主持人		会议对象	
会议主题			
会议纪要			
记录	人员签名： 年　　月　　日		

第六节　锁定管理

锁定管理是管道企业现场安全管理的重要方法之一。其目的是在生产运行过程中，为了保护工艺系统、设备安全，对站场内停用的装置设备、下游未投运的系统及各单位生产科认为有必要锁定的阀门、电气开关等进行锁定，保证在锁定状态下阀门和设备无法自动或人为开启，以实现关键装置开关状态的强制控制和管理。

一、锁定的概念

锁定：在检修作业状态下，为了防止误操作导致的原油、成品油、天然气、电能等意外泄漏，对可能产生危险的设备用个人锁进行锁定，以保护作业人员人身安全。

个人锁：作业工人在进行检维修作业时，为了防止误操作导致原油、成品油、天然气、电能等意外泄漏，对可能产生危险的设备由作业工人自己进行锁定所用的锁具。

部门锁：在生产运行过程中，为防止误操作导致系统危险或造成设备损毁，对站内停用的装置设备、下游未投运的系统及各单位生产科认为有必要锁定的装置设备进行锁定所用的锁具。部门锁只用于日常运行管理，不得用作个人防护。

二、锁定管理的内容

1. 锁定管理的对象和工具

锁定管理的对象主要为生产关键装置的阀门和电气开关，针对各种不同开关的功能特点和操作方式，使用不同的锁定方式和锁定工具来实现强制锁定。常见的锁定工具、对象及其功能作用见表 3-15。

表 3-15　锁定工具和对象

锁定对象	锁定工具	示意图	作　用
电气开关	电力开关锁 连环开关锁		锁定电力开关状态
	电器插头锁		隔绝电源与电力的接头或插头
	保险丝锁		锁定保险丝状态
阀门	球阀锁		锁定阀门开关状态
	钢索式连环阀门锁		
	蝶阀安全锁		
	可调式闸阀锁		

在锁定管理中，针对不同的开关和阀门应用了各不相同的锁头（图3-15和图3-16），在此不一一列举。要明白，不同的锁具虽然形式多样，但目的都是为了控制开关、阀门的状态，实现强制管理，确保生产、维修等作业的安全可靠。

2. 锁定管理的原则

根据锁定范围的不同，锁定可分为个人锁定和部门锁定，锁定管理原则各不相同：对于个人锁定，要求在检修作业时，为了防止与电气相关的各种设备、系统状态意外变化对作业人员产生

图3-15　吊牌图片

图3-16　安全锁具管理板图片

危险，对电能来源部位、工艺介质（包括原油、成品油、天然气、残液等）来源部位进行机械锁定，保证在不解锁状态下设备无法自动或人为开启，是具体作业人员的个人行为。对于部门锁定，则是在生产运行过程中，为了防止误操作导致系统危险或造成设备损毁，对停用的装置设备及下游未投运的系统进行锁定，保证在不解锁状态下设备无法自动或人为开启，是对整个站场、管道区段范围内的锁定实施。

三、锁定管理的方法

对于油气管道的锁定管理，在锁定的流程上包括锁定标准程序、解锁标准程序、锁定要求及锁具的配备管理四个组成部分。

1. 锁定标准程序

1）个人锁定标准程序

（1）技术员按照本程序要求，组织相关人员制订检修作业中的锁定方案；

（2）技术员按照审批的作业方案及操作票，明确锁定位置和程序，并指定作业监护人负责该项作业；

（3）技术员通知值班人员向作业监护人发放个人锁、钥匙、锁定用具及挂牌；

（4）作业监护人通知作业人员对预先确定的设备进行锁定，解释锁定的原因，说明锁定要求和方法后，向作业人员发放个人锁、钥匙、锁定用具及挂牌；

（5）作业监护人监督作业人员对设备逐一进行锁定和挂牌，作业人员将钥匙随身携带；

（6）作业人员开始作业。

2）部门锁定标准程序

（1）各单位生产科根据运行需求指定需要进行锁定的阀门、开关或设备，以书面通知形式下发到输油气站，站场按要求执行并书面反馈执行情况；

（2）生产站长计划对因有隐患停用的设备或下游未投用的系统进行锁定时，需提交书面申请报告至生产科，陈述进行锁定的必要性，经审核同意后方可执行；

（3）收到书面通知或批复报告后，生产站长向技术员、值班人员说明锁定位置、数量并解释锁定的原因；

（4）部门锁上锁过程与个人锁上锁的程序一致；

（5）锁定完成后必须向生产科汇报。

2. 解锁标准程序

1）个人锁解锁标准程序

（1）作业结束后，作业人员通知监护人员准备解锁，监护人通知所有上锁人现场确认是否可以开锁；

（2）确认可以开锁后，监护人向值班人员申请解锁；

（3）在监护人监督下，由上锁人分别拆除锁和挂牌，先拆个人锁，后拆部门锁；

（4）监护人回收个人锁、钥匙、锁定用具及挂牌；

（5）监护人员将个人锁、钥匙、锁定用具、挂牌及："个人锁锁定检查表"（附录一）交值班人员；

（6）如出现上锁人将钥匙丢失的情况，作业监护人应向技术员申请使用备用钥匙。对于清管站、阀室作业，监护人员经授权可以使用备用钥匙。

2）部门锁解锁标准程序

（1）生产科根据运行需要，以书面通知形式下发到输油气站，站场按要求执行，并书面反馈执行情况；

（2）站场根据生产运行或作业情况，需要对使用部门锁锁定的设备进行解锁操作时，应提前以书面形式向生产科提交申请报告或在作业方案中明确，经生产科审核同意后方可执行；

（3）在技术员监护下，拆除部门锁和挂牌；

（4）监护人员将部门锁、钥匙、锁定用具、挂牌及"部门锁锁定检查表"（附录二）交值班人员；

（5）如出现上锁人将钥匙丢失的情况，可向技术员申请使用备用钥匙；

（6）站场值班人员收到部门锁、钥匙、锁定用具、挂牌及"部门锁锁定检查表"后应做必要记录，技术员及时将解锁情况汇报给生产科。

3）应急解锁程序

（1）生产站长决定是否启动应急开锁程序。在清管站、阀室作业，当生产站长不在场时，技术员、监护人员有权决定启动应急开锁程序。

（2）决定启动应急开锁程序后，站值班人员或清管站、阀室作业监护人通知解锁区域内所有人员即将解锁。

（3）开锁前，站值班人员或清管站、阀室作业监护人应与锁定安装人员联系确定设备状态。

（4）在确认安全情况下，立即拆除锁和挂牌。

（5）通知运行岗位和变电岗位值班人员。

3. 锁具的配备管理

1）个人锁的配备管理

（1）输油气站应视本站具体情况在运行和变电岗位配备个人锁及钥匙、锁定用具、锁挂牌、个人锁备用钥匙和锁挂板。个人锁及主用钥匙应挂在锁挂板上"个人锁"标记行处。锁链应放在带有标识的锁链箱内。

（2）每把个人锁均应编号，并将主用钥匙插在锁上。个人锁的规格一致。个人锁只能用于锁定，不能用于其他用途。

（3）个人锁由各站场值班人员负责保管。除实施检修作业过程外，应保证锁与钥匙齐全，并与编号对应。

（4）每把个人锁的主用钥匙应为唯一，不许复制。个人锁及主用钥匙只能发放给作业人员使用。每次使用时作业监护人员必须填写"个人锁定检查表"。在整个作业过程中，作业监护人必须按"个人锁定检查表"内容逐项检查、确认。

（5）作业结束后，个人锁、钥匙、锁定用具及由作业监护人签字的"个人锁定检查表"应一并交还保管人。

（6）技术员负责保管本部门所有个人锁的备用钥匙，但使用备用钥匙时必须遵照应急开锁程序进行。

2）部门锁的配备管理

（1）输油气站应配备部门锁、主用钥匙。部门锁及主用钥匙应挂在锁挂板上"部门锁"标记行处，所有的锁挂牌应挂在锁挂板上"部门锁"标记行最后两个挂钩处。锁链应放在带有标识的锁链箱里。

（2）每把部门锁均应编号，并将主用钥匙插在锁上。部门锁的规格一致。部门锁只能用于锁定，不能用于其他用途及作为个人锁使用。

（3）各站场的部门锁由值班人员负责保管。

（4）每把部门锁的主用钥匙可以有三把，但主用钥匙只能发放给生产站长、技术员及值班人员。技术员作为部门锁使用监护人。每次使用时，该技术员必须填写"部门锁定检查表"。在上锁及解锁过程中，该技术员必须按"部门锁定检查表"内容逐项检查、确认。

（5）部门锁解锁后，锁、钥匙、锁定用具及由技术员签字的"部门锁定检查表"应一并交还保管人。

（6）技术员负责保管本站所有部门锁的备用钥匙。

4. 锁定管理的要求

由生产站长组织技术员及参加作业的工人对作业过程可能造成意外伤害的危险源进行识别，确定危险源及需要锁定的部位，并在作业方案中明确具体锁定方案。危险源包括转动设备、高压液体、高压气体易燃液体、易燃气体、电气伤害等。

工艺系统、设备的个人锁锁定具体要求有：

（1）对工艺管线系统检维修作业时，应对与检修管线直接连接的上下游带压阀门分别进行锁定。

（2）对压力容器检维修作业时，应对与作业压力容器进口、出口阀门及与其直接连接且上游带压的阀门分别进行锁定。

（3）对放空、排污系统检维修作业时，应对与作业管段直接连接的上下游带压的放空、排污球阀分别进行锁定，没有球阀的对放空、排污阀进行锁定。对于放空、排污系统与上游连接管线过多的情况，可以考虑锁定与打盲板结合的方式。

（4）当需要锁定的阀门是电动阀门时，可采取电气截断锁定或对其上游手动阀门进行锁定的方法。

在生产运行过程中，分公司生产科、生产站长根据运行需要，确定需要锁定的部位，按规定报批。工艺系统、设备的部门锁锁定具体要求有：

（1）应对正在检修的系统、设备上下游带压阀门进行锁定，锁定位置可以与个人锁的锁定位置一致，防止在个人锁解锁时间内由于误操作等原因导致系统、设备损坏。

（2）对存在隐患停用的工艺设备，应对设备上下游带压阀门、开关进行锁定，避免因操作等原因导致设备损坏。

（3）对下游未投运的系统、设备，应对上游带压阀门进行锁定。

（4）根据生产运行需要可对停用的流程（计量比对流程）进行锁定。

（5）根据生产运行需要可对罐体的排污阀进行锁定。

四、锁定管理的范围

由锁定管理的目的可知，锁定管理就是为了在检维修作业中保障员工的人身安全，在生产运行过程中保障设备安全，避免误操作导致的原油、成品油、天然气、电能等意外泄漏引起的安全隐患或事故。所以，锁定管理适用于管道运营公司所有的站场、阀室中的工艺系统、电气系统及相应设备的维检修作业，尤其是对生产运行过程中特定阀门和电气开关的锁定管理。

五、锁定管理应用举例

某管道公司所属各输油气分公司为了进一步加强其输油气生产现场的安全管理，促进"三基"建设，杜绝因维检修过程中设备的外部条件（工艺运行条件、电气条件等）发生变化和运行过程中的误操作造成人身伤害事件和设备损坏事件的发生，确保输油气生产运行及岗位员工的人身安全，对公司所属输油气生产现场工艺系统、电气系统中的关键阀门和电气开关进行锁定，实施了管道关键生产装置的锁定管理（图3-17至图3-20）。

图 3-17　电力开关锁定

图 3-18　电动阀门锁定

图 3-19　连环开关锁定

图 3-20　可调式闸阀锁定

　　在实施管道关键生产装置锁定过程中,某管道公司编制了相应的"公司关键生产装置的锁定管理规定",并要求其下辖的生产场站结合规定的要求,按照站场的管理方式和特点编制具体的锁定管理实施方案,对锁定的范围、锁定的日常管理、上锁及解锁程序进行明确的规定,实现了关键生产装置的强制锁定管理。锁定管理的实施减少了管道运输中开关、阀门等关键生产装置的误操作，提高了油气管道整体安全管理水平。

第七节　"两书一表"

"两书一表"即"中国石油天然气集团公司 HSE 作业指导书"（简称"HSE 作业指导书"）、"中国石油天然气集团公司 HSE 作业计划书"（简称"HSE 作业计划书"）和"中国石油天然气集团公司 HSE 现场检查表"（简称"HSE 现场检查表"），是中国石油天然气集团公司基层组织 HSE 管理的基本模式，是 HSE 管理体系在基层的文件化表现，是适应国内外市场需要、建立现代企业制度、增强队伍整体竞争能力的重要组成部分。

一、"两书一表"的基本内涵

HSE 作业指导书是对常规作业的 HSE 风险的管理。它通过对常规作业中风险的识别、评估、削减或控制管理过程，对各类风险制定对策措施，并由此修改、完善相应的规程、制度等，汇编成固定的指导现场作业的 HSE 管理文件。

HSE 作业计划书是针对变化了的情况，由基层组织结合具体施工作业情况和所处环境等特定条件，为满足新项目作业的动态风险管理要求，在进入现场或从事作业前所编制的 HSE 具体作业文件。HSE 作业计划书主要是针对 HSE 作业指导书中没有涉及的内容，在人、机、料、法、环的变更下采取的新增风险的动态管理。

HSE 现场检查表是在现场施工过程中实施检查的工具，涵盖 HSE 作业指导书和作业计划书的主要检查要求和检查内容，根据施工作业现场具体情况，事先精心设计的一套与 HSE "两书"相对应的检查表格。

二、"两书一表"的编制方法

1. HSE 作业指导书

1）HSE 作业指导书的内容

HSE 作业指导书的内容主要包括岗位任职条件、岗位职责、岗位操作规程、巡回检查路线与主要检查内容以及应急处置程序。

在 HSE 作业指导书的应用过程中,可随着基层员工对 HSE 作业指导书的熟悉程度和接受能力的提高,逐步完善指导书的相关内容。对一些条件成熟的单位,还应把现行的作业程序、设备操作规程、工艺技术规程以及应知应会知识等进行整理,清理基层的重复文件,充实指导书的具体内容,提高作业指导书在基层工作中的实用性。

2)HSE 作业指导书的编制

HSE 作业指导书应在企业或企业所属二级生产技术部门牵头组织下,人事、生产、技术、设备、工艺、标准、企管、法规及安全环保等相关职能部门的参与下成立 HSE 作业指导书编制工作组进行编制。针对基层组织的性质进行编制,同一类型的基层组织可以编制同一类的指导书。具体的编制过程如下:

(1)对基层组织现有的操作规程、制度等相关作业文件进行整理;

(2)对基层生产风险进行辨识、评估所制定出的风险控制措施,结合已有的作业文件,对需要收入作业指导书的操作规程、规章制度进一步完善和修订,按照作业指导书的具体内容进行整合;

(3)编制完成后,由主管生产技术的领导牵头,HSE 主管部门组织、各基层有关部门和岗位职工参加,对 HSE 作业指导书进行审核,并组织培训。

HSE 作业指导书编制完成后,应印发到基层岗位员工,内容较多时可分册管理,人手一册。在使用过程中,相关部门要组织基层员工集中进行 HSE 作业指导书培训,强化现场作业时的执行力。各有关部门也应随时收集有关信息,协调执行过程中的各种问题,并按编写的程序实行变更管理。

2. HSE 作业计划书

1)HSE 作业计划书的内容

HSE 作业计划书的内容包括:

(1)项目概况、作业现场及周边情况;

(2)人员能力与设备状况;

(3)项目新增危害因素辨识与主要风险提示;

(4)风险控制措施;

(5)应急预案。

在编制 HSE 作业计划书时,按照上面五个部分内容进行编制。在没有编制 HSE 作业指导书或是新建项目部的各个基层原有的作业指导书差异较大,不便操作时，都应该一并考虑，编制 HSE 作业计划书。

2）HSE 作业计划书的编制

HSE 作业计划书的编制应在基层组织主要负责人（队长、项目经理）主持下，对项目活动在人员、环境、工艺、技术、设备设施等方面发生变化或变更而产生的危害因素进行辨识，由生产技术人员、班组长、关键岗位员工及安全员共同参与编制。HSE 作业计划书编制本着"适时、实用、简练"的原则。编制完成后应组织培训，并告知相关方。

在编制过程中，为了进一步简化作业计划书的编制内容，提高计划书的针对性和可操作性，基层组织可以将作业活动分为四种类型（表 3-16）。

表 3-16　四种类型周作业活动

场　　所	活　动　调　期	
	周　期　短	周　期　长
作业场所固定	如生产辅助性作业、炼化装置临时检维修等。在作业前开展危害识别活动，填写风险管理单，也可将风险削减及控制措施纳入"作业许可"、"施工方案"、"工作单"等相关文件中	如钻探井和重点井，井下大修以及炼化装置停工检修等。应在施工前编制作业计划书，并增加风险管理单。在施工过程中，定期识别危害活动，对随时间变化而产生的危害因素进行辨识，在原计划书基础上，制定相应的风险削减及控制措施，填写风险管理单，作为计划书的补充
作业场所移动	同一区块内作业，如钻开发井、井下小修、压裂、测井等。施工前编制作业计划书，并在计划书中增加风险管理单。对随着时间、环境变化带来的危害因素进行辨识，在原计划书基础上，制定相应的风险削减及控制措施，填写风险管理单，作为计划书的补充	如物探作业、管道建设施工等。施工前编制作业计划书，并在计划书中增加风险管理单。在施工过程中，对随时间、环境变化带来的危害因素进行辨识，在原计划书基础上，制定相应的风险削减及控制措施，填写风险管理单，作为计划书的补充

除表 3-16 中列出的四种作业情况，基层组织可参照上述要求，结合作业活动的具体性质、特点进行策划和编制。

三、"两书一表"的实施原则

HSE "两书一表"是中国石油天然气集团公司在基层组织的 HSE 管理的有效运行模式，在过去的几年中得到了很好的推广和普及。但是在实施的过程中，必须要注意以下几个原则。

1. 正确处理 HSE "两书一表" 与传统管理制度体系的关系

HSE "两书一表" 与传统管理制度体系既有区别也有继承。

首先，HSE "两书一表" 是以风险管理为基础的管理体系，它一改传统的、事故发生后进行追查、分析、制定对策的管理模式，将管理的关口前移，实现事前预防管理。使用 HSE "两书一表" 实现事先识别风险、评估危害、采取措施控制危害、恢复到安全状态，将风险降低到可以接受的状态。

此外，HSE "两书一表" 拓展了传统管理体系的范围。传统的管理理念还仅仅停留在安全管理上，与 HSE 的健康、安全与环境三位一体的管理理念还有一定的距离。

其次，HSE "两书一表" 还是传统管理体系的发扬与继承。传统的管理虽然缺乏自律性、系统性，缺乏自我约束和持续改进，但是传统的管理理念中也有很多宝贵的经验，它们都是 HSE 管理体系值得借鉴和继承的。根据对本专业风险的辨识、评估所制定出的风险削减和防范措施来修改和完善那些需要收入到指导书中的制度和规程，就是要把传统的安全管理中凝聚血泪教训的规程、制度通过风险管理流程与事前制定安全预防措施结合起来。既借鉴了传统管理体系中的精华，也能提高 HSE "两书一表" 在运作过程中的效率，杜绝 "两层皮" 的现象。

2. 正确处理 HSE "两书一表" 编制与实施的关系

"两书一表" 是基层组织的管理模式，要求操作性强、适用性好。基层的员工需要的就是便于操作和推广的运行方法。所以，在实施过程中尤其要保证程序文件的持续改进，同时也要将责任制落实到基层的每一位员工。

（1）风险管理是基础。

HSE "两书一表" 是以风险管理为基础，在程序运行的过程中，其核心就是要解决基层组织和作业中的风险问题。识别风险因素、评估风险因素、制定风险削减及控制措施，这一过程贯穿了 HSE "两书一表" 的编制和实施过程。

（2）文件培训是关键。

HSE "两书一表" 编制完成后，对基层员工的培训是 "两书一表" 能否发挥作用的关键。必须要通过培训和反复培训，使员工掌握并具体落实在行动上，通过检查和对违章者的教育，强化基层执行力，最后才能形成员工良好的安全行为和习惯。

（3）责任落实是手段。

HSE 管理是通过责任制落实的，强调全员责任是通过每个岗位责任的落实来实现的。要按照 HSE "两书一表"分配任务，将责任落实给相关的岗位人员。有的企业在运用 HSE "两书一表"时，还辅助采用"STOP 卡"、"风险周知卡"等多种手段，鼓励员工识别风险、报告隐患，这些都是责任落实的方式和方法。此外，还特别强调要让管理、监督和检查在责任落实的过程中发挥积极的作用。

（4）完善文件是保障。

HSE "两书一表"是动态管理活动。在运行过程中，风险会随着人、机、环境以及管理的变化而变化，因此风险识别不是一劳永逸的，新的和潜在的风险都会随时出现，执行 HSE 体系，就必须时刻保持风险管理意识。

（5）持续改进是结果。

把 HSE 的理念落实到基层，把风险管理贯穿于整个施工过程，目的就是要使基层组织的 HSE 业绩在循环往复的辨识、评估、制定措施的过程中得到持续改进。基层组织是企业的基本组成单元，只有每个基层组织都实现了"零伤害、零损失、零污染"的 HSE 目标，整个企业的 HSE 业绩才能不断地提高。

3. 正确处理 HSE "两书一表"文件间的关系

HSE "两书一表"有着不同的编制目的、应用范围以及不同的使用方法。

作业指导书是基层组织全部施工作业所实施的 HSE 风险管理的基本指南，是很详细的；作业计划书则是根据变化了的情况，由基层组织结合具体施工作业情况和所处环境等特定条件，实施对新增风险的动态管理，是进入现场或从事作业前编制并运行的 HSE 具体作业文件，是具体、直接的。

HSE 作业指导书和作业计划书互为补充，作业指导书在编制的过程中内容会日渐丰富，将一些应知应会的内容都吸收进来，由简单到详细；作业计划书则随着基层组织 HSE 管理体系的运行深化，在内容和编制上逐渐简化，由繁到简（表 3-17）。

表 3 - 17　HSE "两书一表" 关系对照表

项　　目	HSE 作业指导书	HSE 作业计划书	HSE 现场检查表
编制的组织	由公司或分公司组织，经管理层审核批准后发布实施	由项目部或基层队（站）组织编制	由公司或分公司组织，针对作业指导书和作业计划书要求分级编制，是作业指导书和作业计划书的支持文件；指导书和计划书要求的检查内容发生变化时，检查表随之修订和变化，操作性强，简单直观；检查表应存档保管
应用范围	公司或分公司内所有的常规作业活动	项目部或基层队（站）具体的作业活动	
主要内容	涉及所有基层岗位和作业活动，包括岗位任职条件、岗位职责、岗位操作规程、巡回检查路线及主要检查内容、应急处置程序	对作业指导书中没有涉及的风险进行识别，简单、具体、实用，是作业指导书的一个重要补充	
文件变化程度	相对固定、静态，一般变化不大	变化、动态，阶段性文件	
修订周期	随内部审核和管理评审进行修订	随项目或作业活动变化而需编制新的作业计划书	
文件大小	文件多、厚，一般都装订成册，甚至有分册	文件简单、薄，单行材料（可以是一张纸）	
支持性	接受作业计划书和现场检查表支持	是作业指导书的支持文件	
应急要求	一般程序规定	具体的应急预案	

四、"两书一表" 的适用范围

HSE "两书一表" 是 HSE 管理体系在基层组织的运行模式，主要适用于从事生产施工作业活动的基层组织（基层队、项目部等），应用对象是基层组织岗位员工。

勘探、开发及油气管道等企业的工程技术服务类基层组织都应编制并运行 HSE "两书一表"；炼油与化工等企业的炼化检维修基层组织可参照编制要求，结合 "四有一卡"❶、"作业许可"、"作业指导卡" 等风险管理方法，实

---

❶ "四有一卡" 是一种生产装置操作管理制度，"四有" 即有指令、有规程、有确认、有监控，"一卡" 指岗位作业卡片化。

施 HSE "两书一表"管理;生产服务、加工制造、后勤服务及其他企业的基层组织可参照编制要求,结合现有的安全生产责任制度等,实施 HSE "两书一表"管理,加强对生产过程的 HSE 管理。

五、"两书一表"应用举例

在 2001 年中国石油颁布关于实施"两书一表"的通知之初,HSE "两书一表"只是在某些重点工程技术服务类、生产服务类等一些风险较大专业的基层组织内推行。随着 HSE "两书一表"实施,使广大员工树立了岗位风险意识,基层队、站 HSE 业绩也有所改善和提高。在这种情况下,其他类型的基层组织也结合本专业特点,自学实施 HSE "两书一表"管理,并取得了较好的效果。近年来,无论从各企业 HSE 业绩或是中国石油整体的 HSE 统计数据皆可明确表明,各类事故发生率都有着明显的降低。通过实施 HSE "两书一表"管理,显著提升了安全生产和环境保护业绩。

通过推行 HSE "两书一表"管理,使基层岗位员工树立了岗位风险意识,不断强化和规范了基层队、车间、班组的 HSE 风险管理,提升了施工作业现场的 HSE 管理水平,保护了职工身心健康和安全,推进了企业清洁生产,同时也增强了服务队伍参与国内外市场的竞争实力。实践证明了 HSE "两书一表"是实现 HSE 管理体系文件在基层"落地"与"生根"的一种有效途径,是风险管理理论对具体工作的指导。"两书一表"的实施,使 HSE 管理体系在基层组织得到了有效运行,提高了基层组织 HSE 风险管理水平,建立起了具有中国石油特色的基层组织 HSE 管理体系运行模式,对推动中国石油整个 HSE 管理体系实施发挥了很好作用。

附录三给出了一个某管道公司具体的 HSE 作业计划书指导模版。

第四章 长输管道工程建设项目风险管理

长输管道工程建设项目涉及勘察设计、招标、物资采办、施工建设及试运行等阶段，整个项目施工过程中的健康和安全受到人员、设备和环境等多方面因素的影响，因此需要对长输管道工程建设项目进行风险管理。通过风险识别和分析，制定应对措施，实现对风险的有效控制。

第一节 长输管道工程建设项目特征与风险管理

一、长输管道工程建设项目概述

1. 长输管道工程构成

（1）管道线路工程，包括一般地段管道敷设、特殊地段管道敷设（丘陵、山区、沙漠、湿地等）、穿跨越（河流、公路、铁路等）、阀室、阴极保护和线路附属工程（伴行路、水工、里程桩、标志桩、转角桩）。

（2）站场工程，包括土建、道路、给排水、消防、暖通、工艺管网及设备等。

（3）电力工程，包括外电和厂区配电。

（4）通信系统工程，包括地面站、程控交换机、硅芯管及光缆敷设。

（5）仪表和自动化控制（SCADA）工程，包括远程自动控制系统。

（6）控制中心，包括控制室、综合楼、生活基地、附属设施。

2. 长输管道工程建设项目的特征

（1）管道线路长、设计压力高、口径大、管壁厚、系统复杂。

（2）沿线经过水域、山区、戈壁、沙漠等不同地段，地形、地貌和地质条件复杂多变，社会依托良莠不齐。

（3）施工设备和机具繁多，流动性强，作业线长，前后联系困难。

（4）野外露天作业，劳动条件和生活条件差，施工有利季节短。

（5）人员素质参差不齐。

（6）与农田、水利、铁路、公路、电力、通信、航运等部门相互干扰影响大，关系协调复杂。

3. 长输管道工程建设项目的建设程序

在一般情况下，长输管道工程建设项目的建设程序如图 4-1 所示。

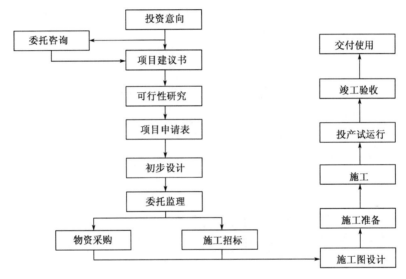

图 4-1　长输管道工程建设项目的建设程序

二、长输管道工程建设项目风险管理

1. 长输管道工程建设项目风险管理特点

长输管道工程建设项目的风险管理以施工阶段最为复杂，整个施工过程的健康和安全受到人员、设备和环境等多方面因素的影响，在长输管道施工前进行风险识别和分析，制定应对措施，是实施风险管理的核心。

风险管理的原则有：

（1）把更多的精力集中在控制那些发生可能性大、损失大的风险源；

（2）随时掌握风险的真实情况，尽量避免风险源转变成风险事件；

（3）项目参与方应当相互沟通，共同了解并控制风险源；

（4）充分利用以往项目的经验以及风险管理数据；

（5）应采取合理的应对措施将风险的损害降到最低；

（6）业主和承包商需要合理分担并共同应对风险。

2. 风险分解及应对策略

长输管道工程建设项目风险识别按以下四个方面进行：

（1）长输管道工程建设阶段，即施工准备阶段，现场交桩和测量放线、作业带清理阶段，管沟开挖阶段，补管阶段。

（2）长输管道工程建设项目作业种类，按照分部工程划分为基础工程、主体工程、屋面工程、装饰工程。

（3）长输管道工程建设项目风险承受对象，即在建工程、作业人员、物资、第三方、环境。

（4）长输管道工程建设项目风险事件，即引起损失和损失增加的直接或外在事件，在工程建设各个阶段有所不同。

长输管道工程建设项目风险应对策略有以下三种：

（1）风险规避，是指改变项目计划，以排除风险，或者保护项目目标，使其不受影响，或对受到威胁的一些目标放松要求。

（2）风险自留，就是将风险保留在风险管理主体内部，自己承担风险事件的一切后果、损失。风险自留分非计划性风险自留和计划性风险自留。非计划性风险自留是指风险损失发生后从收入中支付，即不是在损失前做出的资金安排。对于非计划性风险自留，一般是由于风险管理人员没有意识到某些风险的存在，或是不曾有意识采取措施，以致风险发生后只能自己承担，是被动的。计划性风险自留是指在可能的损失发生前，通过做出各种资金安排以确保损失出现后能及时获得资金补偿损失。

（3）风险转移，是指设法将风险的后果连同应对的责任转移到第三方身上。采取风险转移策略一般需要向风险承担者支付风险费用，因此在进行风险转移时要做到权衡，并不是把风险转移出去就一定对项目有利。转移工具很多，经常采用的有保险、履约保证书、担保书等。

三、决策风险管理

决策管理是指为了使决策能够达到预期目标，利用各种资源对决策过程进行的计划、组织、领导、控制和协调等一系列活动。

决策阶段的工作程序包括项目建议书、项目可行性研究、专项评价和项目审批、核准或备案。

1. 项目建议书阶段风险管理

项目建议书是某一建设项目的建议文件，是对拟建项目的初步说明，其主要作用是论述建设的必要性、可行性和获利的可能性。主要内容包括以下几个方面：

（1）项目提出的依据和必要性；

（2）初步可行性论证；

（3）建设方案初步设想；

（4）投资估算和资金筹措设想；

（5）进度安排；

（6）经济效益和社会效益的初步估计。

项目建议书阶段风险分解如下：

（1）项目建设必要性论证不充分；

（2）引进技术和进口设备项目实施理由不充分；

（3）引进外资项目关于引进外资的理由论证不充分；

（4）项目产品市场需求及价格变化初步分析不合适；

（5）项目社会效益、经济效益的初步估算不合理；

（6）对拟利用资源的可获得性估计有较大偏差；

（7）建议项目建设规模偏大或偏小；

（8）项目建设需要时间的估算可靠性较差；

（9）项目建设存在的不确定性因素考虑不足；

（10）项目立项期间受到不确定性因素影响。

2. 项目可行性研究阶段风险管理

项目可行性研究是长输管道工程建设项目决策管理的一项重要工作。项目可行性研究是指对拟建设项目的市场需求状况、建设规模、产品方案、生产工艺、设备选型、工程方案、建设条件、投资估算、融资方案、财务和经济效益、环境和社会影响以及可能产生的风险等方面进行全面深入的调查、研究和充分的分析、比较、论证，从而得出该项目是否值得投资、建设方案是否合理的研究结论，为项目的决策提供科学、可靠的依据。

可行性研究报告主要内容包括：

（1）总论——编制依据、研究目的和范围、编制原则、遵循的标准规范、总体技术水平、研究结论、存在的问题和建议；

（2）市场分析及预测；

（3）建设方案，包括线路工程、输送工艺、动力选择、仪表自动化系统、通信工程、给排水与消防、供热与通风等；

（4）资源利用效率分析；

（5）节能减排；

（6）项目组织机构和定员；

（7）项目实施进度安排；

（8）项目建设投资估算与资金筹措；

（9）环境影响评价；

（10）劳动、安全、卫生与消防；

（11）财务分析；

（12）国民经济评价；

（13）社会评价；

（14）风险与不确定性分析；

（15）研究结论与建议。

3. 专项评价阶段风险管理

按照国家规定，对长输管道工程建设项目在可行性研究阶段必须进行专项评价，并编制专项评价报告。专项评价报告主要包括环境影响评价、安全预评价、职业危害预评价、地震灾害评价、地质灾害评价和水土保持评价。

风险分解如下：

（1）没有充分考虑项目建议书的分析结果和建议；

（2）项目建设方案选择不合理或非最优；

（3）项目组织模式的选择不合理；

（4）项目实施进度安排不合理；

（5）项目建设环境影响评价不合标准。

4. 项目审批、核准或备案阶段风险管理

当前我国政府对投资项目的管理分为审批、核准和备案三种方式，长输管道工程建设项目大多实行核准或备案制。

1）审批程序

（1）长输管道工程建设项目必须先列入行业、部门或区域发展规划，然后政府相关部门审批项目建议书，审查项目建设的必要性。政府相关部门可以委托独立咨询机构对项目建议书进行评估。

（2）项目建议书审批通过后，政府相关部门对可行性研究报告进行审查，从技术、经济、社会等方面分析项目的可行性，决定项目的建设方案。政府相关部门也可以委托独立咨询机构对可行性研究报告进行评估。

（3）可行性研究报告审批通过后，项目进入实施准备阶段。

2）核准程序

对于长输管道建设，应由地方政府投资主管部门核准的项目，遵照地方政府的有关规定，向相应的项目核准机关提交项目申请报告；应由国务院有关行业主管部门核准的项目，可直接向国务院有关行业主管部门提交项目申请报告，并附上项目所在地省级政府投资主管部门的意见；应由国务院投资主管部门核准的项目，可直接向国务院投资主管部门提交项目申请报告，并附上项目所在地省级政府投资主管部门的意见。

风险分解如下：

（1）项目申报资料不全；

（2）对政府的涉及公共利益的有关问题论证说明不充分；

（3）项目申请报告格式不符合要求；

（4）没通过城市规划行政主管部门出具的城市规划意见；

（5）未通过国土资源行政部门出具的项目用地预审意见。

第二节 主要工程项目的风险管理

一、勘察设计风险管理

长输管道系统的勘察设计是确保工程安全的第一步。此阶段风险管理工作可控性强，控制成本相对较低，对减少管道建设中的设计变更具有重要意义，因此应对勘察设计风险管理予以高度重视。

勘察是广义设计工作的一部分，它不仅为设计准备资料，也参与设计方案的确定。勘察分为踏勘、初勘、详勘三阶段。

踏勘工作是在正式设计任务书下达之前进行的，分为室外和野外两部分。

踏勘阶段不具体确定线路走向，也不选择站址。

初勘阶段是在设计任务书下达之后，在踏勘的基础上，对选定的几条线路走向方案进行加深勘察，重点是站场、穿越工程和其他重要地段。

详勘阶段是对站场、穿跨越点、线路上的不良地质地段和特殊困难段进行重点的地形测量和地质勘察。线路一般地段则以阐明通过地区地质稳定性和岩性为主。

设计工作包括编制设计文件、配合施工和参加验收、进行全面总结直至投产的全过程。初步设计工作主要有：工艺设计，包括输送工艺，水力、热力及强度计算，管材规格，泵站、清管站与计量站数量；线路设计，包括走向、沿线情况、穿跨越、防腐；泵站、加热站、清管站与计量站设计；通信设计；环保设计；管理机构确定；设备与材料清单；总概算。

施工图设计工作主要内容包括：按批准和修改后的初步设计进行线路设计和站场设计；绘制施工图，即平面图、纵断面图、结构和安装详图；材料、设备明细表。

1. 勘察阶段风险管理

勘察阶段风险管理的工作对象主要为：管道线路、站场及配套工程（通信、供电、道路等）的土层分布、土壤的物理力学性质、地下水位及特殊土的深度、土壤腐蚀性、大地导电率和不良地质条件（如地震、断裂、崩塌、滑坡、泥石流等），为确定管道的埋深、防腐、安全站场、生活基地等提供设计基础资料。

风险管理的工作方式有岩土工程勘察（探坑取样、钻孔取样）、工程测量和室内土工试验。

风险分解如下：

（1）特殊地质及险峻地形勘察人员人身安全事故；

（2）探坑取样或工程钻探对生态保护区、文物保护区等的干扰；

（3）徒步测量的通信间断；

（4）勘察设计资料不准确。

2. 设计阶段风险管理

1）风险管理工作对象

设计阶段风险管理的工作对象如下：

（1）线路设计，线路走向、站场及油库区选址、穿跨越设计、特殊地理环境（湿陷性黄土区、流动性沙漠区、多年冻土区、地震灾害区）管道敷设设计和防腐设计。

（2）管道工艺设计，管道输送工艺，水力、热力及强度计算，管材规格，加热站、泵站、清管站与计量站数量和间距。

（3）自动控制设计，包括自动化控制（SCADA）系统的软硬件设计、自动化仪表的安装工艺等。

（4）配套系统实施设计，包括油漆罐、库设计，电力工程设计，通信工程设计，给排水设计，消防设计，等等。

2）两阶段设计深度要求

（1）初步设计深度要求：初步设计是在工程项目确立后，根据设计任务书的要求，结合实际条件所做的工程具体实施方案。深度应满足投资包干、材料与设备订货、土地征购和施工准备等具体要求，并能据以编制施工图和总概算。

具体要求为：能据以确定土地征用范围；能据以安排主要设备及材料的订货；应提供工程设计概算，作为审批确定项目投资的依据；能据以进行施工图设计；能据以进行施工准备。

（2）施工图设计深度要求：能据以编制施工预算；能据以安排材料、设备订货和标准设备的制造；能据以进行施工和安装。

风险分解如下：

（1）线路走向选择不正确；

（2）设计方案未进行优化；

（3）材料选材、设备选型不合理；

（4）工艺计算不正确；

（5）防雷、防静电设计缺陷；

（6）消防设计不周全。

二、招标风险管理

招标时应用技术经济评价方法和市场竞争机制，有组织地通过公开、公平和公正的投资竞争，从众多的投标人中择优选定中标人并与其签订合同，已达到保证质量、降低成本、提高经济效益的目的。

工程项目的招标方式主要有公开招标、邀请招标。招标阶段的工作包括投标人资格预审、招标、开标、评标、定标、谈判及授予合同等。

招标工作内容包括：

（1）资格预审，包括资格预审文件：邀请函、资格预审程序介绍、项目信息、资格预审申请；资格预审文件的投递与评审；发放通知。

（2）招标，包括招标文件：投标邀请书、投标者须知、投标资料表、技术规范、合同条件、投标书及投标书附件和投标保证格式、投标报价说明、工程量表、协议书格式及履约保证书格式与预付款保函格式、图纸；招标公告、投标邀请书；现场勘察与答疑：投标者进行现场考察，并对投标人提交的书面质疑进行解答。

（3）招标文件补遗，向所有投标者颁发补遗，包括对质疑的解答。

（4）投标与开标。

（5）评标与定标。

（6）合同谈判。

1. 资格预审阶段风险管理

1）工作程序

资格预审阶段的工作程序包括：编制资格预审文件；编制资格预审邀请书；颁发资格预审文件和提交资格预审申请书；评审资格预审申请书；确定短名单；通知申请人。

2）风险分解

（1）对项目信息的描述不清、不准确；

（2）对潜在投标人资质审查不严格；

（3）对潜在投标人要求有倾向性；

（4）潜在投标人在填写资格申请书时存在虚假信息；（5）审评申请书时有倾向性。

2. 招标、开标阶段风险管理

1）工作程序

招标开标阶段工作程序包括：编制招标文件；发布招标文件；组织投标人现场勘察；投标人质疑；投标文件补遗；投标、开标。

2）风险分解

（1）招标人隐瞒其应该披露的项目信息；

（2）招标文件有倾向性；

（3）招标文件技术要求不合理；

（4）组织招标人现场踏勘时发生意外；

（5）存在低于成本标现象；

（6）有围标、陪标和抬标现象；

（7）标的泄露。

3. 评标、定标与合同谈判阶段风险管理

1）工作程序

工作程序包括：评标定标；合同谈判；签发中标函；提交履约保函；签署合同协议书；通知未中标投标人。

2）风险分解

（1）存在倾向性，制定评标标准时提出不合理的指标；

（2）评标随意性；

（3）因评标专家名单泄露而对评标造成负面影响；

（4）存在平均分配现象；

（5）合同内容不详尽；

（6）合同谈判破裂。

三、物资采办风险管理

1. 物资采购风险

物资供应对长输管道工程建设项目的质量、进度和成本控制目标的实现有重要意义。通常项目物资采购的主要职责有采购、督办、质量控制和材料控制、检验、驻厂监造、运输、清关和中转站仓储与调拨管理。

长输管道工程项目采购方式有招标采购和询价采购。工程建设的大宗主要物资采用招标方式采购，进口物资一般采用国际公开招标采购；小型非关键物资、批量较小且零散的设备、材料和应急物资采用询价采购。

风险分解为：有价无货；供货商转包；进口物资延期交付；合谋报价；低价陷阱；订单更改不及时。

2. 中转站运输、仓储与调拨风险管理

工作对象主要包括设备、仪表、电气、管材、结构钢、土建材料、特殊材料等。主要工序为清关、装车、运输、卸车、进场验收、堆码、仓储保管、物资调拨、装车、运输、卸车等。

风险分解为：滞运；未能免税；未过商检；设备包装破损；不合格品入库；非合格品出库。

四、施工风险管理

线路工程施工阶段主要内容包括施工准备、现场交桩、测量放线、修筑临时施工道路、作业带清理、管沟开挖、防腐管运输、布管、管线组对、焊缝质量检查与返修、补口、补伤、管线下沟及回填、管道干线清扫和试压、清管测径和地面、地貌恢复等。

1. 施工准备阶段风险管理

施工准备阶段工作一般包括技术准备、物资准备、施工人员准备、现场准备、准备质量体系所需的文件和相关资料等。

风险分解为：营地食宿卫生问题；地方病影响施工人员健康；现场临时施工用电不当；山体滑坡影响工程安全；人员缺乏 HSE 意识或管理不当；施工机具和设备本身存在问题或操作人员使用不当；管道装载、运输不当；材料设备未报检开始施工；管线通过林区。

2. 现场交桩和测量放线、作业带清理阶段风险管理

工作范围主要为线路控制桩的交接、沿线设置的临时性或永久性水准点的交接、作业带清理一般要求、作业带隔离等。

风险分解为：工作人员在野外遇到危险；大型施工机具与架空高压输电线路对人员造成伤害；推土机等大型设备发生故障；清理过程中损坏测量放线时的控制桩、标志桩；清理过程中对于可能危及工程的滑坡、崩塌等未作处理；作业带清理时过度砍伐树木、破坏植被等。

3. 管沟开挖阶段风险管理

在长输管道施工中要保证工程质量，提高工效。管沟开挖应根据不同地段采用不同的方法进行。

（1）一般地段。视业主要求和现场具体情况而定，以不耽误下沟回填为标准。

（2）特殊地段。在特殊地段进行管沟开挖、管子组焊、无损检测、补口补伤、下沟回填各工序的衔接，掌握施工进度。一些地段还要做好临时水工保护措施。

（3）管沟边坡。在长输管道管沟开挖施工中，管沟的边坡比应根据施工方法、施工机具、土质的类别和含水量等具体情况，在管沟现场做试验段确定。试验方案由施工单位和监理人员共同确定。

风险分解为：石方段爆破开挖中的事故造成人员伤害；雷管或炸药的运输和存储不当，发生爆炸；管壁坍塌；施工机械陷入沼泽；在湿陷性黄土条件下，管沟被侵蚀；开挖尺寸或位置错误；开挖中损坏地下设施。

4. 布管阶段风险管理

布管施工人员由工程技术人员、起重工、机械操作手组成。

布管阶段主要工作包括：

（1）布管前，技术人员依据本标段管线的设计平面图及测量放线的控制桩对布线人员进行交底。

（2）管墩位置确定。

（3）施工人员依据设计要求、测量放线记录、现场控制桩、标志桩和技术交底进行布管。

（4）根据管道沿线不同地质、地形情况，采用不同的布管方法。

（5）测量工在管沟开挖完成后，将管沟实测结果交给施工队一份，施工队按实测结果选配钢管、弯管等，以减少现场工作量。

（6）布管检查。

（7）布管检查记录。

风险分解为：吊管时钢丝绳、吊带断裂；用挖掘机运管和吊管；设备距离沟边过近，压坏管沟，甚至翻入沟内；发生机械事故；山区运管困难；管道滑下管沟。

5. 管线组对焊接阶段风险管理

风险分解为：工作人员在操作对口所用设备时受伤；焊接时线路搭接不当；山区陡坡组焊施工；焊接设备故障；焊接烟尘；空压机上装置失灵；设备、工具、用具失灵造成事故；焊接出现质量问题；管道内涂层擦伤。

6. 焊缝质量检查与返修、补口、补伤阶段风险管理

风险分解为：放射源管理失控；底片存放不符合要求；焊缝外观检查记录未在48h内确认；不合格焊口错评为合格；返修报告中缺陷位置描述不准确；补口用货源管理不当；补口、补伤设备故障；防腐层损伤未补；防腐补口喷砂除锈不彻底；放射源丢失；在防腐施工作业队周围造成环境污染。

7. 管线清扫、试压、连头、碰死口阶段风险管理

管线干线清管和试压的目的是清扫管腔内的杂物，发现并排除管道缺陷和隐患，消除一部分管道线残余应力，取得较大的安全度，以保证管道运行安全。

管道连头是长输管道施工需重点控制的一个施工环节，是指施工过程中在管理线路特定位置，根据施工需要和施工技术要求限制而预留的两端不可移动的管段的连接。连头位置一般位于管道穿跨越两端、转角位置、站场阀室两端、清管试压分段两端等。

风险分解为：试压封头承载强度不够；超标水用于试压；管道扫线未达到设计规范中要求的效果；冬季管道试压时防冻措施考虑不周；试压中出现管道破裂事故；沟上物体坠落或管沟出现塌方；管线弯头、弯管连头时下料不准。

8. 管线三桩等安装风险管理

长输管道线路标志主要有里程碑、转角桩、阴极保护测试桩及其他永久性标志。管道穿越重要公路、中型河流两端各设一个穿越标志桩。穿越乡村道路、小型河流、埋地管道、埋地光缆等地上地下建筑物时设立一个标志桩。在长距离管段壁厚或防腐层结构发生变化的位置设立标志桩。管道在通过人口密集区如学校、居民区、工业区时设置安全保护方面的警示牌。

风险分解为：对测试桩的测试导线与管道的连接处未按规定进行防腐处理；在转角桩、标志桩和里程碑桩上未按要求做标记；标志桩埋设方向错误；电位及电流保护点位数值不符合设计要求；现场吊装设备组织混乱；现场用乙炔、氧气、电源线、位置不合理；作业区域未设置施工标志。

五、穿越工程施工风险管理

长输管道干线工程由于其空间跨度大的特点，管道线路不可避免地要经过河流、水网、沼泽、沟谷、山体等自然地表障碍以及公路、铁路、地下管道、光电缆等地下地表构筑物。长输管道穿越工程就是指管道线路与这些障碍物的交叉施工。按照穿越技术的不同，可分为定向钻穿越法、盾构法、顶管法和钻爆法等。

1. 大开挖河流穿越施工风险管理

风险分解为：采用爆破开挖时造成人员伤害；施工前对河流情况不了解；施工前未对水文、地质、气象条件做足够的了解；对水下管沟的位置、成型情况的测量不准确；未能合理地设置浮筒；牵引钢丝绳未能准确入沟；水工施工影响水上交通安全；爆破震动影响周边建筑物。

2. 大开挖公路（铁路）穿越施工风险管理

风险分解为：公路、铁路穿越处的作业坑或管沟支撑不够坚固；临时便道不能满足重载车的通行要求；在公路开挖处未按规定设置警示标志并安排专人疏导；穿越工作在白天未完成；回填后未恢复标准路面。

3. 围堰导（截）流河流穿越施工风险管理

风险分解为：夜间施工造成施工风险；施工前人员、设备或材料准备不足；导流渠水流不畅；管线暗转施工过程中拦水堤坝渗水；现场未储备足够的应对险情物资；堤坝出现管涌、塌方等异常情况；施工完成后河流未能恢复原貌。

4. 钻爆法穿越施工风险管理

风险分解为：隧道通风条件差；未做好空气不足情况下的应急措施；隧道通过煤层及瓦斯地层；隧道塌方事故；隧道涌水事故；隧道内发生火灾；钻爆法施工时出现早爆、拒爆；炸药在运输、保管中丢失、爆炸；测量放线不够精确；洞内作业场地不平整。

5. 定向钻穿越工程施工风险管理

风险分解为：钻机运转时伤害周围人员；施工作业区域未设置安全警戒线；导向孔钻进和扩孔时伤害操作人员；开挖注水时造成人员伤害；夜间作业时人员伤害；钻机组装或拆卸时发生事故；高压液压管爆裂；钻机施工机械与输电线路距离过近；钻机钻进时卡钻；钻杆断裂；施工噪声污染环境；发生油料泄漏。

六、站场工程施工风险管理

站场的常见设施包括管道的泵站、加热站、计量站、存储设施、电力通信设施等。管道站场建设项目多，土建工程量大，安装的设备数量大，工艺管网复杂，技术标准要求高，需要多工种配合完成。

站场工程施工内容主要包括站场定位测量放线、土建工程、安装工程、站内电气、消防、通信和自控。

1. 土建工程风险管理

风险分解为：回填土下沉，地表有裂缝或坑洼；地基沉降不均；设备基础表面有蜂窝、麻面；设备基础标高误差较大，个别支墩错位；墙体拉筋长度和竖向间距不足；墙体垂直度超标；砌体强度达不到要求，砂浆饱满度低于标准；吊装时钢丝绳断裂，吊件坠落；屋面整体水泥砂浆找平层强度低，起砂、裂缝和积水。

2. 安装工程风险管理

风险分解为：设备基础墩没有按照设计图纸要求安装管卡；地脚预留螺栓外露过高；地脚螺栓的螺纹损坏；垫铁之间未点焊成整体；设备垫铁层数过多，安放高度超标；触电；压力容器试压爆裂；脚手架坠落；土方塌方伤害；氧气、乙炔气瓶爆炸；中毒。

3. 其他分项工程风险管理

风险分解为：接地线焊接位置错误；接地线焊接的搭接长度不够；防爆开关箱没有接地；电缆进出口未进行封堵或破坏防鼠网；电缆沟没有全封闭；阴极保护测试桩的接线不符合图纸设计要求；电气套线管的垂直度不符合图纸要求；对电缆头未采取保护措施；电缆沟内电缆布防不符合设计要求，支架预埋铁防腐不到位；电缆沟回填夯实不符合设计要求。

七、油库工程施工风险管理

油库工程一般由储油罐、输油泵房、消防设施、围油堤、库区管道工艺系统、电气仪表系统、自动控制系统、其他配套系统和道路排水等分项组成。

在油库建设过程中，与普通民用建筑施工的主要区别在于：由于油罐的重力大，对地基和基础要求高；库区构筑物的建筑材料应满足防火要求；消防设施的安装是施工过程中的重要内容之一。

油库主体工程施工工作内容包括地基处理、基础施工、罐体预制、罐体组装、罐体焊接、附件安装、罐体检验和防腐保温。

风险控制点：

（1）地基处理，即强夯、灌注桩、振冲和检测；

（2）基础施工，即基槽开挖与验收、钢筋绑扎、焊接、混凝土浇注、氧化、碎石垫层碾压、沥青砂碾压、钢筋的焊接等；

（3）罐体预制，即开孔板的预制、板材的切割、滚板、附件的加工制作；

（4）罐体组装，即几何尺寸控制、变形量控制、排板位置控制；

（5）罐体焊接，即焊接顺序确定、焊前预热、焊工资格与现场从事的焊接项目是否符合的核实，要求焊工有焊工证，关注温度、湿度对焊接的影响；

（6）充水试验、沉降观测；

（7）防腐保温，即确定防腐涂料、除锈和涂层厚度的核定。

风险分解为：强夯深度不够；夯点间距过小；地基检测结果误差；桩基

工程部分桩尖进入持力层不够；强夯噪声过大；基础钢筋接头搭接焊质量有隐患；基础钢筋接头分布不合理；开孔板尺寸加工精度不够；排板位置错误；高空作业有人身安全；浮顶罐浮仓间隔板漏焊；波纹管安装不符合设计要求；导向柱倾斜；充水试验作业人员有人身安全。

八、试运行风险管理

试运行工作是指通过单机试运行、联动试运行、投料试运行和生产考核来考察项目的各项目的各项功能技术指标是否达到了设计的预定要求，为项目投产后安全、持续、稳定地运营做好准备。长输管道工程建设项目试运行工作包括试运投产准备，以及试运投产实施。

试运行阶段主要工作内容包括：

（1）试运行投产前的外部条件准备，即与当地相关方的协调，水、电、暖、通信的提供与保障；安全、环保、消防、工业卫生工作；产品的销售渠道与生产计划；"三废"的处理方案。

（2）试运投产前的工程内部准备，即设备和管道系统内部处理；仪表调试；临时排气孔与阀门的安装验收；试运物资的配置；试运行组织机构的确立；相关人员的培训；"三查四定"❶工作。

（3）试运投产实施，即输油泵组的启动及输送量控制；首末站、全线各主要高点的排气；产品的储运及销售；运行中"三废"的处理。

试运行阶段风险分解为：水、电、暖、通信得不到保障；安全、环保、消防、工业卫生没有到位；"三废"未能得到及时合适的处理；仪表调试不合适；管道内有异物；试运行组织机构不健全、职责不明确；相关人员未进行上岗培训；管道输量控制不当；管道排放点释放大量有毒、可燃气体；投产试运行考核的指标未达到合同规定。

---

❶ "三查"：查设计漏项、查未完工程、查工程质量隐患；"四定"：对查出的问题定任务、定人员、定时间、定措施。

第五章　应急管理

　　企业应急管理是指对企业生产经营中的各种安全生产事故和可能给企业带来人员伤亡、财产损失的各种外部突发公共事件的预防、处置和恢复重建等工作，是企业管理的重要组成部分。企业建立应急救援体系和应急预案，组织及时有效的应急救援行动，是抵御事故或控制灾害蔓延、降低危害后果的关键手段。

第一节　应急管理概述

　　企业应急管理是指对企业生产经营中的各种安全生产事故和可能给企业带来人员伤亡、财产损失的各种外部突发公共事件，以及企业可能给社会带来损害的各类突发公共事件的预防、处置和恢复重建等工作，是企业管理的重要组成部分。加强企业应急管理，是企业自身发展的内在要求和必须履行的社会责任。近年来，我国企业应急管理工作取得较大进展，但总体上看仍存在诸多薄弱环节，安全生产事故频发，自然灾害、公共卫生事件、社会安全事件等也给企业安全造成多方面影响。为了加强应急管理工作，应对各类突发重大事件，依据《中华人民共和国安全生产法》、《危险化学品安全管理条例》等有关法律法规，以及《中国石油天然气集团公司安全生产管理规定》等规章制度，中国石油天然气集团公司制定了《应对突发重大事件（事故）管理办法》。

　　应急是公共安全中一件非常重大的工作，其总的目标是：控制事态发展，保障生命财产安全，恢复正常状况。这三个总体目标可以用减灾、防灾、救灾和灾后恢复来表示。解决这些问题的唯一途径是建立科学、完善的应急体系和实施规范有序的标准化运作程序，即由一个综合的标准化应急体系来完成。

一、相关术语

（1）突发公共事件：是指造成或者可能造成重大的人员伤亡、财产损失、生态环境破坏和其他严重危害，影响、威胁局部区域或者全国经济社会稳定和政治安定的，需要由政府组织动员社会各方力量应对的突发事件。突发公共事件一般包括自然或者人为因素引发的自然灾害、事故灾难、公共卫生和社会安全事件等类型。

（2）应急预案：针对可能发生的事故，为迅速、有序地开展应急行动而预先制定的行动方案。

（3）综合应急预案：从总体上阐述事故的应急方针、政策，应急组织结构及相关应急职责，应急行动、措施和保障等基本要求和程序，是应对各类事故的综合性文件。编制综合应急预案是对企业及所属生产经营单位的基本应急要求。

（4）总体应急预案：是应对各类突发事件的纲领性文件。总体应急预案对专项应急预案的构成、编制提出要求及指导，并阐明各专项应急预案之间的关联和衔接关系。总体应急预案的要素应该齐全，覆盖应急管理的各项业务。总体应急预案是一个指导性文件（有些类似于 HSE 管理体系管理手册的作用），原则性强，而具体的操作性要求则在专项应急预案中细化。

（5）专项应急预案：是总体应急预案的支持性文件，主要针对某一类或某一特定的突发事件，对应急预警、响应以及救援行动等工作职责和程序作出的具体规定。专项应急预案通常作为总体应急预案的组成部分。专项应急预案应按照综合应急预案的程序和要求组织制定，并作为综合应急预案的附件。专项应急预案应制定明确的救援程序和具体的应急救援措施。专项应急预案与总体应急预案一起构成一个整体，相互关联且可独立执行。

（6）现场处置方案（操作程序）：是针对具体的装置、场所或设施、岗位所制定的应急处置措施。现场处置方案应具体、简单、针对性强。现场处置方案应根据风险评估及危险性控制措施逐一编制，做到事故相关人员应知应会，熟练掌握，并通过应急演练，做到迅速反应、正确处置。

（7）应急操作手册：是指为便于应急响应人员掌握和快速查阅有关职责、程序、规程、通信方式以及人力资源等关键内容而编写的简明文本。

（8）应急准备：针对可能发生的事故，为迅速、有序地开展应急行动而预先进行的组织准备和应急保障。应急准备一般包括救援队伍、物资、专家、技术准备，现在把精神准备也列为应急准备的重要准备内容，例如进行模拟培训和心理辅导等，使人们在应急处置过程中临危不慌、正确应对。

（9）应急响应：事故发生后，有关组织或人员采取的应急行动。应急响应一般从接到应急预警信息开始，出现紧急情况后处置的同时，第一重要的就是报警。因此，也有人模糊地把应急响应这一行动称为启动应急预案，实际上是不符合应急管理工作实际的，应急预案从签发时就应该得到执行，按照预案进行准备和培训，而不是出现突发事件后才茫然应对。

（10）应急救援：在出现紧急情况进行响应的同时，为消除、减少事故危害，防止事故扩大或恶化，最大限度地降低事故造成的损失或危害而采取的救援措施或行动。应急救援中重要的工作是作好防范次生灾害和保护应急救援队员，体现以人为本和全局的观念。

（11）应急恢复：事故的影响得到初步控制后，为使生产、工作、生活和生态环境尽快恢复到正常状态而采取的措施或行动。在应急体系建设中，有专家和学者提出了把事故调查也纳入应急恢复管理这一重要环节，以便查明原因、分析对策，研究和完善应急预案，对应急管理起到持续改进的推动作用。

二、应急管理的概念

1. 应急管理的定义

应急管理的客体主要是突发事件，包括自然灾害、事故灾难、公共卫生事件以及社会安全事件。应急管理作为一门新兴学科，目前还没有一个被普遍接受的定义。一般的定义为：为了降低突发事件的危害，达到优化决策的目的，基于对突发事件的原因、过程及后果进行分析后，有效集成政府、社会等各方面的相关资源，对突发事件进行有效预警、控制和处理的过程。

应急管理是对突发事件的全过程管理，根据突发事件的预防、预警、发生和善后四个发展阶段，应急管理可分为预防与应急准备、监测与预警、应急处置与救援、事后恢复与重建四个过程。应急管理又是一个动态管理，包括预防、预警、响应和恢复四个阶段，均体现在管理突发事件的各个阶段。应急管理还是个完整的系统工程，可以概括为"一案三制"，即突发事件应急预案，应急机制、体制和法制。

2. 应急管理的要求

1）应急准备有预案

为了加强应急管理，做到有备无患，事先必须制订应对有可能发生的各种后果的应对措施。应急预案可以起到平时用于应急培训、演练以及事故分析等，加强安全管理，不断提高应急意识和应急能力，使应急准备不断完善；在应急响应时，应急预案可以作为行动指南和工作参考，避免在紧急状态下人们茫然不知所措，确保及时采取应对措施并控制事态。

2）应急响应有程序

以往的事故管理表明，事发单位往往不是在第一时间，而是等事态稳定、结果形成并达到一定上报事故等级时再研究和决定是否向上级管理部门报，所以上级主管部门很难在第一时间掌握信息和动态，也就丧失了工作的主动权。并且在很多时候是一个单位越怕事故被曝光，结果是外部越是最先披露和出现不良反应。当媒体和公众出现恐慌，有公众、政府出来过问时，其上级部门、当地政府还不知详情，更不知如何应对事态的发展，造成工作被动甚至反而使事态扩大。应急管理规定了要在第一时间上报信息，并且有应急协调部门及时收集和报送领导或相关业务部门，按照应急响应程序和规定进行预警。这种调动各种资源进行关注和控制事态的应急处理程序，可以使事态及时得到控制，事故得以避免，提高了应急的效率，从而也掌握了安全管理的主动。

3）应急救援有队伍

俗话说"养兵千日、用兵一时"，当今社会的完善和科学技术的发展，使应急救援工作越来越专业化。应急情况出现时，针对什么样的事故、事件，就应该有什么样的队伍施救，才会正确及时地控制事态并进行科学救援。油气管道输送企业是高危行业，应急救援需要非常专业的队伍，并且配备适用的救护装备、防护用品以及设施，平时多演练，才会战时少流血。为了充分发挥救援队伍的作用，要考虑合理规划应急救援基地建设，分级、分区域进行布局和管理，以便在应急救援时快速反应并采取有效的救援行动。

4）应急联动有机制

应急工作固然极端重要，但从企业一体化管理和经营目标的实际来看，不可能甚至有时也不需要把所有能考虑到的应急物资、队伍及装备等全部由企业内部来承担或准备，甚至有的救援力量、物资装备只有政府有权控制和使用，企业不能也不必都占为己有。这时，就要开动脑筋，从资源利用最大化的角度来分析，做到"不求所有，但求所用"。为此，要与相关方建立联动应急机制，比如需要调动国家民政部门的应急物资，需要当地政府配合疏散相关人员、维持社会秩序时，要进行有效的沟通并建立联动机制，使应急工作形成合力，提高应急效率。有些联动工作需要建立沟通信息联系机制，有的需要建立合同协议并提供必要的费用等，都要在平时把工作做好。

5）事后恢复有措施

应急准备和救援看起来好像是应急工作的重头戏，只要施救及时，事态控制没有产生预想的严重后果，人们往往就忽略了后续的应急工作，以为事情就过去和完结了。实际上，作为应急工作的重头工作绝不是针对一时一事的处理或处置。应急工作的重要性在于把它放在安全管理的大环境中去分析和认识，那就是通过事件的发生、控制和救援，能够找出和接受什么教训，提出更进一步的管理和应急措施。所以，当一个事态控制住后，应该立即开展恢复、重建及事件调查工作。以往的经验是事故救援完成后才进行事故调查，而事故调查中查的事故、结果是重追究责任。从应急管理过程看，在救援开始的每一步都已经开始了事件的调查和分析工作，通过事件分析，才能搞清事件的性质并分析事态发展趋势，以便采取进一步的应对措施。同样，对于恢复和重建的现场、装置来说，如何汲取事故教训，完善预防措施和应急准备，也是恢复阶段的重要内容。

三、应急管理的内容

应急管理的主要内容应该包括风险及事故分析、预案编制、预测和预警，资源计划、组织、应急响应、资源调配，事件的后期处理，以及应急制度规范、组织、管理体系的建设等。

1. 应急管理的对象

应急管理中的主体指的是处理突发事件的人员、组织和管理机构。应急管理的客体主要是突发事件。由于这些事件所处的领域、布局往往不同，造成不同突发事件的发生发展规律迥异，因而给应急管理带来了困难。这就需要对容易发生重大危害事件的领域进行专业性、针对性的研究和分析，才能够制订比较完善的应对方案。突发事件分为四类，但从企业实际来看，事故灾难类突发事件依然是企业应急管理的重点和热点问题。

2. 应急资源管理

资源管理是应急管理的一项重要内容。由于突发事件的潜在危害性，需要在限定的可控时间内处理完毕，否则事件的影响和造成的损失就会有扩大的趋势，这就需要迅速组织所需的多种资源来应对这些突发事件。突发事件的处理必须最终落实在资源的使用方面，在资源管理中需要考虑多种需求问题，如资源的布局、资源的有效调度等。资源的布局是为了有效应对突发事件，预先把恰当数量和种类的资源，按照合理的方式，放置在合适的地方。配置资源时，要考虑资源的一些约束条件，如运输时间、运输成本以及综合成本等，即应把一定种类和数量的资源放置在选定的最佳区域，使其发挥最大的效益。资源调度在应急管理中是一个实施过程，把一定数量的资源组织起来，在限定的时间集结到特定的地点。这里的资源并不只是局限于物资装备资源，还包括各种相关的人力资源、环境资源及社会资源等。

3. 应急预案管理

应急预案是应急管理一个重要内容。从国家的"一案三制"的应急管理体系建设要求可以看出，国家把应急预案摆在了对"机制、法制、体制"建设的统领地位，应急预案在应急管理中发挥着纲领和主导作用。

应急预案管理包括应急预案的编制、内审、管理评审、文件发布、备案、培训、演练和修订等。

应急预案管理的原则是综合协调、分类管理、分级负责、属地为主。

应急预案管理的目的是加强应急管理，完善应急管理体系，增强预案的科学性、针对性和实效性。

应急预案管理的分级：按照组织级别和分类管理的原则，集团公司把应急预案按照总部、企业、企业所属二级单位及基层现场四级进行管理，见表5-1。

表5-1　应急预案管理分级

组织级别	预案及组成	可替代文件
集团总部	总体+专项	—
企业	总体+专项	综合预案
企业所属二级单位	总体+专项	综合预案
基层队、站	现场处置预案	作业计划书 作业许可程序
作业班组、岗位	处置程序	岗位应急操作规程

集团总部应急预案由总体应急预案和专项应急预案组成，企业、企业所属二级单位可以参照总部模式制订自己的应急预案，也可以根据单位实际，将总体应急预案与专项应急预案合并，编写综合应急预案。对基层的作业计划书、作业许可程序以及岗位的应急操作规程，为了简化管理和便于使用，

从针对性、操作性以及岗位员工的掌握、记忆、理解和执行方面考虑，不按应急预案的要求模式编写，但是应纳入应急管理，并且是非常重要的应急预案管理基础，应重点抓好。

4. 应急响应和救援管理

对突发事件的有效处置是应急管理的基础和保证，特别是现场和第一时间的应急处置尤为重要。而应急响应是对应急下一步工作的快速反应，决定了能否把事态控制在一定的范围和接受的程度上。救援是依靠现场外部力量进行增援的一种辅助手段。就现阶段的应急管理工作来看，应急救援在一定程度上代表了应急管理的重要表现形式。当然，应急管理应该注重全过程，不应该以某一过程表象形式的程度来判定其重要程度。

应急响应和救援表现为对各种资源的组织和利用，在各种方案间进行选择决策。当突发事件出现以后，事件的各种表现形式及其特征都将逐步显露出来，这就要求对事件产生的各种影响进行整理分析，对事件未来的发展趋势进行预测，根据分析的结果，对各种应对措施做出相应的决策。其间还会涉及对政府的法规、政令、条例的遵守以及相关的人力资源的调动、物资的调拨等一系列的行动。

5. 应急制度规范管理

有了应急预案，就有了应急管理的工作程序，但是程序是靠人、组织来执行和完成的。如何高效地把组织、人以及资源协调好，在应急管理中按照程序去做好应急处置、响应、救援以及恢复等工作，无疑是靠制度和规范来完成的。从基层和现场来看，制度规定了岗位及现场的应急处置程序。从应急程序分析，只有有明确和严格的制度，才能保证信息传递及时准确，应急响应、救援措施切实落实。从管理角度讲，对应急工作的管理、预案的编制、演练、培训、备案以及开展的内外部审核等，都需要一定的制度来对其进行约束和激励。

四、应急管理的作用

突发事件的发生具有潜在性，事件的影响范围具有扩散性，事件对人、财、物具有伤害性、破坏性。因此人们可以根据一些普遍性的特征建立应对突发事件的一般措施，再加上专业知识，就可以形成一整套应对体系。应急管理的主要作用表现为：

（1）减少和规避生命、财产损失。

突发事件的应急管理在实施过程中，通过对突发事件的早预警、早做准备，能够避免一些事件的发生，或者极大限度地降低事件带来的危害性，从而达到保障人类生命财产安全的目的。

（2）使安全管理关口前移。

从事故金字塔理论和事故分析的结果来看，一切事故都是可以避免的。通过加强应急管理，减少事故和控制事态的能力逐步强化，安全管理的关口逐步从事后事故管理向预防前移，应急管理的过程得到加强，安全的重要性也越来越被大家认识。

（3）体现社会责任。

由于突发事件的危害性和扩散性，影响的范围会从发生点扩展到其他区域，会造成社会的不稳定。如果突发事件的保障措施得当，能够把事件的影响限定在一个局部区域，就不会对社会的其他区域带来消极影响，从而有利于保障社会的稳定性。

（4）提升企业文化。

应急管理体现的是企业的一种能力，即反映企业控制和处置突发事件的能力，体现企业的社会责任。应急管理是从领导意识、企业价值观念、企业使命以及与之配套的规范、行为到包括企业的外在表现、公共感受等一套系统的管理过程，是企业文化的体现。能够对生命、社会、公众、环境负责任的企业，必将通过企业的综合应急能力建设来实现企业的社会责任。

五、应急管理与安全管理

突发事件从进程上可划分为事前、事发、事中、事后等阶段。从狭义上看，日常安全管理侧重在突发事件事发前所开展的预防、检查、整改、培训、演练等活动；而应急管理更侧重于突发事件事发、事中和事后所开展的应急响应、救援等工作。日常安全管理同应急管理是应对突发事件的两个不同时段并相互衔接的两种管理办法，是处理和应对突发事件的有机整体。

从广义上看，应急管理是一项系统工作。应急管理的对象是突发事件，应急管理的手段就是风险管理的理论和方法的具体应用。应急管理应从对风险的识别开始，分析事件的可能性及后果的严重性，评估风险的接受程度，采取控制措施，使风险控制在合理可接受的水平上。所以，应急管理包括风险管理的全过程。在"突发事件应对法"中，把突发事件未发生时的预防、监测、预警等工作以法律的形式统统纳入应急管理工作的范畴。按照这种应急管理要求和思路，传统的日常安全管理可以看作是应急管理的前期工作，是应对突发事件成败的基础和前提。

六、中国石油应急管理现状

中国石油认真贯彻落实国务院《关于全面加强应急管理工作的意见》、国家安全监管总局《关于加强安全生产应急管理工作的意见》，结合企业自身实际，建立健全各级应急管理组织机构，不断加强应急预案体系建设，加大应急资源配置，从完善应急预案、修订管理制度、加强应急培训、强化应急队伍建设和应急演练等多方面入手，做了一些积极的探索和尝试，取得了一定成效。

1. 健全组织机构，加强安全生产应急管理工作的领导

中国石油高度重视应急管理组织体系建设，依据国家"健全综合应急管理机构和专项应急机构，理顺应急管理指挥机构、办事机构和工作机构的关系，充分发挥各自职能作用"的要求，不断完善应急组织机构。总部组成由主管领导负责的应急领导小组，由总经理任组长，各分管副总经理任副组长，成员为各职能部门主要负责人。作为突发事件应急管理工作的最高领导机构和指挥机构，平时负责重大应急管理工作措施决策，应急时负责重特大突发事件的应急领导和指挥。2007年11月，在办公厅成立总值班室（应急协调办公室），作为应急领导小组的办事机构，侧重应急时期值班值守、综合信息管理和应急协调等工作。2008年3月，在安全环保部成立应急管理处，作为应急领导小组的工作机构，侧重经常性应急管理和准备工作，并设立由总部职能部门、信息组、专家组、现场应急指挥部组成的应急领导小组办公室，采取分散办公、集中议事的工作形式，形成了"统一领导、分工负责、部门联动"的应急管理工作格局。

中国石油各企业也相应成立了以主要领导为组长的应急领导小组，并逐步按照"一个中心、两个机构"的组织模式，成立应急救援指挥中心，在经理办公室或生产运行管理部门设置办事机构，在安全环保部门设立应急工作机构，相应的职能部门配备了专（兼）职应急管理人员。目前，企业专（兼）职应急管理人员已达2816人，在指导应急体系建设、组织预案编制和演练、开展培训和处置突发事件等工作方面发挥了重要作用。

2. 完善应急管理制度，全面推进应急预案体系建设

依据国务院《关于全面加强应急管理工作的意见》及国家安全监管总局《关于加强安全生产应急管理工作的意见》，中国石油制定了《关于加强应急管理工作的意见》，明确了应急管理工作的指导思想、工作原则和工作目标；提出了加强应急组织体系建设、制度体系建设、预案体系建设、保障体系建设、科技支撑体系建设、应急队伍和专家队伍建设及建立完善应急运行机制的具体措施和要求。建立完善了《应对突发重大事件（事故）管理办法》、《突发事件信息报送管理办法》、《重大敏感信息发布管理暂行规定》。截至目前，各企业、地区公司建立完善了各类应急管理规章制度累计 200 多个。

同时，中国石油还不断加强应急预案体系建设工作。2003 年年初，公司针对井喷失控，油气管道、炼化装置着火爆炸事故，以及危险化学品泄漏、海上严重溢油事故 5 种突发特别重大事故，制定了《突发特别重大事故应急救援预案》。2006 年进一步加快应急预案建设步伐，编制了《集团公司突发事件总体应急预案》，并针对生产经营活动可能出现的重特大突发事件，制定了与总体预案配套的《井喷失控事故应急预案》等 16 个专项预案。

2008 年，由于公司业务整合和专业化重组等实际情况，原有应急预案已不能满足应急工作发展的需要，中国石油组织开展大规模的应急预案修订工作。8 月 21 日，廖永远副总经理主持召开集团公司领导办公会，专题研究应急预案制修订工作，形成"1 + 18"的预案模式。按照"科学、实用、简明、易行"的原则，对总体预案和专项预案进行修订，完善了预案的整体结构和具体内容。修订后的总体预案作为应对各类突发事件的纲领性文件，框架完整、要素齐全、内容全面；专项预案是针对某一特定突发事件制订的应急响应程序，具备独立的应急处置功能。通过这次修订工作，既提高了总体预案的指导性，又增强了专项预案的可操作性。

各企业也依据国家法律法规的要求，从本单位实际出发，全面修订完善各级应急预案。截至目前，集团公司所属企业共计编制完善企业（地区公司）级应急预案 900 多个、专业厂（矿、分公司）二级单位级应急预案 1 万多个、基层处置预案 7 万多个。在处置各类安全生产事故中，特别是在抗击百年不遇的地震、暴风雪等自然灾害中，应急预案发挥了重要作用。

3. 加强应急培训和演练，提高突发事件的应急处置能力

中国石油高度重视应急培训工作，按照培训工作计划，定期举办应急管理培训班。聘请国务院应急办、国务院法制办、国家安全监管总局和中国安

全生产科学研究院等单位的知名教授、国内从事应急技术研究和紧急救护等方面的专家，以及集团总部有关部门领导，对来自所属各个企业的学员进行了应急法律法规、应急预案编制有关要求、风险管理、数字化应急预案、现场急救等方面业务知识的培训。通过培训，提高了应急管理人员的知识水平和业务能力，为进一步推动集团公司应急管理工作打下了坚实的基础。

中国石油及其所属各企业高度重视应急演练工作，通过开展相关部门和岗位员工共同参与的实战性演练，来增强应急救援预案的实用性、可操作性，检验应急指挥的组织协调能力，促进了全体员工应对突发事件能力的提高。仅 2008 年，各企业组织开展企业级应急演练 1000 多次、分厂（矿、分公司）级应急演练 2 万多次，基层单位组织岗位应急处置演练达 6 万多次。

中国石油还重点加强了各单位与地方政府、周围社区的应急协调联动机制的建立工作，突出做好与各方的信息沟通和协调配合工作，实现资源和信息共享。公司所属大庆油田、吉林油田、大港油田、吉林石化、兰州石化、管道分公司等单位多次与当地政府联合开展地企联动大型应急演练。

4. 发挥区域优势，加强应急救援队伍和基地建设

中国石油在充分发挥现有消防、管道维抢修、工程技术、医疗救护等专业应急队伍骨干作用和区域优势的基础上，按照"一专多能、一队多用"的要求，建立各片区的资源共享联防联动机制。统筹规划，合理布局，加大投入，重点建设危险化学品、油气长输管道、井喷失控、海上等应急救援基地，追求应急处置整体效能最大化。

在危险化学品应急救援基地建设方面，重点加强消防业务优化整合、消防队伍专业化建设和消防装备建设。2006 年，对 23 家专职消防队伍实施了优化整合，在集团公司安全环保部设立了消防专业管理部门，加强了消防业务的专业化管理。自 2007 年，启动了专职消防队基层建设达标工作，促进了消防队专业化建设，提高了应急救援保障能力。针对历史原因形成的消防车辆结构不尽合理的现状，中国石油用 3 年时间投资专项资金 8 亿多元，统一招标采购了 500 多台多功能大型消防车辆，已陆续交付各基层单位投入战备执勤。

在长输油气管道维抢修应急中心建设方面，按照区域优化、合理配备、立足自救、企地联动的原则，分别在东北、华北、西北、西南、华中和华东六大区域设有维抢修中心 13 个、维抢修队 28 个。健全完善了相应的油气管道事故（事件）应急预案，成立了油气管道应急办公室，在专业公司、调控中心及各地区公司设立了维抢修应急指挥协调部门，形成了较完备的管道维

抢修应急救援体系。各维抢修中心通过开展事故抢修应急演练，不断完善应急预案，提高了事故状态下的应急反应能力和处置能力。

在海上应急救援响应中心建设方面，加强了渤海湾滩海、浅海石油勘探开发突发事件应急救援基地建设。于2006年12月在冀东油田正式成立了中国石油海上应急救援响应中心，投资5亿元用于海上应急救援响应中心及曹妃甸、营口、塘沽3个救援分站的建设，最终将使海上应急救援响应中心达到处置国家Ⅱ级应急响应事件的能力。目前，已完成了溢油应急处置技术考察、装备购置等工作；营口、曹妃甸和塘沽三个救援站已建立，100多名员工已经到位；开展了31次海上（岸滩）溢油应急、海上消防和救生等专项演练。

在井喷失控应急救援基地建设方面，依托四川石油管理局钻采研究院油气井灭火公司，投资9600万元用于加强井喷失控应急救援基地和抢险灭火装备建设，计划将四川油气井灭火公司建成集救援、作业试验、培训演练于一体的综合性井喷失控应急救援基地。目前，井喷着火模拟试验和训练设施设计方案已完成，主要设备招标与合同签订、基地土地征用工作已结束，19名新聘应急救援专业人员已到位。

第二节　应　急　预　案

应急预案一词与以往相比，人们对它的认知程度要高得多。尤其在一些单位发生事故后，人们常会听到类似"××后，××单位立即启动应急预案"。且不管有许多人对这种看法有疑问和质疑，事发后是不是真的按照预案写的程序做的，单就在应急预案被关注程度和启动频次如此高的今天，我们不得不对应急预案的编制给予优先考虑。那么，事发后究竟启动的是什么应急预案？应急预案应如何编制？编制目的、方法和基本过程是什么？预案编制有哪些要求？如何开展应急预案的培训和演练？管道企业应急预案编制有哪些重点要考虑的内容？本节将重点考虑这些内容。

一、应急预案概述

应急预案又称应急计划，是针对可能的重大事故（件）或灾害，为保证迅速、有序、有效地开展应急与救援行动、降低事故损失而预先制定的有关计划或方案。它是在辨识和评估潜在的重大危险、事故类型及其发生的可能性、发生过程、事故后果及影响严重程度的基础上,对应急机构与职责、人员、技术、装备、设施(备)、物资、救援行动及其指挥与协调等方面预先做出的具体安排。

应急预案基本功能在于未雨绸缪、防患于未然,通过在突发事件发生前进行事先预警防范、准备预案等工作,对有可能发生的突发事件做到超前思考、超前谋划、超前化解,把应急管理工作纳入经常化、制度化、法制化的轨道,从而化应急管理为常规管理,化危机为转机,最大程度地减少突发事件给单位、政府和社会造成的损失。

应急预案是指导应急行动的依据,其目的有两个:一是采取预防措施使事故控制在局部,消除蔓延条件,防止突发性重大或连锁事故发生;二是在事故发生后,迅速有效地控制和处理事故,尽力减轻事故对人和财产的影响。应急措施能否有效地实施,在很大程度上取决于预案与实际情况的符合与否以及准备的充分与否。

二、应急预案的制定

应急预案的编制是一项非常重要的工作,涉及能否应对企业的各类突发事件,确保安全环保形势的稳定,关乎人员安全、企业利益、社会稳定等大问题,必须给予高度的重视。按照《中华人民共和国安全生产法》、《中华人民共和国突发事件应对法》等法律、法规的要求,企业的应急预案编制和制度建设是企业主要负责人的责任。因此,应急预案的编制工作应纳入企业管理者的重要议事日程。在单位应急领导小组的领导下,成立以主要领导或主管领导为组长的编制领导小组,对应急预案的编制及管理进行整体策划,制订工作方案,确定预案编制机构和人员,明确牵头部门、工作分工、职责、应急预案体系构成、编制过程控制和时间进度安排等。

1. 应急预案编制的基本过程

应急预案编制的基本过程如图 5-1 所示,包括:成立应急预案编制领导小组;进行现状评估;开展编写人员、审核员业务培训;开展制(修)订工作;进行内部审核;进行管理评审并以公文发布;培训、演习;变更管理;备案等。

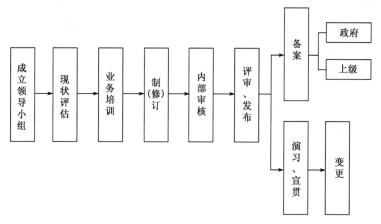

图 5-1　应急预案编制的基本过程

2. 编制小组的成立

在编制领导小组直接领导下，企业应成立应急预案编制小组，具体负责工作方案的起草、编制工作的协调、应急预案的审核等工作，落实和督察经领导小组审定的工作方案中的相关事项，把握编制进度和工作质量。编制小组人员由管理人员、专业人员及专家组成。

实际上，预案编制小组的组建取决于企业的作业、需求和资源情况。最好能组织一组人员，因为编制工作需要大量的时间和精力的投入。更多的人参与、投入会激励工作的开展，同时还能促进大家对应急管理更深入地理解。工作组的成员最好是预案制定和实施中起重要作用或可能是应急状态下受影响的人。预案编制工作组代表来自安全、环保，操作与生产，保卫，工程及技术服务，维修保养，人事，医疗，综合管理以及其他相关职能部门。

此外，小组成员也可以包括来自地方政府、社区和相关部门（如安全、消防、公安、环保、气象、公共服务等）的代表，这样可以消除企业应急预案与政府应急预案中的不一致性，同时也可以明确应急状态下紧急事故影响到外部时涉及的单位及其各自职责。

3. 危险分析和应急能力评估

分析企业已存在和可能存在的危险，评估相应的应急能力，确定应急对象和范围，构建应急预案体系框架。危险分析应包括危险识别和风险分析以及法律法规的符合性分析。应急能力评估应包括对现有应急资源、人员素质、经验和技术、外部可用力量和保障措施的评估。

初始阶段的工作可以分为三个部分：收集相关资料和信息；危险识别、后果分析和风险评价；应急资源和能力的评估并确定需要的应急资源。编制小组组建并被授权赋予职责后，小组的首要任务就是收集制订预案的必要资料和信息，并进行分析评估。这些资料和信息包括：

（1）适用的法律、法规和标准；

（2）中国石油和地方政府的有关规定；

（3）企业安全记录、事故发生情况；

（4）目前 HSE 管理及发展计划；

（5）企业现有的应急资源和能力状况；

（6）预案范围内地区的地理、环境和气象资料；

（7）同类企业的事故资料及应急预案等。

编制小组应提出如下问题，并组织讨论，回答这些问题，开展企业危险分析和应急能力评估，确定应急对象和范围。

（1）企业会发生什么样的事故？

（2）这种事故的后果如何？对现场和企业外部会带来什么影响？

（3）这类事故是否可监控、预防和预警？如何预防？

（4）如果不可监控、预防和预警，会产生怎样的紧急情况？

（5）如何报警？

（6）谁来评价这种紧急情况？依据什么？

（7）应急通讯能否保障？如何建立有效的应急通讯？

（8）目前具备什么资源？分布及状态如何？

（9）应该具备什么资源？如何取得？

（10）外部可以得到的有效救援力量如何？怎样得到？

（11）有哪些应急工作相关制度和措施保障？

（12）人员培训及素质（特别是现场操作人员和救援人员）状况如何？

（13）其他相关问题等。

这些问题是进行危险性分析和应急能力评估以及制订应急预案过程中必须分析和考虑的部分。在初始阶段，编制小组应辨识所有可能发生的事故场景并评价现有资源，包括人力、物资、设备以及应急专项技术、技能等。

4. 应急预案编制方案的制订以及业务培训的开展

制订应急预案编制的工作方案，确定编制步骤和任务分工，制订应急预案编制准备、编制、验证、评审和发布的工作计划和时间安排。

预案编制小组根据已确定的应急职责，结合已确定的应急对象和范围，制订详细的工作方案，包括各预案的编制分工，初稿起草、检查修改、验证（演练）、评审、发布等各项工作的工作计划和时间安排。

应急预案能否得到有效实施，关键在于各应急机构和相关部门人员的职责是否明确以及落实。因此，在编制预案前必须在工作方案中把应急机构和人员的应急职责联系起来，并在将要编写的应急预案中体现。实际上，在日常工作和应对一些突发事件的基础上，各相关部门的工作流程、人员的工作职责应该比较明确。但是要落实到应急预案中并且做好有关部门的响应及联动，就必须进行沟通，对工作程序和职责进行梳理，进一步明确应急任务和分工，并保障应急程序清楚、有效地执行。应急工作需要必要的组织、经费做保障，同时涉及专家的认定、职责的划分、物资准备甚至是工作流程的改变等，这些都需要协商解决。因此，应急预案编制方案应该得到领导小组的批准，并以会议纪要的形式印发，以便保证应急预案编制工作的顺利开展。

在明确了企业风险和突发事件的可能性后，如何按照法律、法规的要求编写符合自己单位实际的应急预案，就成为一个迫切需要解决的实际问题。最简单快捷的办法就是开展业务培训。业务培训的主要内容包括：国家有关法律、法规；风险管理理论及应用；应急预案的编制规范、制度及要求；应急预案的审核、备案；应急预案的演练；事故模型、仿真模拟技术；功能性可视化数字应急技术应用；应急信息管理、物资储备等制度；应急救护知识及防护装备使用；应急管理与 HSE 管理体系、安全环保管理等相关知识及要求等。

5. 应急预案的具体编制

应急预案的编制必须基于事故风险的分析结果、应急资源的需求和现状以及有关的法律法规要求等。此外，编制预案时应充分收集和参阅已有的应急预案，尽可能地减少工作量，避免应急预案的重复和交叉，并确保与其他相关应急预案的协调和一致性。遵循严格按程序编制、宣传贯彻、演练、完善的原则，健全完善企业事故应急预案急救措施，应该按如图 5-2 所示进行，一方面对潜在隐患或事故的预防进行分析，另一方面对发生事故时如何控制、报告、急救方面进行分析，从而制定一个比较科学的预案。

应急预案的编制通过自下而上逐级编制完成，形成应急预案体系。编制应急预案的目的不是为了编制而编制，而是做到有效应对可能发生的突发事件。从事故发生的情况看，重点在基层，要害在岗位，预防是前提。预防工作是日常性工作，可以通过作业文件、操作规程解决。但应对突发事故，就应该从现场、岗位的应急工作开始，即先解决第一步、第一时间的应急问题。

编制应急预案切不可盲目求大，不管也不结合企业实际，盲目针对一些事件先制订一个高层次、高级别的预案，不关注现实，不解决基层问题，不去化解事故苗头，不对基层负责任，其结果可能真会出大事。但真要出了事，基层和岗位解决不了又无所适从，自下而上也不知道如何响应，恐怕到那时，再好的文本也是与应急的目的背离的。

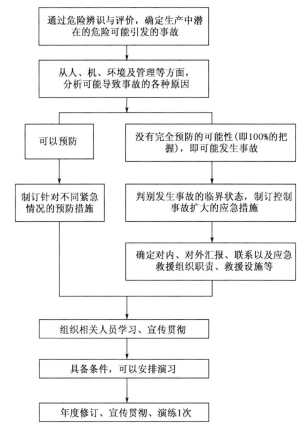

图 5-2　事故应急预案编制完善的步骤

6. 内部审核

应急预案初稿完成后，应由牵头部门对应急预案进行审核。审核的内容和要求按照编制指南及有关规定要求进行，重点对应急职责、程序、资源和保障措施进行验证和评审。审核时可采用桌面演练的方式进行，重点根据情景模拟和事故推演，分析可能的后果及采取的措施，既要在程序上清楚，还要在职责上明确，把工作流程打通，把应急准备做足，把应急目的和效果做实。应急预案的审核应形成记录。

专项应急预案特别是现场的处置预案制订完成后，应对预案进行测试和演练，确保预案的充分性和适宜性，更要确保预案能有效实施。一般应至少进行桌面演练，有条件的可以进行现场演练。

7. 评审和发布

在对应急预案审核提出的不符合进行整改完成后，由组织进行管理评审。总体应急预案或综合应急预案评审后报安全生产（HSE）委员会审定，审定通过后由组织主要负责人签批，并以公文的形式发布（注意：涉密内容应严格按照保密规定执行，确保公开发布的预案不涉及组织的保密内容）。

企业及所属单位级总体应急预案或综合应急预案一般由本级组织的主要负责人签署发布；专项预案可由主要负责人授权的主管领导签署发布；现场应急处置方案由于其特殊性，一般由现场相关单位负责人或企业授权的负责人签署后即可组织实施。

8. 预案的实施及后期管理

预案签署或发布后，即表明应急预案进入实施阶段。对应急预案中涉及的部门、单位，均应发放受控版本的应急预案，每一位收到应急预案的部门或单位都要求签字确认。

应急预案发布后管道运营单位所有应急机构应进行：

（1）应急预案宣传、教育和培训；
（2）应急资源的定期检查落实；
（3）应急演习和培训；
（4）应急预案的实践；
（5）应急预案的信息化；
（6）事故回顾。

培训、演练是应急预案的一项重要职能，通过培训、演练，可以及时发现预案存在的问题，进行不断完善。同时，应急预案的程序被大家理解、接受并熟练地掌握，会使事态越发向好的方向控制，直至控制和杜绝各类事故，使应急预案真正起到事故预防的作用。

应急预案发布后，发生一些变化或通过演练发现问题，就要及时对应急预案进行变更。小的变更可以用局部修改的方式进行，并告知收到受控文本的部门和人员进行变更。法律、法规及有关标准中对变更的条件作出了明确要求，各级组织应严格按照规定执行，做好应急预案的日常管理。

对应急预案，最后一个重要的环节就是按照规定向上级和当地政府进行备案。一般对应急预案的备案管理按照职责权限逐级进行。为了做好应急预案的备案并加强对其管理，提高应急预案的可操作性，好的做法就是委托第三方进行应急预案的审核工作。

通过应急预案演练或经突发事件检验，会发现预案存在缺陷或漏洞，原有的应急预案所涉及的组织机构可能发生重大变化或有其他原因，在这些情况下，若不对原有预案及时进行更新，在发生事故进行应急救援时，由于采用过时应急预案，会延误抢救的最佳时机，导致事故扩大。所以必须及时对应急预案进行更新，及时、有效、正确地实施现场抢救和其他各种救援措施，最大限度地减少人员伤亡和财产损失。

三、应急预案编制内容

中国石油应急预案体系按预案等级划分，可分为总体预案、专项预案和现场处置方案。

为指导和规范中国石油及所属企事业单位应急预案编制，根据《生产经营单位安全生产事故应急预案编制导则》（AQ/T 9002—2006）、《集团公司应急预案编制通则》、《中国石油天然气集团公司应对突发重大事件（事故）管理办法》等有关标准和管理制度，中国石油制定并发布了突发灾难事故应急预案编制指南。规定了总体预案、专项预案、现场处置方案的编制结构框架和内容。

预案的基本格式如下：

（1）封面。包括预案编号、应急预案版本号、中国石油宝石花标志（位于预案封面左上角）、企业名称、实施日期、应急预案名称和版本有效标志。

（2）批准页。包括发布及实施要求、签发人（签字）和签发日期。

（3）目录。包括章的编号和标题、条的编号和标题、附件等。

（4）正文。编制内容及要求见附件（《中国石油天然气集团公司应急预案编制指南》）。

（5）附件。"附件"标在附件的左上角，附件名称、序号应在目录中体现，并保持前后标识一致。

1. 总体应急预案的主要内容

1）总则

（1）编制目的。

明确应急预案编制的目的、要达到的目标和作用等。

（2）编制依据。

明确应急预案编制所依据的国家法律法规、规章制度、部门文件、有关行业技术规范标准以及集团公司关于应急工作的有关制度和管理办法等。

（3）适用范围。

规定应急预案适用的对象、范围以及突发事件类型、级别等。

（4）工作原则。

明确应急工作应遵循的主要原则，内容应简明扼要。应从应急准备、检测与预警、应急处置与救援、事后恢复与重建等要求方面阐述。

（5）预案体系。

明确应急预案体系的构成情况。应辅以体系框架图，表明应急预案之间的联系。

2）组织机构与职责

（1）应急组织体系。

明确应急组织体系的构成，一般由应急领导小组、应急领导小组办公室、办公室日常办事和工作机构、应急工作主要部门、应急工作支持部门、信息组、专家组、现场应急指挥部等构成。

（2）机构与职责。

规定应急组织体系中各部门的职责。

3）风险分析与应急能力评估

（1）企业概况。

简述企业地址、性质、从业人数、隶属关系、主要原材料、主要产品及产量、生产装置、工艺流程、生产设施等内容，以及周边区域的公众、社区、重大危险源、重要设施、环境（气候、河流、地质）以及医疗、消防、交通、通讯等情况。

（2）风险分析和应急能力评估。

按照自然灾害、事故灾难、公共卫生、社会安全四种突发事件类别，对存在的风险进行识别。

对可能引发事故灾难类突发事件的危险目标，应分析其关键装置、要害部位、重大危险源等，作为事件分级的主要依据。

针对各类型突发事件的风险程度，对本企业的应急资源和处置能力进行分析和评估，并列出不足。在应急保障中针对这些不足项，采取适当的强化保障措施。

（3）事件分类与分级。

依据行业规范、标准中关于事件分类分级的规定以及中国石油相关文件，结合本企业及外部应急处置能力实际，参照突发事件风险分析结果进行事件分类分级。

4）预防和预警

（1）预防与应急准备。

按照突发事件的四种类型，结合本企业的应急管理工作现状，分别描述防止事件发生采取的措施。

从完善预案体系、健全规章制度、开展宣传教育、提高员工素质、应急硬件设施建设、新技术开发、强化应急管理等方面进行准备。

（2）监测与预警。

根据企业应急能力情况及可能发生的突发事件类型与事件特征，有针对性地开展应急监测工作。

通过新闻媒体、上级预警、下级报送、风险评估、应急监测等途径获取突发事件的预报信息，对突发事件发生的可能性和严重程度进行判断。当发生突发事件的可能性和严重程度较大时，发出预警通知，按既有预警程序采取行动，并按程序进行应急响应准备。

（3）信息报告与处置。

明确24小时应急值守电话、内部信息报告的形式和要求以及事故信息的通报流程；明确事故信息上报的部门、方式、内容和时限等内容；明确事故发生后向可能遭受事故影响的单位以及请求援助单位发出有关信息的方式、方法。

5）应急响应

（1）响应流程。

根据所编制预案的类型和特点，明确应急响应的流程和步骤，并以流程图表示。

（2）应急响应分级。

根据事故紧急和危害程度，对应急响应进行分级，明确事故状态下的决策方法、应急行动程序和保障措施。应急响应分级要清晰，I级为最高响应级别。

（3）应急响应启动。

明确应急响应启动条件和启动方式。

（4）应急响应程序。

按照突发事件发展态势和过程顺序，结合事件的特点，根据需要明确接警报告和记录、应急机构启动、资源调配、媒体沟通和信息告知、后勤保障、应急状态解除和现场恢复等应急响应程序。

（5）恢复与重建。

明确开展恢复、重建工作的内容和程序。

（6）应急联动。

明确应急联动程序。

6）应急保障

（1）应急保障计划。

制定年度应急资源建设及储备目标，落实责任主体，确定外部依托机构，针对应急能力评估中发现的不足制定措施。

（2）应急资源。

应急保障责任主体依据既有应急保障计划，落实应急队伍、应急资金、应急物资配备及调用标准与措施。

（3）应急通讯。

明确与应急工作相关的单位和人员的联系方式与方法，并提供备用方案。建立健全应急通讯系统与配套设施，确保应急状态下信息通畅。

（4）应急技术。

阐述应急处置技术手段、技术机构等内容。

（5）其他保障。

根据应急工作需求，确定其他相关保障措施，例如交通运输保障、治安保障、医疗保障、后勤保障、体制机制保障等。

7）预案管理

（1）预案培训。

说明对本单位人员开展的应急培训计划、方式和要求。如果预案涉及相关方，应明确宣传、告知等工作。

（2）预案演练。

根据需要，说明应急演练的方式、频次等内容。

（3）预案修订。

说明应急预案修订、变更、改进的基本要求与时限以及采取的方式等，以实现可持续改进。

（4）预案备案。

说明预案备案的方式、审核要求、报备部门等内容。

8）附则

（1）名词与定义。

对应急预案涉及的一些术语进行定义。

（2）预案的签署和解释。

明确预案签署人以及预案解释部门。

（3）预案的实施。

明确预案实施时间。

9）附件

明确预案支持性附件，可根据预案的特点和实际需要选择但不限于以下内容：

（1）组织机构图及职责分配表；

（2）应急通讯联系方式及值班联系电话；

（3）风险分析及应急能力评估报告；

（4）应急救援物资、设备、队伍清单；

（5）重大危险源、环境敏感区域及应急设施分布图；

（6）其他附件。

2. 专项应急预案的主要内容

1）风险分析与事件分级

（1）事故类型与危害分析。

分析存在的危险源及其风险性、引发事故的诱因、事故影响范围及危害后果，提出相应的事故预防和应急措施。

（2）适用范围与事件分级。

规定应急预案适用的对象、范围，明确突发事件类型和分级标准等。

突发事件分级标准应与总体预案的分级标准统一。

2）组织机构及职责

明确突发事件应急响应的每个环节中负责应急指挥、处置，提供主要支持的机构、部门或人员，并确定其职责，清晰界定职责界面。

3）应急响应

（1）预警。

明确信息报告以及接警与预警条件、预警程序、预警职责、预警解除条件等。

预警条件以突发事件发展趋势的预警信息为依据，把预警工作向前延伸，逐级提前预警，提高预警时效。

（2）信息报告。

明确现场报警程序、方式和内容,相关部门 24 小时应急通讯联络方式,信息报送以及向外求援方式等。

（3）应急响应。

明确应急响应条件、程序、职责及响应解除条件等内容。

根据应急响应的程序和环节,明确现场工作组的派驻方式、人员组成和主要职责,应急专家的选派方式,应急救援队伍的协调和调度方式,以及与外部专家和救援队伍的联络与协调等。

明确预案中各响应部门的应急响应工作流程,绘制流程图,编制应急职能分解表。

4）应急保障

明确与本类型突发事件应急响应及救援直接相关的应急保障资源及内外部依托资源。

5）附则

主要阐述相关名词与定义、预案的签署和解释、预案实施等内容。

6）附件

专项预案的附件应和总体预案附件对应,在内容上比总体预案的附件更加详细和具体。除总体预案要求的附件以外,一般还应包括下述附件:

（1）专项应急组织机构及应急工作流程图;

（2）应急值班联系及通讯方式;

（3）应急组织有关人员、专家联系电话及其他通讯方式;

（4）上级、外部救援单位相关部门联系电话;

（5）政府相关部门联系电话;

（6）风险分析及评估报告;

（7）现场平面布置图和（或）工艺流程图;

（8）消防设施配置图和气象、互救信息等相关资料;

（9）供水供电单位的联系方式;

（10）医疗资源平面布置图及联系电话;

（11）周边区域道路交通示意图和疏散路线、交通管制示意图;

（12）周边区域的单位、住宅、重要基础设施分布图及有关联系方式;

（13）应急响应工作流程图（含响应程序和应急职能分解表）。

3. 现场应急处置方案的主要内容

1）事故特征

（1）危险性分析。

根据现场及作业环境可能出现的突发事件类型，对现场进行风险识别。重点分析关键装置、要害部位、重大危险源等，对现场及可以依托的资源的应急处置能力进行分析和评估。

（2）事件及事态描述。

简述现场可能发生的事件，分析事态发展，判断事故的危害性。对已发生的事件，组织现场有关人员和专家进行研究分析，根据分析结果和判断，对事态、可能后果及潜在危害等进行描述。

2）组织机构及职责

（1）应急处置流程图。

绘制应急处置流程图，并按照流程中的处置环节对组织机构及岗位人员的工作职能进行分配。

（2）应急处置工作职责。

参照专项应急预案中组织机构职责及要求，明确现场应急领导小组及具体的人员组成，并按照现场应急工作分工，组成负责综合、抢险、通讯、善后、后勤、信息报送及对外信息发布等应急工作的若干工作小组，确定人员的岗位工作职责。

3）应急处置

（1）应急处置程序。

明确事故报警、各项应急措施启动、应急救护人员的引导、事故扩大及同企业应急预案的衔接等应急程序。

应急处置应坚持"早发现、早处置、早控制、早报告"工作方针，始终贯彻"以人为本、安全第一，关爱生命、保护环境"的工作原则，力争在第一时间、现场达到控制事态，防止事故扩大的目的。

组织开展现场危害及风险分析，针对可能发生的事故类别及现场情况，明确事故报警、应急信息报送、应急措施启动、应急救援人员引导、事故扩大及同企业应急预案衔接的程序。

（2）应急处置要点。

针对可能发生的各类事件，从操作措施、工艺流程、现场处置、监测、监控以及事态控制、紧急疏散与警戒、人员防护与救护、环境保护等方面制订应急处置措施，细化应急处置步骤。

采用文字或图表形式表达应急处置流程图，对应流程中的每个结点，绘制机构或人员职能分配表。

4）注意事项

根据现场可能发生的突发事件类型及特点，有选择性地对佩戴个人防护器具、使用抢险救援器材、现场自救和互救、特别警示、应急救援结束后的环境污染控制等注意事项进行描述。

对应急救援过程中可能伤及救援人员的情况要特别提醒，任何情况下不允许盲目施救。一定牢记，救援人员在保证自身安全的情况下才可以实施应急救援，避免造成不必要的伤亡或事态扩大。

四、事故应急处理措施

输油气管道单位运营过程中，易引起群死群伤或重大影响的常见突发事件种类一般有火灾爆炸、泄漏、重大环境污染、自然灾害、恐怖袭击等。下面从这几类事故的现场应急处置方案出发，给出常规的应急处置要领和一般处置程序。

1. 输油气管道事故类型与预案分级

参照中国石油突发应急事件分级，对突发应急事件分为四级。

Ⅰ级突发事件（集团公司级）：是指突然发生，事态非常严重，对员工、相关方和人民群众的生命安全、设备财产、生产经营和工作秩序带来十分严重危害或威胁，已经或可能造成特大人员伤亡、财产损失或环境污染和生态破坏，造成重大社会影响以及对中国石油声誉产生重大影响，中国石油必须统一组织协调、调度各方面的资源和力量进行应急处置的突发事件。

Ⅱ级突发事件（管道公司级）：指突然发生，事态严重，对员工、相关方和人民群众的生命安全、设备财产、生产经营和工作秩序造成严重危害或威胁，已经或可能造成重大人员伤亡、财产损失或环境污染和生态破坏，造成较大社会影响以及对企业声誉产生重大影响，企业必须调度多个部门和单位力量、资源应急处置的突发事件。

Ⅲ级突发事件（分公司级）：指突然发生，事态较为严重，对员工、相关方和人民群众的生命安全、设备财产、生产经营和工作秩序造成较为严重的危害或威胁，已经或可能造成较大人员伤亡、财产损失或环境污染和生态破坏，造成社会影响以及对企业声誉产生较大影响，企业所属单位需要调度力量和资源进行应急处置的事件。

Ⅳ级突发事件（站队级）：指突然发生，对员工、相关方和人民群众的生命安全、设备财产、生产经营和工作秩序造成一定危害或威胁，可能造成人员伤害、财产损失或环境污染和生态破坏，企业所属基层站队需要调度力量和资源进行应急处置的事件。

管道事件主要包括自然灾害、事故灾难、恐怖袭击、火灾爆炸等，根据输油气管道事故的严重程度和造成的影响范围，将事故分为 A、B、C 三类。

A 类事故指由于自然灾害、工程隐患或第三方破坏（含恐怖袭击）等引发的管道严重扭曲、产生较大裂纹或断裂，导致运行中断或对人员造成严重伤害、对周边环境产生严重影响的事故；站场发生大量泄漏、爆管、爆炸、火灾或系统瘫痪等导致停输的事故。

B 类事故指由于腐蚀或人为破坏引起的管道穿孔（主要是腐蚀穿孔）或微小裂缝，导致介质小型泄漏，或由于自然灾害而导致的管道裸露、悬空或漂浮，可以在线补焊和处理的事故；设备故障导致站场无法正常运行且站场不能处理的事故。

C 类事故指因设备设施故障或其他原因造成的站场与阀室通讯故障、电力中断、管线冰堵等，但可以通过站场内工艺调整和其他临时处理措施而不会对管线运行和供油气用户造成影响的事故。

预案可按其实施主体分成三级，即地区管道分公司为一级，输油气分公司为二级，站场、维抢修中心为三级。事故发生后，各级预案的启动顺序是，三级预案首先启动，根据事故级别依次启动二级预案、一级预案。

一旦发生 A 类、B 类、C 类事故，三级预案自动启动。根据应急预案要求，各组织和人员各司其职，在采取控制措施的同时，立即上报输油气分公司应急领导小组。一旦 A 类、B 类事故识别成立，二级预案启动时，三级预案中的应急组织机构自动转入到二级预案中的相应组织机构。

2. 天然气大量泄漏或引发火灾、爆炸事故时的应急处理措施

（1）通过线路检查发现或地方政府、当地居民报告发现漏气或下游区段管线压力下降异常，首站压力持续上升，判定线路截断阀关闭。经检查确定管线大量泄漏。现场人员确认事故点两端阀门关闭，并进行放空，条件允许情况下进行点火。

（2）确认发生管道天然气大量泄漏事故后，值班人员应立即通知北京调度中心和各输油气分公司事故应急领导小组。同时事故现场人员进行工艺流程操作，减少天然气泄漏量，对现场进行布控。

（3）由所辖管道的输油气分公司事故应急领导小组立即通知抢修队伍马上出发进行抢修，通知地方政府、公安、消防、医疗救护等部门协助抢修、人员疏散、警戒、消防监护、人员救治等。若此时地方政府未到现场，由先

到的应急人员协助事故现场的最小行政单位疏散事故周边人员，划定警戒区；若地方政府已到现场，告知隔离区范围，由地方政府进行人员疏散、隔离、警戒。

（4）输油气分公司调度中心要了解当时全线供用气单位的情况，减少供气或用气，根据现场反馈的情况，直至停气。

（5）事故应急领导小组根据现场提供的情况，制订抢修方案。

（6）通知协作保障队伍和物资供应部门做好准备工作。

（7）现场经检测安全后人员可进入事故点，在事故点进行氮气置换或两端进行封堵，在氮气掩盖下用切管机切掉事故管段。

（8）更换事故管段，焊接，探伤，置换。

（9）取封堵，堵孔。

（10）通气试压。

（11）绝缘、防腐，恢复现场，恢复输气，同时做好记录并整理归档。

3. 原油大量泄漏的处理措施

管辖发生事故管段的站调度接到原油大量泄漏事故报告后，应根据事故报告情况，及时通知上级调度及站领导；站领导接到事故报告后应立即向输油气分公司事故应急领导小组汇报，同时组织进行事故初期抢险。上级调度根据报告情况，迅速指挥全线进行流程切换，采取关闭相关紧急截断阀、降压或停输等处理措施，防止事故进一步扩大，并通知相关站场注意监控和汇报。

1）干线管道发生原油大量泄漏事故

（1）当干线管道发生大量原油泄漏时，分公司调度应立即指挥全线进行流程切换，采取关闭事故段两端紧急截断阀或关闭事故端上游出站阀和下游进站阀，进行全线降压或停输等处理，防止事故进一步扩大，并通知相关站场注意监控和汇报，并同时启动输油站三级预案。

（2）事故站应急人员进行现场布控的同时，联系就近开挖机具并组织力工修建临时性集油池或储油坑来控制泄漏油品的漫流。联系油罐车，进行现场漏油回收，同时还应评估事故（泄漏）情况，向分公司应急领导小组提供信息和初步资料，以便确定事故的抢险方案。

（3）分公司应急人员接到应急命令后立即组织力量，按照各自职责携带抢险装备，赶赴现场和岗位。

（4）分公司调度报告当地应急指挥中心，请当地政府、公安、消防、武警、医疗急救等部门进行地方关系协调、现场警戒、交通管制、火灾扑救等应急工作。

（5）抢险人员到达现场后，立即按照分工开展抢险、警戒、疏导等应急工作，在应急反应领导小组的统一指挥下进行现场抢险（若是人为破坏造成的事故，尽可能保护现场，便于公安部门对现场进行勘察、取证工作）。

（6）若发生的事故依靠自己的力量无法完成抢险工作，应急反应领导小组应立即请求上级机关和抢险协作单位进行紧急支援。

（7）管道抢修作业执行分公司三级管道抢修预案。

（8）漏油的回收。将泄漏油品从集油坑（土油池、土围子或其他容器中）用移动泵机组或其他高压机组泵入油罐车内，转运到最近输油站的专门容器里。

（9）地表土层的油品清理。在抽完漏油的地表铺一层吸附剂（泥炭、干草）。吸附剂被漏油吸透后，将其收集起来，存放到其他地方。为了防止漏油漫流，严禁向没有完全抽干的土油池和排油槽里填土。

（10）抢险完成后，恢复正常输油。

2）站场、油库罐区发生原油大量泄漏事故

（1）分公司调度室接到事故报告后，应根据报告情况，迅速指挥全线进行流程切换操作，并同时启动输油站三级预案。

（2）事故站根据事故情况，经请示上级调度同意后，可采取全越站、停运相关设备站并关闭该设备进出口阀、关闭相关阀门切断跑油段等处理措施，防止事故进一步扩大。

（3）现场人员要严格遵守防火、防爆安全规定，确保事故初发状态的生产操作要一次到位，同时要保证人、物的安全。

（4）分公司事故应急领导小组组织抢修，并根据事故情况，决定是否求助地方事故应急求援体系。

3）干线管道发生原油大量泄漏引发火灾或爆炸事故

由应急领导小组立即通知地方政府、公安、消防、医疗救护等部门协助抢修、人员疏散、警戒、消防监护。若此时地方政府应急人员未到现场，由先到的应急人员协助事故现场的最小行政单位疏散事故周边人员，划定警戒区；若地方政府应急人员已到现场，告知隔离区范围，由地方政府应急人员组织实施人员疏散、隔离、警戒等事宜，并同时启动输油站三级预案。

（1）调度要了解当时全线输油状态，同时通知抢修队伍进行抢修。

（2）管道抢修作业执行分公司三级管道抢修预案。

（3）通知协作保障队伍和物资供应部门做好准备工作。

（4）进行现场抢修。

4）站场、油库罐区发生原油大量泄漏引发火灾或爆炸事故

（1）事故发生站调度报告上级调度，同时汇报站领导；站事故应急领导小组根据事故情况，汇报分公司事故应急领导小组后，决定是否求助地方事故应急求援体系，并同时启动输油站三级预案。

（2）上级调度接到事故报告后，应根据报告情况，迅速指挥全线进行流程切换操作。

（3）事故发生站根据事故情况，经请示上级调度同意后，可采取全越站、停运相关设备站并关闭该设备进出口阀、关闭相关阀门切断跑油段等处理措施，防止事故进一步扩大。

（4）现场人员要严格遵守防火、防爆及安全作业规定，确保事故初发状态的生产操作要一次到位，同时要保证人、物的安全。

（5）分公司事故应急领导小组组织抢修。

4. 自然灾害造成管道事故的应急处理措施

1）事故的预防措施

（1）在日常管线管理中，要求线路巡查人员必须提高个人技术素质，增强事业心、责任感，工作过程要巡检到位，及时发现事故苗头。

（2）对于有滑坡苗头的管线地段，要采取相应的措施，在雨季，部分护坡要重点巡查。

（3）对于管线位置为山体顺水沟处，要增修水渠或过水面。

2）事故的处理措施

通过巡线工或地方政府、当地居民报告发现山体滑坡或洪水造成油品泄漏后，事故处理程序如下：

（1）分公司调度中心调度员立即弄清并记录险情发生地点、现场详细情况，逐级汇报；通知事故抢险领导小组组织人员赶赴现场进行抢险。

（2）距事发地点最近输油站及保护站的人员抵达现场后，应组织勘察并进行事故初步控制、维持现场秩序。

（3）输油站及保护站人员应携带个人防护用具、隔离溢流油品的信号标志、工具、器材和通信工具。在油品溢流的地方插上信号标志将其隔开，保证人员在受到威胁时能远离危险区。

（4）当泄漏油品威胁到铁路、公路及河流的运行时，抢险领导小组汇报上级相关部门，停止公路、铁路和河流的交通运行。

（5）输油站及保护站人员应依照调控中心的安排将距离事故点最近的上

下游截断阀关闭。

（6）当泄漏油品大量漫流时，用可燃气体检测仪确认安全地方，输油站及保护站人员应立即组织修建临时性集油池或储油坑来控制泄漏油品的漫流。同时还应评估事故（泄漏）情况，向分公司调度中心提供信息和初步资料，以便确定事故的抢修方案。

（7）消防、回收漏油等其他相关队伍到达现场后进行消防保驾并尽量回收漏油，以减轻对环境的影响和周围公众安全的威胁。

（8）抢修队伍进行管道修复。根据事故现场勘察情况，采取相应的管体修复措施。

5. 穿越河流管段成品油泄漏事故的应急处理措施

1）管段可能发生的事故

管道穿越大中型河流时，可能由于物理机械原因（水流冲击、外力压迫、施工隐患等因素）导致管道产生裂缝、发生破裂等事故。

2）事故预防措施

（1）各级防汛部门在每年汛前，必须对所辖管道、站库及其防汛设施进行全面细致检查，确定出险工、险段，对存在的问题和事故隐患进行整治。

（2）加强巡检，及时修建水工保护设施。

（3）管道水工保护、河流穿越改造与加固等工程必须在汛前完成。

（4）在汛期，增加巡线次数，大雨过后立即巡线，及时发现问题，及时解决。

（5）汛期加强对运行参数的分析，发现问题，及时处理上报。

3）穿越河流管段事故的处理措施

（1）通过巡线工或地方政府、当地居民报告发现河流穿越处油品泄漏后，分公司调度中心调度员应立即弄清并记录险情发生地点、现场详细情况，逐级汇报，并通知事故抢险领导小组组织人员赶赴现场进行抢险。

（2）距事发地点最近输油站及保护站的人员抵达现场后，应组织勘察并进行事故初步控制、维持现场秩序。

（3）输油站及保护站人员应携带个人防护用具、隔离溢流油品的信号标志、工具、器材和通信工具。在油品溢流的地方插上信号标志将其隔开，保证人员在受到威胁时能远离危险区。

（4）当泄漏油品威胁到铁路、公路及河流的运行时，抢险领导小组应汇报上级相关部门，停止公路、铁路和河流的交通运行。

（5）输油站及保护站人员应依照调控中心的安排将距离事故点最近的上

下游截断阀关闭。

（6）当泄漏油品大量漫流时，用可燃气体检测仪确认安全地方，输油站及保护站人员应立即组织使用污油栅、撇油器控制泄漏油品的漫流。同时还应评估事故（泄漏）情况，向分公司调度中心提供信息和初步资料，以便确定事故的抢修方案。

（7）消防、回收漏油等其他相关队伍到达现场后进行消防保驾并尽量回收漏油，以减轻对环境的影响和周围公众安全的威胁。

（8）抢修队伍进行管道修复，根据事故现场勘察情况，采取相应的管体修复措施。当河流穿越段管道受到严重损坏时，采用换管抢修法。

6. 天然气中毒事故的应急处理措施

不含硫化氢的天然气由于含量过高也能引起人缺氧窒息。虽然天然气的主要成分甲烷不属于毒性气体，但因人离开了氧气就不能生存，空气中含氧量为19%是人工作的最低要求，含氧量为16.7%是安全工作的最低要求，含氧量只有7%时则呼吸紧迫、面色发青。当空气中的甲烷含量增加到10%以上时，则氧的含量相对减少，就使人感到氧气不足，此时的中毒现象是虚弱眩晕，进而可能失去知觉，直至死亡。

1）事故预防措施

（1）加强阀室的通风排气，进入阀室前必须进行检查，检查合格后方可入内。

（2）定期检查设备、管道，防止泄漏。

（3）废气、废液经处理后排放，以免造成环境污染。

（4）对有可能存在有毒气体的场地应进行检测。

（5）做好个人防护，要备有防毒面具、防护眼镜等；清洗收发球筒、分离器时，不但要戴防毒面具或供氧面具，还要有人陪伴看守，而且作业人员应系好安全带，以便于急救；作业时间不要太长。

（6）做好工人就业前体检和定期体检。

2）急救方案

（1）一旦发生中毒事故，应及时将中毒者撤离至上风地方或空气新鲜处，并送医院抢救。

（2）急救人员不能盲目地直接去救，应防止事故扩大，首先应进行个人防护，穿戴防毒面具或供氧面具，尽可能切断发生源。

（3）所有作业人员必须学会自救和对伤员的抢救方法，会进行人工呼吸、伤口处理、绑扎以及伤员运送等。

（4）佩戴防毒器具。根据输气工作中常见毒物的性质，可以采用过滤式防毒面具或供氧面具。过滤式防毒面具适宜于空气中氧含量不低于16%或含毒气量不超过2%时使用。

抢险人员在可燃气体大量泄漏情况下进行抢险作业时，必须穿戴防毒面具或供氧面具、防护眼镜、防静电服等。在抢险作业时，必须有两个人以上同时在现场，并随时保持联系。

7. 反打孔盗油现场的应急处置

（1）分公司调度获得打孔盗油事件信息后应立即通知应急反应领导小组。

（2）应急反应领导小组在得到突发事件事故信息迅速作出反应。

管道巡线工：

（1）迅速赶到事故现场。

（2）以成品油为例，在事故点油品扩散边缘上风口50m以外向输油站管道主管或值班站长汇报现场情况。

（3）在现场情况允许的条件下，进行紧急处理（关好盗油阀门或进行简单的堵漏处理）。

（4）在油品扩散边缘50m以外布设警戒线。

（5）逐户告知事故点500m范围内的居民严禁吸烟、接打电话，停止使用一切火源，禁止进行任何电气设备的开、关操作。

（6）控制通往事故点的道路，禁止一切车辆和人员的通过。事故点上方有高压线的，结合事故大小，通知电力部门是否停电。

输油站：

（1）站长接到现场报告或到达现场后，立即用电话将现场情况上报分公司经理；站调度室上报分公司调度室。

（2）依照北京调控中心调度令，关闭距事故点上下游最近的线路截断阀。

（3）用可燃气体检测仪进行检测，确认安全后，采取措施控制事故扩大和油品蔓延，如挖掘引流渠和集油坑，堆砌土坝控制油品流向，联系挖掘机和油槽车等。

（4）通知事故点附近的关联部门，如公路、铁路、河道、电力和通讯等管理部门。

（5）经请示分公司经理同意，将事故情况上报当地应急指挥中心。

（6）引导抢险人员和车辆进入事故现场，并停放至事故点上风向位置。

（7）用可燃气体检测仪进行检测，确认安全后进行抢险作业面清理和作业坑的开挖。

（8）抢修队伍根据打孔盗油现场情况，采取相应的管体修复措施。焊接管头和阀门严密不泄漏，用非引流堵漏卡具方法处理。焊接管头阀门有一定量的泄漏，应采取引流方法处理，使用引流式堵漏卡具。焊接管头或阀门断裂，造成大量油品泄漏，用木塞楔漏点，再用非引流堵漏卡具。

⑨进行抢修后的管道防腐和地貌恢复以及赔偿等善后处理工作。

8. 火灾爆炸现场的应急处置

1）火灾的防治基本原则

按照国家和行业标准、规范，坚持"以人为本"的指导思想，大型油气储存设施发生火灾爆炸时，应按以下原则进行应急处置：

（1）采取隔离和疏散措施，避免无关人员进入事件发生危险区域，并合理布置消防和救援力量。

（2）迅速将受伤、中毒人员送往医院抢救；组织医疗专家，保障治疗药物和器材的供应。

（3）根据油气储存设施救护的特点及风向，合理组织扑救工作。

（4）采取防泄漏、防扩散控制措施，防止火势蔓延。

（5）对灾区附近受威胁的油气储存设施应及时采取冷却、退料、泄压等措施，防止升温、升压而引起火灾爆炸。

（6）在扑救火灾过程中，应有足够数量的灭火用水、泡沫液、消防车辆，以应对沸溢和喷溅等突发情况。

（7）当火灾失控时，应密切关注油气储存设施燃烧情况，一旦发现异常征兆，应及时采取紧急撤离危险区等应变措施。当疏散现场周边有大面积人群时，现场应急指挥部应协助当地政府机构或驻军做好相关工作。

2）火灾救援技术

（1）抓住时机，以快制胜。

（2）抓住火灾初期阶段或火势较弱的时机，利用环境条件，以最快的战斗行动控制和消灭火灾。

（3）以冷制热，防止爆炸。

（4）灭火的同时，对着火的设备及四周进行冷却降温，不能顾此失彼，防止爆炸。

（5）先重点后一般。

（6）先扑灭外围火，然后内攻，以控制火势向周围蔓延扩大，防止形成大面积的火灾。

（7）各个击破，适时合围。

（8）对于较大面积的火灾，应采取各个击破、穿插分割、堵截火势、适时围歼的方法。

3）一般石油天然气火灾事故及其处置措施

（1）先控制，后消灭。针对火灾的火势发展蔓延快和燃烧面积大的特点，积极采取统一指挥、以快制快，堵截火势、防止蔓延，重点突破、排除险情，分割包围、速战速决的灭火战术。

（2）扑救人员应占领上风或侧风阵地。

（3）进行火情侦察、火灾扑救、火场疏散人员应有针对性地采取自我防护措施，如佩戴防护面具、穿戴专用防护服等。

（4）应迅速查明燃烧范围及其周围物品的品名和主要危险特性、火势蔓延的主要途径。

（5）正确选择最适合的灭火剂和灭火方法。火势较大时，应先堵截火势蔓延，控制燃烧范围，然后逐步扑灭火势。

（6）对有可能发生爆炸、爆裂、喷溅等特别危险需紧急撤退的情况，应按照统一的撤退信号和撤退方法及时撤退（撤退信号应格外醒目，能使现场所有人员都能看到或听到，并应经常演练）。

（7）火灾扑灭后，仍然要派人监护现场，消灭余火。起火单位应当保护现场，接受事故调查，协助公安消防部门和上级安全生产监督管理部门调查火灾原因，核定火灾损失，查明火灾责任，未经公安消防部门和上级安全生产监督管理部门的同意，不得擅自清理火灾现场。

第六章　事故案例分析和职业病防治

事故和事件也是一种资源，每一起事故和事件都给管理改进提供了重要机会，对安全状况分析及问题查找具有相当重要的意义。通过事故事件管理，充分共享事故事件资源，开展安全经验分享，对安全、环保和健康方面的典型经验、事故事件、不安全行为、不安全状态、实用常识进行宣传，避免事故事件重复发生。本章主要介绍了事故事件基本概念、事故事件的管理以及油气管道事故安全经验学习方法，并对典型管道事故案例进行分析。最后还简要介绍了中国石油的职业病防治管理、健康监护管理规范、作业场所职业病危害因素检测以及职业卫生档案管理等内容。

第一节　事故与事件

一、事故与事件概述

1. 事故与事件的定义

事故是指在人类活动过程中，危险源的风险值达到一定程度时发生负效应，从而导致生命、健康或财产损失，工作效率降低，以至于达不到工作或活动的预期目的。它一般是一种不期望的、突然发生、会造成损失的事件。事故的损失可以概括为五种，即生命、健康、财产、效率和环境方面的损失。

HSE 管理体系标准（Q/SY 1002.1—2007）对事故的定义为：造成死亡，职业病，伤害，财产损失，环境破坏的意外事件。

事件指的是造成或可能造成事故的事情，包括未遂过失。

OHSAS 18001：2007 新版删除了对事故和安全两个名词的定义，原有术语"事故"被合并到术语"事件"中。事件指导致或可能导致伤害或健康损害（无论严重程度）或死亡的与工作相关的情况。在这里事故是指导致伤害、健康损害或死亡的事件。未导致伤害、健康损害或死亡的事件在英文中还可称为"near–miss"、"near–hit"、"close call"或"dangerous occurrence"。

2. 事故的内涵和特征

事故的内涵至少包括四点：第一，是有原因的；第二，是由人和物两方面的原因引起的；第三，其严重度及发生频率符合海因里希"事故三角形"分布规律；第四，是由能量或物质的不正常传递引起的。

事故的特征主要包括普遍性、因果性、偶然性、必然性、不可逆性、潜伏性、突然性、低频性、危害性和可预防性。

3. 事故、事件界定的相对性

关于事故、事件的界定尚没有统一标准。随着客观事物的发展和人们认识的不断深化，概念的内涵和外延是可以变化的，这是概念内涵和外延的灵活性。"事故"这个概念在某个具体的国家、某个具体的时代、某个行业内部可能是相对确定的，但在不同的行业、不同的时代和不同的国家，人们对"事故"这个概念的理解可能是不一致的。

对事故或事件内涵的理解及容忍程度，在一定程度上反映企业安全管理水平的高低。依据海因里希"事故三角形"，企业如果普遍忽视小的、没造成损失的事故（件），进而可能导致企业安全管理方案的失效和重大事故发生。

根据损失的大小或损失发生的可能性，有五个程度不同的近义词可以使用。按损失或损失可能性大小可排列为"过错或惊吓（near misses）、事件（incident）、灾难（disaster）、灾害（catastrophe）"等。根据损失程度的不同，各国对事故的分类并不完全相同，其主要原因是安全具有相对性。我国对职业事故确定了轻伤、重伤、死亡、重大死亡事故和特大事故等分类，美国则划分了可记录伤害、损失工作日伤害、急救伤害、惊吓（near misses）等企业事故类型。

在过去，人们只把有人员伤亡和经济损失的意外事件才称为"事故"，对于那些没有伤亡和造成巨大经济损失的意外事件，比如"未遂事故"、"惊吓"或非常轻微的伤害，就不认为属于"事故"。随着经济的发展和社会的进步，许多人意识到"未遂事故"发生多了就必然会出现重大事故，所以人们认识到在给事故下定义时，只有事故的外延把那些没有人员伤亡的意外事件包括进去，才能更好地做好事故预防和安全管理工作。

事实上，没有造成伤害的险肇事故（事件）在数量上是相当大的。海因里希调查大量的伤害事故后发现，在发生的 330 起不安全行为中，其中 300 起没有造成伤害，29 起引起轻微伤害，只有一起造成了严重伤害。也就是说，事故中未遂事故在数量上占 90% 以上。相应地，每发生一起重大事故，我们就可以推测其背后会有三百多起中小事故和未遂事故发生。一起事故的发生是必然的，但其后果大小却具有随机性。大量的未遂事故是重大事故发生的征兆。重视预防未遂事故和中小事故，对于安全管理工作非常重要。

二、事故及事故隐患分级

1. 事故等级

2007 年 6 月 1 日起施行的中华人民共和国国务院第 493 号令《生产安全事故报告和调查处理条例》规定，根据生产安全事故（以下简称事故）造成的人员伤亡或者直接经济损失，一般将事故分为以下等级：

（1）特别重大事故，指造成 30 人以上死亡，或者 100 人以上重伤（包括急性工业中毒，下同），或者 1 亿元以上直接经济损失的事故。

（2）重大事故，指造成 10 人以上 30 人以下死亡，或者 50 人以上 100 人以下重伤，或者 5000 万元以上 1 亿元以下直接经济损失的事故。

（3）较大事故，指造成 3 人以上 10 人以下死亡，或者 10 人以上 50 人以下重伤，或者 1000 万元以上 5000 万元以下直接经济损失的事故。

（4）一般事故，指造成 3 人以下死亡，或者 10 人以下重伤，或者 1000 万元以下直接经济损失的事故。

2007 年 11 月 14 日起实施的《中国石油天然气集团公司生产安全事故管理办法》规定，根据事故造成的人员伤亡或者直接经济损失对一般事故更加细化。具体事故分级规定如下：

（1）特别重大事故，指造成 30 人以上死亡，或者 100 人以上重伤（包括急性工业中毒，下同），或者 1 亿元以上直接经济损失的事故。

（2）重大事故，是指造成 10 人以上 30 人以下死亡，或者 50 人以上 100 人以下重伤，或者 5000 万元以上 1 亿元以下直接经济损失的事故。

（3）较大事故，指造成 3 人以上 10 人以下死亡，或者 10 人以上 50 人以下重伤，或者 1000 万元以上 5000 万元以下直接经济损失的事故。

（4）一般事故，指造成 3 人以下死亡，或者 10 人以下重伤，或者 1000 万元以下直接经济损失的事故。具体细分为三级：

①一般事故 A 级，是指造成 3 人以下死亡，或者 3 人以上 10 人以下重伤，或者 10 人以上轻伤，或者 100 万元以上 1000 万元以下直接经济损失的事故。

②一般事故 B 级，是指造成 3 人以下重伤，或者 3 人以上 10 人以下轻伤，或者 10 万元以上 100 万元以下直接经济损失的事故。

③一般事故 C 级，是指造成 3 人以下轻伤，或者 10 万元以下 1000 元以上直接经济损失的事故。

规定中所称的"以上"包括本数，所称的"以下"不包括本数。

具体行业有更详细的事故等级标准划分，表 6 - 1 为英国和中国石油事故等级的比较。

表 6 - 1　英国和中国石油事故等级的比较

英国事故等级		中国石油事故等级	
等　级	内　容	等　级	内　容
轻伤事故	对人员轻微伤害，在家休息 3 天以内的事故	一般事故	一次死亡 1 ~ 2 人（含 2 人）；一次重伤 1 ~ 9 人（含 9 人）；一次直接经济损失 1 万元至 1000 万元（不含 1000 万元）
重大事故	对 1 人永久性伤残，或 6 人身体外部受伤害，在医院停留 24 小时以上的事故	较大事故	一次死亡 3 ~ 9 人（含 9 人）；一次重伤 10 ~ 49 人（含 49 人）；一次轻伤 11 人以上（含 11 人）；一次直接经济损失 1000 万元至 5000 万元（不含 5000 万元）
致命事故	造成人员死亡的事故	重大事故	一次死亡 10 ~ 29 人（含 29 人）；一次重伤 50 ~ 99 人（含 99 人）；一次直接经济损失 5000 万元至 1 亿元（不含 1 亿元）
		特大事故	一次死亡 30 人以上；一次重伤 100 人以上；一次直接经济损失 1 亿元以上

2. 事故隐患分级

安全生产事故隐患是指生产经营单位违反安全生产法律、法规、规章、标准、规程和安全生产管理制度的规定，或者因其他因素在生产经营活动中存在可能导致事故发生的物的危险状态、人的不安全行为和管理上的缺陷。

事故隐患分为一般事故隐患和重大事故隐患。一般事故隐患是指危害和整改难度较小，发现后能够立即整改排除的隐患。重大事故隐患，是指危害和整改难度较大，应当全部或者局部停产停业，并经过一定时间整改治理方能排除的隐患，或者因外部因素影响致使生产经营单位自身难以排除的隐患。

2008 年 2 月 1 日起施行的国家安全生产监督管理总局令第 16 号令《安全生产事故隐患排查治理暂行规定》中规定：生产经营单位应当每季、每年对本单位事故隐患排查治理情况进行统计分析，并分别于下一季度 15 日前和下一年 1 月 31 日前向安全监管监察部门和有关部门报送书面统计分析表。统计分析表应当由生产经营单位主要负责人签字。对于重大事故隐患，生产经营单位除依照前款规定报送外，应当及时向安全监管监察部门和有关部门报告。重大事故隐患报告内容应当包括：隐患的现状及其产生原因；隐患的危害程度和整改难易程度分析；隐患的治理方案。

对于一般事故隐患，由生产经营单位（车间、分厂、区队等）负责人或者有关人员立即组织整改。对于重大事故隐患，由生产经营单位主要负责人组织制定并实施事故隐患治理方案。重大事故隐患治理方案应当包括以下内容：治理的目标和任务；采取的方法和措施；经费和物资的落实；负责治理的机构和人员；治理的时限和要求；安全措施和应急预案。

《中国石油天然气集团公司事故隐患管理办法》对隐患分级做有如下规定：

（1）特大事故隐患，是指可能造成一次死亡 10 人及以上，或者中毒（重伤）50 人及以上，或者造成一次直接经济损失人民币 1000 万元及以上和社会影响恶劣、性质严重的事故。

（2）重大事故隐患，是指可能造成一次死亡 3 人以上，或者中毒（重伤）10 人及以上，或者一次造成直接经济损失人民币 500 万元及以上 1000 万元以下和较大社会影响的事故。

（3）较大事故隐患，是指可能造成一次死亡 1～2 人，或者中毒（重伤）3 人以上，或者一次造成直接经济损失人民币 100 万元及以上 500 万元以下的事故隐患。

（4）其他为一般事故隐患。

国外安全管理先进的石油公司对事故隐患分级相对更细更严格一些，这样也有利于事故预防和隐患处理，表 6-2～表 6-5 为国外某石油公司事故隐患分级方法。

表6-2 某石油公司事故隐患分级

发生事故的严重性					发生事故的可能性				
人	财产	环境	声誉	分级	不可能	可能	每10年1次	每1~2年1次	每年数次
安全风险	经济风险	环境风险	声誉风险						
无健康影响或伤害	无损失	无影响	无影响	0	A	B	C	D	E
轻微伤害	轻微损失<7500英镑	轻微影响	轻微影响	1					
轻度伤害	较小损失7500~75000英镑	较小影响	较大影响	2					
严重伤害	局部损失75000~375000英镑	局部影响	严重影响	3					
1人死亡	重大损失375000~7500000英镑	重大影响	重大国内影响	4					
多人死亡	巨大损失>7500000英镑	巨大影响	重大国际影响	5					

表6-3 人的安全风险衡量

数 值	伤害程度	伤 害 内 容
0	无伤害	无
1	轻微伤害	不影响工作表现,或没有导致能力丧失
2	轻度伤害	影响工作表现,活动受限或需要一段时间才能恢复
3	严重伤害	长期影响工作能力,无生命危险但不可恢复的健康损害
4	1人死亡	一次事故导致1人死亡或职业病导致3人无法恢复的,严重时能死亡
5	多人死亡	一次事故或职业病造成多人死亡

表6-4 环境风险衡量

数 值	影响程度	损 失 内 容
0	无影响	无
1	轻微影响	在厂区和系统内的轻微影响
2	较小影响	污染和排放对环境造成破坏,但不能造成持久影响,违反规定一次或被控诉一次

续表

数　值	影响程度	损　失　内　容
3	局部影响	影响临近区域，对环境造成局部破坏，重复违反规定或多次被控诉
4	重大影响	对环境造成严重破坏，需要采取大量措施才能恢复环境，严重违反规定或引起公众广泛不满
5	巨大影响	持续的严重环境破坏或引起广泛的强烈不满，造成严重的经济后果

表6-5　声誉影响衡量

数　值	影响程度	损　失　内　容
0	无影响	不引起公众注意
1	轻微影响	可能产生公众注意，但没引起关注
2	较大影响	引起当地一些公众关注和当地媒体、政治上的注意
3	严重影响	引起区域性的公众关注和当地媒体的极大关注
4	重大国内影响	引起国内公众关注和国内媒体的极大关注，对国内政治造成影响，对经营产生影响
5	重大国际影响	引起国际公众关注和国际媒体的极大关注，对国内、国际政治造成严重影响，对经营产生严重影响

3. 事故损失

事故造成物质破坏而带来的经济损失很容易计算出来，而弄清人员伤亡带来的经济损失却是一件十分困难的事情。一起伤亡事故发生后，给企业带来多方面的经济损失。直接经济损失很容易直接统计出来，而间接经济损失比较隐蔽，不容易直接由财务账面上查到。国内外对伤亡事故的直接经济损失和间接经济损失做了不同规定。

1）国外对伤亡事故直接经济损失和间接经济损失的划分

在国外，特别是在西方国家，伤害的赔偿主要由保险公司承担。于是，把由保险公司支付的费用定义为直接经济损失，而把其他由企业承担的经济损失定义为间接经济损失。

美国的海因里希规定，伤亡事故的间接经济损失包括以下内容：

（1）受伤害者的时间损失；

（2）其他人员由于好奇、同情、救助等引起的时间损失；

（3）工长、监督人员和其他管理人员的时间损失；

（4）医疗救护人员等不由保险公司支付酬金人员的时间损失；

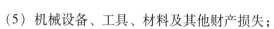

（5）机械设备、工具、材料及其他财产损失；

（6）生产受到事故的影响而不能按期交货的罚金等损失；

（7）按职工福利制度所支付的经费；

（8）负伤者返回岗位后，由于工作能力降低而造成的工作损失，以及照付原工资的损失；

（9）由于事故引起人员心理紧张，或情绪低落而诱发其他事故造成的损失；

（10）即使负伤者停工也要支付的照明、取暖费等人均费用的损失。

其后，美国的西蒙兹规定，伤亡事故间接经济损失包含的项目有：非负伤者由于中止作业而引起的工作损失；修理、拆除被损坏的设备、材料的费用；受伤害者停止工作造成的生产损失；加班劳动的费用；监督人员的工资；受伤害者返回工作岗位后生产减少造成的损失；补充新工人的教育、训练费用；企业负担的医疗费用；为进行事故调查，付给监督人员和有关工人的费用；其他损失。

2）我国对伤亡事故直接经济损失和间接经济损失的划分

对事故中的死亡人员，要依据公安机关或者具有资质的医疗机构出具的证明材料来确定；对重伤人员，要依据具有资质的医疗机构出具的证明材料来确定。

事故造成的直接经济损失包括：人身伤亡后所支出的费用，含医疗费用（含护理费用）、丧葬及抚恤费用、补助及救济费用、歇工工资；善后处理费用，含处理事故的事务性费用、现场抢救费用、清理现场费用、事故赔偿费用；财产损失价值、含固定资产损失价值、流动资产损失价值。

伤亡事故间接经济损失包括：停产、减产损失价值；工作损失价值；资源损失价值；处理环境污染的费用；补充新职工的培训费用；其他费用。国家标准就其他项目的统计方法也做了明确规定。

三、事故预防和控制

1. 安全文化

安全文化是安全工作的基础，有怎样的安全文化就会有相应的安全管理。安全文化集中体现为安全和健康的思维与期望、价值观和行为准则等。安全文化氛围影响员工的行为方式和习惯，而大部分事故都与不安全行为密切关联，所以，安全文化也最终决定着企业安全业绩。当前全国安全形势依然严峻，其中重要原因之一是安全文化建设水平较低，全民的安全意识较为淡薄；一些企业的安全文化行为不够规范；社会的安全舆论不够浓厚。所以，加强安全文化建设具有突出的重要性、迫切性和战略性。

1）安全文化含义

对于安全文化的定义仁者见仁。英国健康安全委员会定义安全文化为：个人和群体的价值观、态度、认知、能力、行为模式以及组织的安全健康管理方式和形象。这同我国认为的安全文化是关于安全的精神、观念、行为与物态的总和，具有表层企业安全文化、中层企业安全文化、深层企业安全文化等不同表现形式，主要表现为安全活动的宗旨、远景、价值观、信仰和安全指导方针，并能够通过安全业绩反映出来等看法相一致。

安全文化经历了不同的发展阶段，每个阶段具有不同的结构和内涵。在当前的广义安全文化阶段，更侧重于研究人的认识、思维、行为、态度和习俗。例如，福陆公司（Fluor）关于"环境、安全和健康（Health, Safety and Environment, HSE）问题都能够得以解决（HSE can be managed）"，"零事故是可以实现的（Zero Accident is an attainable goal）"；美铝公司（Alcoa）的"我们勤奋工作可预防所有的事故（We will work diligently to prevent all incidents）"；道化学公司（Dow）的"我们的目标是零事故（Our drive is ZE-RO）"，英特尔公司（Intel）的"我们预防一切伤亡（Prevent all injuries）"，杜邦公司的"一切伤亡和职业病都是可以预防的"，等等。总起来看，保护安全与健康，关爱生命是安全文化的真谛。安全文化是保证企业安全生产最持久的决定因素，安全业绩卓越的企业无一例外都拥有自己良好的安全文化。这种安全文化既有本质共性因素，也有鲜明的个性特色，适合企业特性。而对发生事故的企业来说，深层原因之一也往往在于没有能够建立并维持良好有效的企业安全文化。对事故原因的调查和研究当然也应当上升到对安全文化的深入分析层面。

关于安全文化的测评，自1980年祖哈以来，关于安全文化的研究大多在态度与价值观水平上采取调查问卷的方式进行，并对调查数据采用SPASS和LISREL等工具进行定量统计分析，从而揭示研究所界定范围的安全文化构成要素及相互关系。与国外类似研究方法不同的是，我国则常采用其他数学方法进行分层分析或评级研究等。

2）安全文化内容

企业安全文化状态可通过下列认识和管理制度等体现：安全承诺、风险认知水平、安全投入、组织结构、持续改进、工作环境、应急预案、安全责任制、风险评价、信息交流、承包商管理、事故调查员工参与、安全知识与动机、班组建设、安全监察（检查）、安全部门、安全管理的效力、安全方案有效性、员工的流动性、员工技能培训、工作能力、规范化管理、设备管理、生产设计、工作外安全、工作压力、工作满意度、雇佣关系、个人不良习惯、自豪感、道德水平、公平性等。

HSE 企业安全文化是石油化工行业的标准化体现形式，它对具体内容进行了归纳与提炼。HSE 企业安全文化主要内容体现在：持续改进 HSE 表现的信念；鼓励和促进员工改善 HSE 表现；每个员工的责任和义务都体现公司的HSE 表现上；各个层次上的员工都参与 HSE 管理体系的建立和运行；自上而下地实施 HSE 管理承诺；保证 HSE 管理体系的有效实施。

3）安全文化评价

在开展安全文化评价工作时，首先应成立评价组织机构，并由其确定评价工作的实施机构。

（1）企业实施安全文化评价时，由评价组织机构负责确定评价工作人员并成立评价工作组。必要时可选聘有关咨询专家或咨询专家组。咨询专家（组）的工作任务和工作要求由评价组织机构明确。

（2）安全文化评价工作人员应具备的基本条件有：熟悉企业安全文化评价相关业务，有较强的综合分析判断能力与沟通能力；具有较丰富的企业安全文化建设与实施专业知识；坚持原则、秉公办事。评价项目负责人应有丰富的企业安全文化建设经验，熟悉评价指标及评价模型。

（3）制定安全文化评价工作实施方案。评价实施机构应参照标准制定评价工作实施方案。方案中应包括所用评价方法、评价样本、访谈提纲、测评问卷、实施计划等内容，并应报送评价组织机构批准。

（4）下达"安全文化评价通知书"。在实施评价前，由评价组织机构向选定的样本单位下达"安全文化评价通知书"。"安全文化评价通知书"中应当明确评价的目的、用途、要求、应提供的资料及对所提供资料应负的责任以及其他需在评价通知书中明确的事项。

（5）调研、收集与核实基础资料。根据标准设计评价的调研问卷，根据评价工作方案收集整理评价基础数据和基础资料。资料收集可以采取访谈、问卷调查、召开座谈会、专家现场观测、查阅有关资料和档案等形式进行。评价人员要对评价基础数据和基础资料进行认真检查、整理，确保评价基础资料的系统性和完整性。评价工作人员应对接触的资料内容履行保密义务。

（6）安全文化数据统计分析。对调研结果和基础数据核实无误后，可借助 EXCEL、SPSS、SAS 等统计软件进行数据统计，然后根据标准建立数学模型，并结合实际选用的调研分析方法，对统计数据进行分析。

（7）撰写安全文化评价报告。统计分析完成后，评价工作组应按照规范的格式，撰写企业安全文化建设评价报告，报告评价结果。

（8）反馈企业征求意见。

（9）提交安全文化评价报告。评价报告提出后，应反馈企业征求意见并作必要修改。评价工作组修改完成评价报告后，经评价项目负责人签字，报送评价组织机构审核确认。

（10）进行安全文化评价工作总结。评价项目完成后，评价工作组要进行评价工作总结，将工作背景、实施过程、存在的问题和建议等形成书面报告，报送评价组织机构。同时建立好评价工作档案。

2. 安全管理

安全管理是指企业"处理"安全相关问题的方法和步骤。一个具有现代化技术水平的企业必需建立与其相适应的现代化的安全管理模式。当前安全管理模式中普遍采用的是系统化思想，集中体现形式就是系统化职业安全健康管理体系模式（Occupational Safety and Health Management System, OSHMS）。

英国、美国、澳大利亚、挪威、芬兰、日本等国家在探索系统化职业安全健康管理的标准及其应用方面已经走在了世界的前列。我国 2001 年成立了"全国职业安全健康管理体系认证指导委员会"、"全国职业安全健康管理体系认证机构认可委员会"和"全国职业安全健康管理体系审核员注册委员会"，制定了职业安全健康管理体系认可、认证、注册等一系列技术基础性文件，在此基础上大力推行了管理体系模式。目前在煤炭、建筑、机械、矿山、电力、电子、冶金等行业的企业已逐步实施了 OSHMS。在石油、天然气及石油化工行业实施健康、安全、环境管理体系（HSE），在交通行业实行国际海事组织的《国际船舶安全运营和防止污染管理规则》（ISM 规则）等。

在石化行业普遍实行的 HSE 管理模式下，管理职责划分为：

HSE 指导委员会主任的职责是：贯彻执行集团公司的 HSE 方针，支持和参与集团公司组织的 HSE 管理评审；组织本单位 HSE 管理体系文件的编制、修订，并负责体系运行管理；参与综合决策，组织制定年度 HSE 目标、指标和方案，授权处理本单位 HSE 问题；主持本单位内部 HSE 管理体系审核工作，审批 HSE 管理体系审核计划和报告；每年向集团公司 HSE 委员会汇报各项指标完成及工作实施情况，提出下步工作部署，交集团公司审核备案；组

织开展 HSE 宣传、教育、培训、技术信息交流活动，负责 HSE 管理体系有关事宜与外部各方的联系；负责调查、处理、报告 HSE 方面的事故，建立并完善 HSE 记录、统计报表及档案。

HSE 最高管理者代表的职责是：对 HSE 整体表现负责；保证所有生产现场纳入详细的 HSE 管理体系；对体系各组成部分委派责任人；确定和控制风险；根据法律和上级部门要求组织生产；实现 HSE 目标，提高 HSE 管理持续改进能力。

HSE 执行机构的职责是：负责解释相关法规、措施和 HSE 指南，制定和编写本单位技术标准、惯例和指南；监督和评价 HSE 表现，及时更新和维护记录，编写 HSE 表现阶段报告；保证发生突发事件时有很好的通信系统，作出有效的应急反应；完成独立审核，向上级主管部门保证所有风险可以得到有效控制；从集团公司内部或外部事故中汲取教训，并通过各种渠道掌握最新技术，促进 HSE 表现；为本单位的各项活动征求专家意见，组织开发 HSE 新技术、新工艺；为上级领导部门制定 HSE 战略和计划提供技术和工程方面的合理化建议；组织开展 HSE 风险评估，对承包商的 HSE 业绩和生产活动进行监督。

员工职责是：具有维护 HSE 企业文化的义务和权利；接受 HSE 培训；按照 HSE 文件完成工作任务；接受 HSE 管理部门的检查和监督；对事故，包括险兆事故进行报告；参与 HSE 管理。

3. 安全标准

工作和安全的规范与标准对预防事故具有重要意义。企业的安全标准是企业安全管理方针的具体化，是安全程序文件的总体要求，是对企业生产主要环节要达到什么水平的总体要求。安全标准是保障企业安全生产的重要技术规范，安全生产标准化是社会化大生产的要求，是社会生产力发展水平的反映。

企业安全管理标准化，简单来说，就是针对企业的现状（含人员状况、设备设施状况、作业环境状况、生产经营与销售状况），制定系统化的安全管理标准或程序，然后组织贯彻实施和检查考核。换句话说，企业要实现安全管理标准化，要解决四个方面的问题：第一，依据 HSE 管理体系的要求，制定一套系统的安全管理体系；第二，解决标准的执行问题；第三，定期对标准进行评审、修订；第四，班组安全管理标准化。

现代企业安全管理标准化可从下述三个方面加以强化。一是重视安全标准化管理工作；二是要提高安全干部和全体员工的安全素质；三是建立健全现代企业安全标准化管理体系。中国石油特别重视标准与规范的制定与推广，例如2009年7月1日统一发布，2009年9月1日正式实施的规范见表6-6。

表6-6 中国石油2009年主要安全标准、规范

序 号	标 准 号	标 准 名 称
1	Q/SY 1234—2009	HSE培训管理规范
2	Q/SY 1235—2009	行为安全观察与沟通管理规范
3	Q/SY 1236—2009	高处作业安全管理规范
4	Q/SY 1237—2009	工艺和设备变更管理规范
5	Q/SY 1238—2009	工作前安全分析管理规范
6	Q/SY 1239—2009	工作循环分析管理规范
7	Q/SY 1240—2009	作业许可管理规范
8	Q/SY 1241—2009	动火作业安全管理规范
9	Q/SY 1242—2009	进入受限空间安全管理规范
10	Q/SY 1243—2009	管线打开安全管理规范
11	Q/SY 1244—2009	临时用电安全管理规范
12	Q/SY 1245—2009	启动前安全检查管理规范
13	Q/SY 1246—2009	脚手架作业安全管理规范
14	Q/SY 1247—2009	挖掘作业安全管理规范
15	Q/SY 1248—2009	移动式起重机吊装作业安全管理规范

4. 安全培训

安全生产事故的直接原因是人的不安全行为和物的不安全状态，间接共性原因是员工的安全知识不足、安全意识不高、安全习惯欠缺，而引发安全事故的根本原因取决于企业安全管理体系的健全情况、应用水平及企业安全文化建设的水平。人的不安全行为以及由此引发的不安全状态、安全知识、意识和习惯，安全管理体系、安全文化等都可以通过安全培训来改善。试验表明，有效的安全教育和培训能在短期内能显著改善员工在上述三项共性原因上的欠缺，达到期望的安全行为，进而能对预防和减少事故起到明显作用。

国家历来重视安全生产和安全培训所起的"先导性、基础性、战略性"的重要作用。例如，在《国民经济和社会发展第十一个五年规划纲要》中，第一次将安全生产纳入了经济社会五年发展规划，并明确安全生产控制考核指标体系，提出到2010年单位国内生产总值安全事故死亡率下降35%、工矿商贸就业人员生产安全事故死亡率下降25%的目标。坚持"管理、装备、培

训"并重原则下，安全生产监督管理总局把安全培训作为安全生产的重要支撑体系之一，将其纳入规范化管理的轨道，相关法律、法规、标准以及安全培训基地建设逐步完善。近年来，以《中华人民共和国安全生产法》为核心，相继颁布了《安全生产培训管理办法》（原国家局第 20 号令）、《生产经营单位安全培训规定》（总局第 3 号令）等部门规章和规范性文件 20 多个，并基本形成了比较完整的安全生产培训基地的网络体系。据有关统计，2008 年年底，全国已有国家承认资质的安全生产培训机构 3969 家，其中：一级 33 家，二级 164 家，三级 2058 家，四级 1714 家。

中国石油历来重视安全教育和培训，其中中国石油所属的一、二级安全培训机构就包括中国石油大学（北京）、北京石油管理干部学院等，北京中油宇安健康安全环境咨询中心、中国石油辽阳石油化纤公司职工培训中心、大庆油田技术培训中心、胜利油田高级人才培训中心、新疆石油管理局准东勘探开发公司职工培训中心、中国石油天然气集团公司新疆职工培训中心等，并开展了大量安全培训，提高了员工安全素养，有效地预防和控制了事故。

第二节 事故事件的管理

一、事故调查

1. 事故原因调查

事故原因调查的步骤一般分为三个过程。

第一个过程：确认事实，即按人、物、管理、事故发生前的经过这一顺序进行。在确认事实阶段，其调查项目有：

（1）人的方面，受伤者的特性；受伤者所从事作业的名称和内容，并查清受伤者承担的作业任务和责任；查清是单独作业还是共同作业，如果是共同作业，要调查包括受伤者在内共有几个人作业；共同作业者的特性和任务。

（2）物的方面，服装、护具，例如服装是否是规定的服装，是否穿了规定以外的鞋，护具的选择和使用是否正确，护具的性能是否良好，是否戴了禁止使用的手套等；气象、环境，例如天气、温度、湿度、风速、照明、噪声、通风、异常气压等；物质、材料、货物，要对使用或加工的危险物、有害物、材料、货物等进行研究；设备、机械、夹具、安全装置等，例如压力容器、化学设备、动力机械，提升装置、搬运机械、建筑机械、有害物控制装置等，对以上三类机械装置，除了查清它们结构、强度、功能上有无缺陷和有无防护设施外，还要查清物理和化学危险性、有害性，尤其要查清有没有装安全装置、有害物控制装置及其结构和功能上有无缺陷。

（3）管理方面，有无安全卫生管理规程、作业标准，其内容如何；有没有同种事故或类似事故，对策内容如何；管理、监督状况，例如计划、命令指示、交谈、分配、安排、指导、教育、指挥、检查、巡视、验证、记录报告、联络传达手续等的管理监督状况，重点要放在事故发生日上，但对平时的管理监督状况也要查清。

（4）事故发生前的经过。查清作业开始前后到发生事故这段过程中的不安全状态和不安全行动及为什么发生这一状态和行动，它的原因和背景是什么。在了解事故发生前的经过时，要特别注意以下几点：按照"5WIH"原则（Who、When、Where、What、Which、How）进行调查；把事实按时间序列（过程）排列；忠于真相，尽可能客观、正确、简洁地加以表现，要特别注意即场、即物、即人表现；查清事实的背景（管理方面的状况）；对不安全行为要注意，是否让安全装置起作用，是否实行了安全措施，是否对运转中的机械装置进行清扫、注油、修理、检查，是否接近了危险有害场所，开机器中有无失误，作业方法有无缺陷，作业动作有无失误或不当，有无其他不安全动作。

第二个过程：查找、掌握事故因素。

"事故因素"是指不安全状态、不安全行为及管理方面的缺陷中决定事故发生的因素。对前一阶段中掌握的和事故有关的事实，要根据预先明确规定的判断标准来确定哪里存在缺陷，并把它作为事故因素。

第三个过程：确定事故原因。

认真研究已掌握的事故因素的相互关系和重要程度之后，确定事故引发的直接原因和间接原因。直接原因由不安全状态和不安全行为构成，间接原因一般由管理上的缺陷构成。

2. 我国事故调查与统计

对事故查处要做到：一要实事求是，按照"四不放过"原则，查清事故原因，查清事故背后的权钱交易等腐败行为；二要依法依规，以事实为依据，以法律为准绳，严肃追究相关责任人的责任；三要注重实效，推动工作。

发生事故后，特别是重大事故，要由国务院或者国务院授权有关部门组织事故调查组进行调查。重大事故、较大事故、一般事故分别由事故发生地省级人民政府、设区的市级人民政府、县级人民政府负责调查。省级人民政府、设区的市级人民政府、县级人民政府可以直接组织事故调查组进行调查，也可以授权或者委托有关部门组织事故调查组进行调查。对未造成人员伤亡的一般事故，县级人民政府也可以委托事故发生单位组织事故调查组进行调查。

事故调查组应当：查明事故发生的经过、原因、人员伤亡情况及直接经济损失；认定事故的性质和事故责任；提出对事故责任者的处理建议；总结事故教训，提出防范和整改措施；提交事故调查报告。

事故调查报告应当包括下列内容：事故发生单位基本情况；事故发生经过、事故救援情况和事故类别；事故造成的人员伤亡和直接经济损失；事故发生的直接原因、间接原因和事故性质；事故责任的认定以及对事故责任人员和责任单位的处理建议；事故防范和整改措施。事故调查报告应当附具有关证据材料。事故调查组成员应当在事故调查报告上签名。

事故调查处理应当坚持实事求是、尊重科学的原则，及时、准确地查清事故经过、事故原因和事故损失，查明事故性质，认定事故责任，总结事故经验，提出整改措施，并对事故责任者依法追究责任。

3. 国外事故调查与统计

欧共体各国对造成人员死亡的事故管理要求比较严格，而对其他事故关注较少。例如，Shell 石油公司 Stanlow 炼油化工联合工厂发生轻伤事故由厂内调查，写出事故分析报告，2 小时内由工厂自己解决；发生重大事故（永久致残）由公司调查，写出事故分析报告，24 小时内交公司上级相关管理部门；发生致命事故由第三方的独立机构进行调查，写出事故分析报告，2 周内得出结论。同时报各国 HSE 管理委员会，再由各国 HSE 管理委员会报欧共体 HSE 管理委员会。

在 Shell 石油公司 Stanlow 炼油化工联合工厂进行事故调查时，首先确定人为因素，如是否去了不该去的地方；是否有违章作业，违章作业是故意违章还是无意违章，等等。其次确定环境因素，如作业环境是否危险，疏散系统是否畅通，防护系统是否发生故障，等等。他们认为事故发生的根本原因在于高层决策者和管理人员、设计人员、计划人员，这类人员的错误决策会导致事故的发生，而事故的直接原因在于基层管理人员、操作人员、维修人员、司机等，这类人员的误操作、违章操作也都会导致事故的发生。

Shell 石油公司 Stanlow 炼油化工联合工厂非常注重事故的统计分析，根据可能造成事故的原因，把事故分为 11 种类型，并将不同类型的事故发生的频次进行了以下排序：计算机硬件缺陷或故障；设计错误；设备维修问题；工艺过程有误；环境的不利因素；作业现场杂乱无章；工作目标或任务超过了人或设备的极限；信息传递发生错误；责任不清；培训教育不够，劳动防护问题；防护措施不到位。

二、事故分析

事故分析是事故管理的重要组成部分，它是建立在事故调查研究或科学实验基础上对事故进行科学的分析。事故分析的重点是事故所产生的问题或影响的大小，而不是描述事故本身的大小。事故分析包涵两层含意，一是对已发生事故的分析，二是对相似条件下类似事故发生可能性的预测。通过事故分析，可以查明事故发生的原因，弄清事故发生的经过和相关的人、物及管理状况，提出防止类似事故发生的方法及途径。事故分析的对象是具有特定条件的事件全体。

通过事故分析，可以达到如下效果：

（1）能发现各行各业在各种工艺条件下发生事故的特点和规律；

（2）发现新的危险因素和管理缺陷；

（3）针对事故特点，研究有效、有针对性的技术防范措施；

（4）可以从事故中引出新工艺、新技术等。

事故分析有许多种方法，如事故的定性分析、事故的定量分析、事故的定时分析、事故的评价分析等。根据事故分析的目的，可选用不同的方法。

进行事故分析要做到：明确某些事情错在哪里，以及需要如何改正才能不犯这些错误；指出引起事故（或临界事故）的有害因素类型，并描述所造成的危害和损伤情况；查明并描述某些基本情况，如确定存在的潜在危害和危险状况，以及一经改变或排除后出现的最安全的情况。

三、事故资源的开发与利用

事故是非常重要的资源，如充分开发与利用，将能产生良好效果（图6-1）。企业应当对可能发生的事故的类型、危害、严重程度、危害等级列表管理。要有事故日常管理统计负责部门，严格管理事故档案。要对一切事故都处理归档。要有事故应急救援预案、急救措施、报告程序、时间要求、事故调查规定、事故总结、预防措施、责任人处理、组织联系方法等。要开发事故资源，促进事故向积极的方向发展。要有工伤恢复计划。

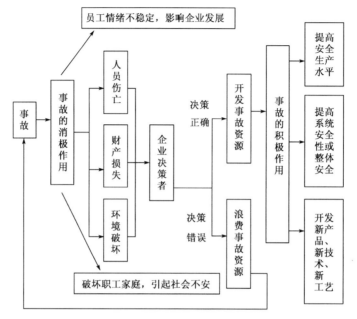

图 6-1　事故资源开发的积极作用

第三节　油气管道事故安全经验分享

　　事故是非常重要的资源。无论是本单位还是外单位的事故，对当前、今后都是一个借鉴。好多的经验、标准、制度来自事故教训。但谁都不可能为了验证一个结果去制造事故。不愿意正视本单位事故、事件教训，不愿意学习别人的事故教训，就不会有高的管理水平。事故、事件学习的正确方法应是：目的不是追究当事者的责任，而是尊重客观事实，弄清事故的原因，正确评价事故中的成功与失败；制定防止该类事故的措施并实施。

一、油气管道事故特点

　　管线投产初期，设计、施工、管材、设备等诸方面不足均暴露出来，事故率较高。随着时间的延续，不断完善，事故率逐渐下降至较低水平，这一阶段称为投产初期阶段，国外有时形象地称为幼年期（infantmortality），这一阶段通常为 0.5~2 年。以后一个阶段，事故率一直平稳地保持在低水平，称为事故平稳期，通常可达 35~40 年。以后事故率呈上升态势，称为老龄期，如需要，老龄期的管线仍可服役较长时间，但要加强维护或降压运行。

根据有关资料介绍，经济发达国家管道的事故率大致可保持在 0.5 次/（1000 千米·年），而国内管道事故率高于经济发达国家。四川省石油局对 12 条管线进行统计，平均事故率为 4.3 次/（1000 千米·年）。对国内从 20 世纪 70 年代初期陆续投产的位于东北、华北地区的长输管线的事故率未做过全面的统计，估计在 2 次/（1000 千米·年）以上。

根据美国运输部（DOT）对美国长输油气管道的事故统计与分析，造成油气管道事故主要原因依次是外力破坏，占 30.6%（油）~53.5%（气）；其次是腐蚀，占 27.5%（油）~16.6%（气）；材料缺陷，占 26.1%（油）~16.9%（气）。

国内有关机构对国内输油管道运行 20 年的事故数据按事故原因进行了分类统计与分析，发现在引起管道事故的各类因素中，设备设施故障占第一位，占总事故次数的 30.3%；其次是腐蚀，占 21.3%；占第三位的是违章作业，占 20.5%；其他依次是外力破坏（8.3%）、施工质量问题（6.1%）、管材质量（2.4%）等。在考虑影响管道安全的主要风险因素时，识别范围一般也围绕人为因素、环境因素和系统因素等进行（图 6-2）。

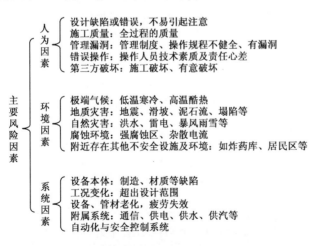

图 6-2　管道安全的主要风险因素

国内已建的管网大都运行了 20 年，有的甚至更长。由于当时所采用的设备、管线、施工材料的制造水平普遍较低，加之施工技术、监理制度和运行管理等方面比较落后，因而造成的事故较多。东部地区管道所处自然环境状况一般比较好，所以外力破坏造成的事故较少。但由于管道经过村镇人口稠密区较多，公众的管道保护意识不强，近几年，违章建筑、打孔盗油等人为破坏管道安全活动呈上升趋势。而西部地区的新建油气管道所处自然环境恶劣，多为灾害性地质，因此，外力破坏引起的管道事故比例要高于东部地区管道。

　　近几年管道建设所用的设备、材料及施工技术已接近国际水平，操作管理水平也有很大提高，这些因素将使设备设施故障、腐蚀、误操作、施工缺陷、疲劳等原因造成的事故大幅度下降，外力或人为破坏因素有所增加。

　　据中国石油某管道公司统计，2000—2002 年累计发生打孔盗油案件 214 次，其中 2000 年 62 次，2001 年 87 次，2002 年 92 次。除此之外，2002 年还发现打孔未遂案件（包括可疑情况）35 次。另据中国石油化工集团公司对所辖油气管道打孔盗油的统计，1996 年前发生打孔盗油案件 29 起，1997 年为 72 起，1998 年为 52 起，1999 年为 249 起，2000 年为 510 起，2001 年仅 1～7 月就达 377 起。国内油气长输管道典型事故见表 6-7。

表 6-7　油气长输管道典型事故案例

破坏原因	时　　间	地　　点	原　　因	事故危害
设备设施故障	1980 年 2 月 15 日	秦京线滦河东阀室	阀门使用石棉垫，耐压不耐油，经过 5 年运行后，老化突然漏油	跑油 400t
	1984 年 12 月 10 日	大庆石油管理局采油三场油泵房	球形扫线阀的阀体开裂，导致大量油气喷出，可能遇电气火花或金属撞击火花或静电放电	死亡 7 人
施工质量	1976 年 7 月 31 日	熊岳岭泵站	管线施工质量不良，质量检验不严	跑油 1500t
	1986 年 3 月 10 日	林源炼油厂油罐区	油罐焊接质量差，底板焊缝存在未熔透，加上腐蚀等原因导致底板焊缝开裂	烧坏 5 个油罐
	1994 年 7 月 12 日	长春输油公司垂杨输油站	螺旋管焊缝未熔透，长期受高压作用产生疲劳，致使焊缝开裂	跑油 1425t

续表

破坏原因	时 间	地 点	原 因	事故危害
腐蚀	1978 年 12 月 21 日	铁大线输油管线	管线经杂散电流区域，受影响导致管线腐蚀	跑油 450t
	1997 年 8 月 5 日	南充至成都天然气集输管道	天然气集输管道内壁受腐蚀	经济损失达 250 万元
	2002 年 1 月 1 日	大庆萨尔图区洗浴中心	直接原因是因洗浴中心占压地下天然气集输管道，含碱污水渗入地下，长期以来对地下管道造成严重腐蚀；并且管道运营单位安全管理混乱	死亡 6 人，重伤 2 人，轻伤 2 人
违章作业	1993 年 10 月 21 日	南京炼油厂油罐区	作业人员误操作，开错阀门；加上管理不善，让带火种的拖拉机进入油罐区	直接损失 3000 万以上
	2002 年 9 月 10 日	广西油库	电焊工在油罐旁进行烧焊	—
管理不善	1993 年 8 月 23 日	山东莘县炼油厂油罐区	管理不善，导致有人在油罐旁抽烟点火	10 人死亡，4 人重伤
外力破坏	1989 年 8 月 12 日	黄岛油库老罐区	遭受对地雷击产生感应火花而引爆油气，并且存在设计不合理，管理混乱	直接经济损失 3540 万元，19 人死亡
	1994 年 4 月 14 日	"马一惠" 线 85 号桩	直径为 325mm 管道被洪水冲刷，悬空处管道螺旋焊缝爆开一周半	跑油 300m³
人为破坏	2003 年 6 月	曹一威线、徐一威线输气管线	盲目施工造成管道悬空，最长段约 400m，悬空最高约 50m	—
	2003 年 9 月 24 日	胜利油田至齐鲁石化输气管线	临淄北外环外施工，一辆铲土机在铲排水沟时将一条天然气管道铲破	—
	2002 年 8 月 30 日	新疆库鄯输油管线	租用库尔勒燃料公司煤场房间，打孔盗油一个多月	盗窃原油约 350t
	2000 年 6 月 29 日	秦京输油管线	北京市通州区于家务乡管道上发生打孔盗油	盗油 500t，损失 580 万
质量问题	1965 年 12 月 24 日	甘肃省兰州某油库	七号汽油罐第一圈板及底板突然破裂	跑油 725t

二、安全经验分享方法

1. 案例研究法

通过案例学习，训练良好的决策能力，掌握在紧急状况下处理各类事件的方法。要求：在使用案例研究法时，通常是向受训学员提供一则描述完整的事故案例，学员可以当堂发言或组成小组来完成对案例的分析，做出判断，提出解决问题的方法。随后，在集体讨论中发表自己小组的看法，同时听取别人的意见。讨论结束后，公布讨论结果，再对学员进行引导分析，直至达成共识。由于案例是从实际工作中收集的，学员一般无法完全通过材料了解个案的全部背景及内容。该方法的实施要点：

（1）若小组在研究问题时思考方向与训练内容有误差，组长应及时修正。

（2）问题的症结可能会零散而繁多，因而归纳出来的对策也会零乱不整，因此小组有必要根据重要性和相关性整理出适当的对策。

（3）各组在挑出最理想策略时，若指导教师发现各组提出的对策仅为没有新意的一般性对策，则指导教师应加以提示，以促使他们更深入地思考。

（4）在全体讨论解决问题的策略时，其他几组提出质询，并阐明与自己观点差异所在，以相互激发灵感，然后再作进一步的讨论。

（5）在指导教师进行总结时，既要对各组提出的对策优缺点进行点评，又要对个案的解决策略进行剖析，同时还可以引用其他案例进一步说明问题。

（6）指导教师挑选案例时，应根据研习课程的目的，挑选适当的个案。

2. 研讨法

研讨法并不注重知识的传播，其重点目标为意识的培养、灵感的激发。讨论方式有很多种，最常用的有课题讨论法、对立式讨论法、民主讨论法、演讲讨论法和长期准备讨论法五种，其余的方法也应根据实际合理选用，见表6-8。

表6-8 研讨法分析表

讨 论 方 式	方 法 解 释	注意事项及要求
课题讨论法	指培训指导教师让研习人员讨论、研究工作中的课题或需解决的问题来教育员工的一种讨论法	课题应与具体的研习人员所在岗位工作有关； 课题应是工作中亟待解决的或是普遍存在的工作问题； 课题的研究应有助于知识和能力的提高

续表

讨论方式	方法解释	注意事项及要求
对立式讨论法	将研习人员分为意见对立的两组，针对某一命题进行讨论的一种讨论法，即日常生活中的辩论	一般要求对立的两组人数相等，发表意见时间相同。这种讨论法通过辩论的方式，让双方保持对立的意见，可让研习人员在针锋相对的辩论中练习自己的洞察力、分析力和说服能力。企业培训中的对立讨论法一般不需判定双方胜负，只要对双方观点进行评论即可
民主讨论法	指在讨论中指导教师与研习人员地位平等，研习人员可自由地发表自己的看法与言论，最后由研习人员共同得出团体都认可的结论	指导教师必须时时注意自己的言语，要保持谦逊平等的口气，让研习人员发表自己的观点
演讲讨论法	演讲讨论法并非让研习人员演讲，而是由指导教师聘请专家针对某一工作和课题进行演讲，研习人员仔细倾听，专家演讲完毕后再与全体研习人员进行讨论	该专家的演讲内容应与研习人员需提高的方面相适应；演讲应尽量浅显易懂，只作启发性的演讲；演讲时间不应过长，每次不超过一小时
长期准备讨论法	该方法是指指导教师在讨论前一至两月就将讨论课题的资料交给研习人员，让研习人员充分准备后参加的讨论法	讨论时应让每个研习人员轮流发表意见；研习人员的意见应简洁

3. 现场培训法

这种方法是由一位有经验的技术能手或直接主管人员在工作岗位上对受训者进行培训，可称为"一带多"培训；如果是单个的一对一的现场个别培训，则称为"师带徒"培训。但应注意培训的要点：第一，对关键环节的要求；第二，原则和技巧；第三，必须避免、防止的问题和错误。优点：通常能在教师与学员之间形成良好的关系，有助于培训工作的开展。缺点：不容易挑选到合格的培训教师，有些教师担心"带会徒弟饿死师傅"而不愿意倾尽全力。所以应挑选具有较强沟通能力、监督和指导能力以及宽广胸怀的教师。

4. 视听技术法

顾名思义，视听技术法就是利用现代视听设备（如投影仪、录像、电视、电影、计算机等工具）对学员进行培训。要求：播放前要清楚地说明培训的目的；依讲课的主题选择合适的视听教材；以播映内容来发表各人的感想或以"如何应用在工作上"来讨论，最好能边看边讨论，以增加理解；讨论后教师必须做重点总结或将如何应用在工作上的具体方法告诉受训人员。优点：改变了培训教材单一的文字材料模式，使培训教材更加直观鲜明、形象生动，所以比讲授或讨论给人更深的印象，也比较容易引起受训人员的关心和兴趣；视听教材可反复使用，从而能更好地适应学员的个别差异和不同水平的要求。此外，还可以作为原定授课教师临时不能抽身前来时的应急之物。缺点：视听设备的成本较高，内容易过时；选择合适的视听教材不太容易；学员处于消极的地位，反馈和实践较差。

5. 网络培训法

这是一种新型的计算机网络信息培训方式，主要是指企业通过网络，将文字、图片及影音文件等培训资料放在网上，形成一个网上资料馆、网上课堂供学员在线进行学习或远程下载学习。优点：使用灵活，符合分散式学习的新趋势，学员可灵活选择学习进度，灵活选择学习的时间和地点，灵活选择学习内容，节省了学员集中培训的时间与费用；在网上培训方式下，网络上的内容易修改，且修改培训内容时，不须重新准备教材或其他教学工具，费用低；可及时、低成本地更新培训内容；网上培训可充分利用网络上大量的声音、图片和影音文件等资源，增强课堂教学的趣味性，从而提高学员的学习效率。该培训方式特别为学员所青睐，也是安全培训发展的一个必然趋势。缺点：良好的网络培训系统需要大量的培训资金和人力。同时，该方法主要适用于知识方面的培训，一些如人际交流的技能培训就不适合采用网上培训方式。

三、事件案例分析与学习

1. 自然灾害

1989 年 8 月 12 日 9 时 55 分，东营至黄岛输油管线末站的黄岛油库老罐区，一座 $2.3 \times 10^4 \mathrm{m}^3$ 原油储量的 5 号混凝土油罐爆炸起火，随后又将旁边一座 4 号混凝土储罐引爆，并使另外 3 座容量为 $1 \times 10^4 \mathrm{m}^3$ 的金属储罐爆炸起火，使整个库区成为一片火海。大火前后共燃烧 104h，烧掉原油超过 $4 \times 10^4 \mathrm{m}^3$，占地 250 亩的老罐区和生产区的设施全部烧毁。这起事故造成直接经济损失 3540 万元。在灭火抢险中，10 辆消防车被烧毁，19 人牺牲，100 多人受伤，其中公安消防人员牺牲 14 人，负伤 85 人。大约 600t 油水在胶州湾海面形成几条十几海里长、几百米宽的污染带，造成胶州湾有史以来最严重的海洋污染。

黄岛油库特大火灾事故的直接原因是由于非金属油罐本身存在缺陷，遭受雷击产生感应火花而引爆油气。除上述直接原因之外，还存在如下因素：黄岛油库区储油规模过大，生产布局不合理；混凝土油罐存在因雷电感应产生火花的先天性缺陷，且固有缺陷不易整改；混凝土油罐只注重储油功能，大多数因陋就简，忽视防雷、避雷设计，安全系数低，极易遭雷击，由于设计和施工时没有考虑防雷问题，罐内钢筋和金属构件互不连接，因此不能及时排除雷击强电场的感应电流，加之长期使用，导致钢筋外露，增加了感应雷电产生火花引燃油气的可能性；消防设计错误，设施落后，力量不足，管理工作跟不上；油库安全生产管理存在不少漏洞。

2. 打孔盗油

2002 年 8 月 30 日，中国石油新疆库鄯输油管理处的输油管道发生了一起严重的秘密打孔盗油案件。犯罪分子竟然租用库尔勒燃料公司的煤厂房间，冒用"新疆管道三公司南疆管道总站"的工作牌，身穿印有"中国石油"字样的工作服，冒充管道检测人员，在租来的房子内秘密挖掘一条长 20m、宽 0.7m、深 1.5m 的暗道，里面安装了通风、照明设施及电视监控等设备，打孔盗油一个多月，盗窃原油约 350t。在此期间，由于有油罐车频繁地进出燃料公司，而且形迹可疑，才引起了人们的警觉，于是有人向当地公安机关举报。公安机关经过严密布控监视，抓获了 1 名主要犯罪嫌疑人和 4 名收油运油人员，破获了这起盗油案件。

库鄯输油管道因此次打孔盗油而被迫全线停产，经过 7 个多小时的抢修才完成封堵。这起案件给国家造成了严重的经济损失。

3. 腐蚀

2002 年 1 月 1 日凌晨 3 时 20 分，黑龙江省大庆市萨尔图区三因洗浴中心发生天然气管道泄漏引起重大爆炸事故，死亡 6 人，重伤 2 人，轻伤 2 人。

造成这次爆炸的直接原因是洗浴中心违章修建在大庆油田公司采油一厂的地下油气管线上。洗浴中心每天都要排放出大量含碱的污水，渗入地下，长期以来对地下管线造成了严重腐蚀，致使管线出现穿孔，造成天然气泄漏进入室内，使室内的可燃气体达到爆炸极限，遇电冰箱电气打火而引发爆炸。

事故调查表明，各级安全管理部门和企业安全管理人员的疏忽大意，是造成这起事故的主要原因。首先,大庆油田公司对地下油气管线的安全管理和巡查不彻底,缺乏必要的技术手段。事故管线 2001 年全年无巡查记录;对有人员居住并从事经营活动的建筑物占压油气管线构成的重大事故隐患未采取得力措施,缺乏必要的防范手段;对油气管线生产用地监管不力,情况掌握不清,缺乏应有的调查了解和相应的检测防范措施。其次,行业安全管理部门对所属行政区域内和所管理的企业安全状况了解不清,管理不到位;土地、城管、规划等部门在油气管线上的规划、土地使用、房屋建设上把关不严,擅办审批手续,在查处违章违建工作过程中力度不够,拆除工作不彻底。

4. 静电事故

1980 年 8 月 3 日凌晨 2 时左右,某石油厂添加剂车间储存航空煤油的 20 号储罐(容量 400m³)在收油过程中,由于静电放电发生爆炸,引起大火,接着罐区的 4 个油罐相继爆炸,附近的汤洗槽、废油池、厂房和车间相继起火,大火燃烧了 4 个多小时,造成直接经济损失 53 万多元。

造成这次事故的原因主要是对同种油品在不同条件下混送的安全措施没有认真考虑。航空煤油经过过滤器和长达 300m 的输油管线后产生的静电本来就较大,而从汤洗槽中急于输出的废煤油由于加热、脱水、沉降不完全,带有微量水分和滤渣。这种含有杂质的废煤油和航空煤油同走一条输油管线往同一个油罐混送,结果加剧了静电的产生,使油面电位迅速升高。另外,输油采用从油罐顶部进油的方式,油品从静落差为 6.1m 的高处往下呈喷溅状态进入油罐,从而进一步加剧了油沫和静电的产生。同时,油蒸气与空气的混合气体浓度达到了爆炸极限,此时正好遇到了静电放电,便引发了爆炸事故和火灾。

5. 设施故障

1966 年 1 月 29 日,在甘肃省兰州某油库库外的一段直通某炼油厂的输油管线上,距离油库围墙 297m 处的 60 号阀门井发生泄漏跑油事故,共跑油 136t。经 250 多名职工采取沙里捞油的办法,抢回渗入沙中汽油 82t,实际造成损失 54t,同时造成污染农民土地数亩的严重后果。

经过事故调查,确定事故发生的直接原因为该阀门井内法兰上的石棉垫腐烂被管中的油流冲破所致。同时,油库的安全管理也存在较大的问题,未及时开展对管线的检查和维护。

6. 违章作业

1990 年 1 月 7 日 23 时 40 分,抚顺某厂油品车间航空煤油罐区 431～434 号罐满罐,从消防管线接口和检尺口向外淌油,共跑航空煤油 8.6t。

事故前，调度通知输油作业任务，因司泵人员不在，油槽工便去泵房启动油泵，但误开了泵出口阀门。直至 23 时 40 分，收油的北蒸馏常一线油品不合格要求切罐，油槽工去罐区改线，才发现 431～434 号罐跑油。

事故的直接原因是油槽工在司泵工不在岗的情况下，违章擅自开泵，并误开阀门。另外，输油过程中管理不严，未认真检查，继续按错误流程倒油，扩大了事故。

7. 施工质量问题

1965 年 12 月 24 日 8 时 10 分左右，甘肃省兰州某油库七号汽油罐第一圈板及底板突然破裂，罐壁第一圈板有一纵裂缝，宽为 5～8mm，罐内汽油大量涌出。350 多人奋力抢收油品，从防护堤内地面上抢出汽油 89t，再动用 2930 多个劳动日，历时 40 天时间，从渗入地下水层上掏、挖、抢出油品 236t，最后损失 400t 油品。

事故原因是施工所用油罐钢板材质存在缺陷，造成焊接质量问题，从而引发泄漏事故。

8. 管理

1987 年 4 月 2 日 7 时 50 分，吉林某化肥厂材料科油库一职工进入地下油库内，5min 后有人发现进入者倒在汽油罐旁边，因严重中毒，抢救无效死亡。

造成事故的直接原因是：

（1）油库在管理上存在漏洞，汽油库结构不合理；在事故状态下有可能造成汽油中毒和因缺氧而窒息的危险性；倒油作业时具体安全规定不完善，为事故埋下了隐患。

（2）进入地下油库内的职工在事故前一天为了取样分析，倒油操作忘记关闭油罐阀门，致使油罐跑油，地下室内油蒸气严重超标，事故当天发现异常情况后，又没有采取必要的安全措施，就独自进入地下油库内，是造成中毒窒息死亡的直接原因。

（3）油罐设计本身存在缺陷，倒油时没有液位计显示，影响安全操作。

9. 责任事故

位于重庆市开县高桥镇小阳村境内的川东北天然气矿 16 号井属一口天然气开发水平井，设计井深 4322m，由中国石油天然气总公司四川石油管理局川钻 12 队承钻。2003 年 5 月 23 日开钻，2003 年 12 月 23 日 14 时 29 分钻至井深 4049.68m，当日 21 时 55 分，在起钻作业中突然发生井底溢流（当时井内压力 40MPa），造成井喷失控。12 月 27 日 11 时压井封堵成功，在经过一段时间并确保安全后，附近人员才陆续返田家园。这次事故最终造成243人死亡，疏散转移10万人口，危害面积达$80km^2$，其经济损失严重，社会影响极大。

针对这次特大井喷事故，国务院立即成立以中国工程院院士为组长的7名专家的事故调查组。事故调查组多次深入现场勘察，提取了相关物证，查阅了大量的法律、法规、规程、标准及与事故相关的文件、资料和原始记录，向作业人员、管理人员等了解情况，掌握了直接导致这起事故发生的有力证据。经过专家组的分析论证，排除了不可抗力和人为破坏因素导致事故发生的可能性，认定中国石油川东钻探公司"12·23"井喷特大事故是一起责任事故。

有关人员违章卸掉钻柱上的回压阀，是导致井喷失控的直接原因。企业没有充分预见到作业过程中可能诱发井喷并造成有毒气体H_2S外泄；在发生井喷事故后，没有及时采取放喷管线点火措施并对事故加以有效控制，造成大量含有高浓度H_2S的天然气喷出扩散；也未按有关规定制定特大事故应急预案，设置救援机构和配备救援队伍，加上周围群众疏散不及时，导致大量人员中毒伤亡和财产损失。其主要原因有：

（1）有关人员对罗家16号井的特高出气量估计不足；

（2）高含硫高产天然气水平井的钻井工艺不成熟；

（3）在起钻前，钻井液循环时间严重不够；

（4）在起钻过程中违章操作，钻井液灌注不符合规定；

（5）未能及时发现溢流征兆。

国家安全生产监督管理局针对此次事故的教训，提出如下四点意见，以加强国家安全生产管理工作：

（1）尽快建立国家级特大安全生产事故预警机制和应急救援体系。国家安全生产监督管理局已经提出组建"国家生产安全应急救援指挥中心"，以此整合全国的应急救援力量，以便在发生特大安全生产事故的时候，能够迅速动员各方面力量，前往事发现场组织指挥救援行动，将财产损失和人员伤亡减少到最低程度。

（2）督促企业加强作业现场的安全管理。安全生产事故大部分都是由于作业人员现场违章操作造成的。实践证明，只有管理规范，才能够保障安全生产。国家安全生产监督管理局将督促企业建立健全以责任制为核心的规章制度，从作业现场入手，强化安全基础工作，通过在全国范围内开展"安全质量标准化"活动建立企业的自我约束机制。

（3）严格落实"三同时"制度。地方政府在今后规划建设高危行业的相关工程时，严格落实"三同时"制度，即安全设施与建设项目同时设计、同时施工、同时验收使用，并考虑周边居民的安全，确保经济与社会、人与自然的和谐发展。

（4）加强宣传教育。进一步强化全民的安全意识，增强群众的自我保护能力。特别是从事高危产品生产的企业有义务向周边居民群众普及安全防范常识，使他们在事故发生后有能力采取自我保护措施，有意识地迅速撤离。同时，政府部门也应当加强这方面的宣传。

第四节　职业病防治

中国石油要求职业病防治工作必须贯彻"预防为主，防治结合"的方针，实行分类管理、综合治理，为职工创造符合国家职业卫生标准和卫生要求的工作环境和条件，防止职业病发生。

一、职业病防治管理

1. 机构与职责

中国石油所属企业应当建立、健全职业病防治责任制，加强对职业病防治的管理。企业法人是职业病防治工作的第一责任人，对本企业产生的职业病危害承担责任。企业应成立以主管领导为主任的职业病防治领导小组，设置职业病防治专业管理机构。职业病防治领导小组由生产、计划、财务、人事、职业病防治、安全、环保等部门和工会参加，负责企业内部重大健康管理问题的决策，组织职业病危害事故的调查和处理；职业病防治机构应配备专职主管工作的处长，设置职业卫生管理科，负责贯彻国家和中国石油职业病防治法律、法规、方针、政策，组织本企业职业病防治工作的实施；基层单位应配备专兼职的职业卫生人员；建立健全职业病防治三级管理网络。

原则上各企业应建立职业病防治技术支持机构，设立职业病防治所，并取得相应资质。对于不具备设置职业病防治机构的企业，应与有资质的职业病防治机构建立协作关系。企业应当制定职业病防治长期发展规划和年度计划，建立、健全职业健康管理制度、职业卫生档案、职工健康监护档案、职业病危害事故应急救援预案以及职业病危害因素监测及评价制度。企业建立HSE 管理体系，应完善职业健康管理要求，健康审计是 HSE 管理体系审核和评审的重要内容。

2. 防护措施

对可能产生职业病危害的建设项目应当开展职业病危害评价，并依法申报审批。建设项目的职业卫生防护设施应当符合国家职业卫生标准和卫生要求，并与主体工程同时设计、同时施工、同时投入生产和使用。企业必须根据国家和当地的有关规定，采用有效的职业病防护设施，并为职工提供个人使用的职业病防护用品。为职工个人提供的职业病防护用品必须符合职业病防护要求；不符合要求的，不得使用；国家和当地没有标准的，由企业提出报告和建议标准报集团公司审查批准后执行。

对职业病防护设备、应急救援设施和个人使用的防护用品，应当进行经常性的维护、检修，定期检测其性能和效果，确保其处于完好状态，不得擅自拆除或停止使用。企业应当在醒目位置设置职业病防治公告栏，对产生严重职业病危害的作业岗位，应当在其醒目位置设置警示标识和中文警示说明。企业应定期对职业病危害进行风险评估，完善和建立职业病危害控制措施和事故应急救援预案；对应急预案应进行针对性演练，一旦发生危害职工健康的紧急情况，应当立即实施救援。

生产、使用和引进与职业病危害有关的危险化学品，必须具备毒性鉴定资料，并进行申报及登记。不得将产生职业病危害的作业转移给不具备职业病防护条件的单位和个人。不具备职业病防护条件的企业不得接受产生职业病危害的作业。

3. 监测与治理

专业职业病防治机构负责定期对有职业病危害因素的工作场所进行监测、评价，监测数据和评价结果应存入档案，并定期向职工公布。工作场所职业病危害因素控制应当符合国家职业卫生标准和卫生要求；达不到标准和要求的，应当采取限期治理措施，对于不治理或治理仍然达不到标准和要求的，必须立即停止作业。

4. 职业健康监护与职业病管理

企业应建立健全职业健康监护档案，并按规定实行信息化、动态管理。对从事接触职业病危害作业的职工，应依据职业健康监护管理相关办法组织上岗前、在岗期间、离岗时和应急的职业健康检查，并将检查结果如实告知职工。凡有职业禁忌症者，不得安排从事所禁忌的作业。对职业病病人、疑似职业病病人应按规定进行登记、治疗、复查等管理，建立职业病档案，并定期对资料进行分析，提出建议。

5. 放射防护

遵照中华人民共和国国务院令第 449 号《放射性同位素与射线装置安全和防护条例》和相关的法律、法规，企业应制定放射防护管理规章制度和应急救援预案，建立并完善放射工作卫生许可档案和管理档案。定期对本企业的放射工作场所及其周围环境进行监测和评价，并实行职业病健康监护。

对放射工作场所和放射性同位素的运输、储存，必须配置防护设备、警示标识和报警装置。作业人员必须经培训合格后持证上岗。接触放射线的工作人员应佩戴个人剂量计，按规定周期进行监测、评价，建立档案，妥善保存。

6. 培训

企业应当遵守职业病防治法律、法规，分层次组织本单位职工开展上岗前的职业卫生培训和在岗期间的定期职业卫生培训，培训结果应记入职工健康档案。对企业临时聘用的劳动者，应进行职业病防护教育和培训，将其从事的工作过程中可能产生的职业病危害及其后果、职业病防护措施和待遇如实告知劳动者，并记录在案。

7. 职工权利与义务

职工在职业卫生方面享有如下权利：接受职业卫生教育、培训；获得职业性健康检查和职业病诊疗、康复服务；了解工作场所产生或者可能产生的职业病危害因素、危害后果和应当采取的职业病防护措施；由企业提供符合防治职业病要求的职业病防护设施和个人使用的职业病防护用品；可以拒绝违章指挥，对违反职业病防治法律、法规以及危害生命健康的行为，有权提出批评、检举和控告；对用人单位职业病防治工作提出意见和建议。

职工的义务：遵守各种职业卫生法律、法规、规章制度和操作规程；学习并掌握职业卫生知识；正确使用和维护职业病防护设备和个人卫生防护用品；发现职业病危害事故隐患及时报告。

二、健康监护管理规范

中国石油所属企事业单位应建立健全职业健康管理机构，完善职业健康监护管理工作制度。职业健康监护工作包括职业健康检查、职业健康评价和职业健康监护档案管理等内容。职业健康监护对象为企业从事接触职业病危害因素作业或对健康有特殊要求的作业人员。职业健康检查与评价应由省级卫生行政部门批准从事职业健康检查的卫生机构承担，并对职业健康检查结果承担责任。职业健康监护工作所需费用应纳入预算管理，并在生产成本中据实列支。

1. 职业健康检查

企业必须组织从事接触职业病危害因素作业的职工进行职业健康检查。职业健康检查包括上岗前、在岗期间、离岗时和应急健康检查（从事放射工作的人员按卫生部《放射工作人员健康管理规定》执行）。职业健康检查应根据所接触的职业病危害因素类别，按照卫生部《职业健康检查项目及周期》的规定，确定检查项目和检查周期。

对将要接触职业病危害因素作业的职工应进行上岗前职业健康检查。不得安排未经上岗前职业健康检查的职工从事接触职业病危害因素的作业，不得安排有职业禁忌的职工从事其所禁忌的作业。

对接触职业病危害因素作业的职工应进行定期职业健康检查。对发现有职业禁忌或者有与其所从事职业相关的健康损害的职工，应及时调离原工作岗位，并妥善安置。对需要复查和医学观察的职工，要根据体检部门的建议，安排其复查和医学观察。

对接触职业病危害因素作业即将离岗的职工应进行离岗时职业健康检查。对未进行离岗时职业健康检查的职工，不得解除或终止与其签订的劳动合同。

对遭受或可能遭受急性职业病危害的职工，应立即进行职业健康检查和医学观察。对确诊为职业病的患者或观察对象，应根据职业病诊断部门的要求，进行定期复查。对检查确诊为职业病的职工，应按国家有关规定进行妥善安置。

对在野外或国外施工作业以及对健康有特殊要求的工作岗位职工的职业健康检查，在规定的检查项目中，还应根据其作业环境、气候条件、当地疾病流行状况等因素，相应增加检查项目。

职业健康检查技术服务机构应规范填写职业健康检查表。职业健康检查表作为职工职业健康监护档案的资料，由企业职业健康管理部门妥善保管。

职业健康检查技术服务机构应在体检工作结束之日起30日内，将职业健康检查结果及健康状况分析评价报告书面向受检单位报告。企业应及时将职业健康检查技术服务机构出具的体检结果如实告知受检职工本人，受检本人签字后记入个人健康监护档案。

2. 职业健康评价

职业健康检查结束后，职业健康检查技术服务机构应分别对个体、群体健康检查结果进行评价，对企业职业健康监护工作提出建议。职业健康监护评价指标包括职业病发病率、患病率、疾病构成比、平均发病工龄、平均病程期限、病死率、病伤缺勤率等。职业健康检查评价周期为每年一次。职业健康检查中发现群体反应现象，必须组织进行作业环境职业卫生调查、评价，及时提出处理意见。评价报告书一般包括评价对象、评价人、评价时间、评价内容、评价结果和分析等。职业病诊断与鉴定应严格按照卫生部颁布的《职业病诊断与鉴定管理办法》执行。

3. 职业健康监护档案管理

企业应建立健全职工职业健康监护档案，档案内容要齐全、完整，规范管理。职业健康监护档案应包括以下内容：

（1）职工的职业史、既往史和职业病危害因素接触史；

（2）相应作业场所职业病危害因素监测结果；

（3）职业健康检查结果及处理情况；

（4）职业病诊疗情况；

（5）职业健康教育培训等资料。

企业职业健康监护档案由职业健康管理部门统一归档，设专（兼）职人员妥善保管，实行动态和信息化管理。规范职业健康监护档案管理，建立职业健康监护档案查阅、保密制度，由专人负责登记。职业健康监护档案不得外借，只可复印给本人和所在单位。职工在企业内部工作调动时，职业健康监护档案随同人事档案办理移交。职工离开企业，有权索取本人的职业健康监护档案复印件，企业应如实无偿提供并签章。

三、作业场所职业病危害因素检测

中国石油所属企事业单位作业场所中以国家职业卫生标准、职业病诊断标准、国家职业病危害因素分类目录以及可能引起职工健康损害的职业病危害因素为主要检测对象。作业场所职业病危害因素检测所需经费纳入预算管理，在生产成本中据实列支。

1. 作业场所与检测点设置原则

作业场所划分原则：根据生产规模、工艺及作业人员等情况划分。

检测点设置原则：作业场所必须设检测点，检测点设置应选择有代表性的工作地点，其中必须包括空气中待测物浓度最高、职工接触时间最长的工作地点。检测点确定后，应绘制检测点方位平面图。

职业病危害因素检测点的确定、变更或取消，必须由有相应资质的职业健康技术服务机构进行，并报企业职业健康主管部门登记备案。

2. 检测方法与周期

作业场所职业病危害因素检测周期和方法应符合国家相关标准或规定。检测仪器设备必须符合国家规定标准，同时应进行定期计量检定，经计量检定合格后方可使用。检测工作包括：作业场所职业病危害因素的定期定点检测；现有装置、生产设备更新、改造、检修的检测；事故性检测；新建、改建、扩建及技术引进、技术改造等建设项目竣工验收前的检测；职业病危害因素防护技术措施效果评价的检测等。

油田企业作业场所职业病危害因素检测周期：高毒危害因素，每季度至少检测 1 次；矽尘类危害因素，每半年至少检测 1 次；其他尘、毒职业病危害因素，每年至少检测 1 次；噪声、局部振动、微波、高频、射线每年至少检测 1 次。对高温作业气象条件测定，按当地每年 7～9 月期间的最热月份，在不同的时间段内测定 3 次。

炼油化工企业职业病危害因素检测周期：高毒危害因素，每月至少检测 1 次；其他毒物危害因素，每季至少检测 1 次。

物理因素类检测周期：噪声检测，连续稳态噪声测 A 声级；非稳态或间断噪声测等效连续 A 声级，根据实际至少每半年测 1 次。设备噪声，首次检测时应作频谱分析，数据可作长期参考。若工艺设备及防护措施变更，应随时检测。

对局部振动、微波、高频、激光、射线每年至少检测 1 次。

对高温作业气象条件测定，按当地每年 7～9 月期间的最热月份，在不同的时间段内测定 3 次。

3. 检测资料管理

作业场所职业病危害因素检测结束后，检测技术服务机构应对检测数据结果进行分析，做出评价报告。

作业场所职业病危害因素检测报告主要包括：职业病危害作业场所定期定点的检测报告；新建、改建、扩建项目竣工验收前以及卫生防护技术措施效果的检测报告；职业病事故的检测报告等。职业病危害因素检测、评价结果应存入企业职业卫生档案，定期向职工公布。对原始记录、检测结果报告书、评价报告等资料应妥善保管，长期保存。

四、职业卫生档案管理

职业卫生档案是在企业职业卫生管理、职业病防治以及职业卫生技术服务工作中形成的，能够准确、完整地反映职业卫生工作全过程的各类文件材料，是职业病防治过程的真实记录和反映，是企业职业健康管理的重要基础信息资料。中国石油所属企事业单位应依法建立健全职业卫生档案，做好职业卫生档案及资料的收集与归档。职业卫生档案由企业职业健康管理部门负责建立和管理。

职业卫生档案主要由职业卫生管理档案、员工职业健康监护档案和职业健康工作资料等内容组成。

1. 职业卫生管理档案

职业卫生管理档案主要包括：国家有关职业病防治工作的法律、法规、规范、标准清单及有关文本；企业基本概况，职业健康管理组织、机构及人员分工；企业职业健康管理制度、方案、程序、作业指导书、应急救治预案及演练等有关内部文件；企业作业场所职业病危害因素种类与分布、车间工艺流程示意图、车间职业病危害因素分布图、员工接触职业病危害因素情况；作业场所职业病危害因素检测记录、分析评价报告、检测与评价委托书；建设项目职业病危害评价资料（可提供保存清单，注明保存地点）与申报资料、建设项目职业卫生审查登记；企业职业病预防控制措施资料、工艺改造技术措施、职业病防护设施；员工职业病防护用品配备清单和使用维护情况；职业健康监护资料、职业健康检查结果与分析报告、职业禁忌人员、职业病观察对象、职业病患者登记和职业健康监护委托书；职业卫生技术服务机构资质证明资料（法人证明和资质证明材料）等。

2. 员工职业健康监护档案

员工职业健康监护档案主要内容包括：员工健康基本情况、既往病史、急慢性职业病史、婚姻生育史、个人史、家族史、职业史、职业健康检查结果、职业病诊断情况等。

3. 职业健康工作资料

职业健康工作资料主要内容包括：职业健康工作计划与总结、有关工作会议记录、职业健康与职业病防治宣传、教育培训、工作检查、职业病危害隐患治理、事故管理、考核与奖惩等。

　　企业职业卫生档案主要由局（公司、总厂）和二级单位（分厂）两级构成。基层单位应建立相应的职业健康工作资料，具体内容由局统一确定。员工职业健康监护档案原则上由二级单位负责建立与保管，鉴于企业的实际情况，也可由局级单位建立与保管。

第七章　承包商 HSE 管理

承包商是指具有法人资格和相应资质，以合同或协议的形式向本企业承包部分工程任务的外部施工队伍。承包商的使用是企业借助社会力量以优化生产要素配置，是提高劳动生产率、高效地完成施工生产任务的需要。

第一节　承包商 HSE 管理概述

一、承包商 HSE 管理的意义

据中国石油 2008 年事故统计数据显示，承包商年内共发生事故 18 起，死亡 19 人，分别占中国石油工业生产亡人事故起数的 72% 和死亡人数的 70%。如此高位的事故比例，必须引起各级管理者的高度重视，"承包商管理执行统一的健康、安全、环境标准"已被纳入中国石油 HSE 管理原则的第九条原则。也就是说，中国石油所属企业应将承包商 HSE 管理纳入内部 HSE 管理体系，实行统一管理，并将承包商事故纳入企业事故统计中。承包商应按照企业 HSE 管理体系的统一要求，在 HSE 制度标准执行、员工 HSE 培训和个人防护装备配备等方面加强内部管理，符合企业要求，持续改进 HSE 表现。落实"承包商管理执行统一的健康、安全、环境标准"原则，是实施中国石油 HSE 管理体系的重要组成部分，履行统一的 HSE 标准，也是所有承包商的共同职责。中国石油向全球发布的 HSE 承诺中明确写明，中国石油的所有职工、供应商和承包商都有责任维护本公司对健康、安全与环境作出的承诺。

二、承包商 HSE 管理方法

当一个承包商进入企业为企业提供服务的时候，也可能将 HSE 风险带入了企业。但长期以来，企业把绝大多数精力投入对自己队伍和员工的约束和管理中，而忽视、淡化、放松了对承包商的 HSE 管理。"以包代管、包而不管、以监代管"的倾向比较严重，导致承包商事故多发，给企业和承包商都带来不可挽回的损失和影响。因此，重视承包商管理，规范承包商 HSE 管理刻不容缓。

1. 选择合适的承包商，从源头上遏制住承包商事故

选用承包商必须坚持通过合理有序地招（议）标，择优选用具有相应管理和施工能力，具有安全、质量、资金保证能力以及环境保护能力，信誉状况良好的工程承包商参与工程施工。对技术含量高、工艺复杂或重点难点项目，其主体工程一般不予外包；项目上主要物资和爆炸物品采购、保管等重要岗位必须由内部职工担任，不得使用工程承包商人员。

使用工程承包商必须经过审查评价合格，合同执行期内，分包单位营业执照、资质证书、安全资格证年检合格有效，未降低资质使用的；人员、机械和周转性材料上场情况符合施工合同条件，满足施工要求；服从项目部管理协调，其管理能力及所承担的工程质量、安全、进度、环保、资金等满足合同要求；生产生活设施符合项目部统一要求，内部管理顺畅，队伍遵章守法；治安良好，严格履行合同义务，未出现擅自分包或转包工程及其他严重违反施工合同和管理规定的行为。

要对施工承包商进行动态监管，对于承包商的资质、HSE 业绩、人员素质、施工监理、现场管理，特别是要对人员工作经历和安全意识进行全面检查，防止出现承包商擅自转包工程项目的情况，一旦发现要严肃处理。对分包工程建设项目必须审查同意并备案。

2. 执行统一的 HSE 标准，从制度上遏制住承包商事故发生

与承包商一起培养取向相同的 HSE 价值观，将承包商安全环保管理纳入统一的 HSE 管理体系，实行统一管理，并将承包商事故纳入企业事故统计中。要在思想认识上把承包商当作是一个企业有不同分工的一个部分，企业在 HSE 管理方面的理念、制度、标准等要与承包商充分沟通，并要得到承包商的认同并执行。要加强沟通、协调，及时消除、化解、解决有关分歧。另外，要严格管理，强化过程监控，将承包商事故等同于内部事故，进行调查并纳入企业事故统计系统。企业员工和承包商员工都是为企业经济利益、HSE 绩效服务的，所以应本着以人为本的原则，在防护设施配备、人员培训、作业环境等方面为承包商提供必要的条件。要像保护自己员工一样，保护承包商

员工。

　　承包商应按照企业 HSE 管理体系的统一要求，在 HSE 制度标准执行、员工 HSE 培训和个人防护装备配备等方面加强内部管理，符合企业要求，持续改进 HSE 表现。承包商自身要严格要求自己，严格内部管理，要有市场意识、竞争意识、服务意识，以良好的实力、优质的服务满足企业的要求。尤其在 HSE 方面，应该严格按照约定的要求，严格执行企业有关制度。在制度执行力度、员工培训内容、个人防护装备配备等关键方面达到企业内部统一要求。同时，企业要对承包商的资质、HSE 表现进行动态考核，做到"优胜劣汰"。这依然是从"人本管理"要求出发，从关爱承包商员工健康、生命的角度出发，推动承包商 HSE 管理水平、绩效的不断提高。

　　3. 树立属地管理理念，强化现场管理

　　要牢固树立属地管理理念，把承包商的队伍作为自己的队伍来管理。要开展对施工作业承包商安全管理状况的检查，对存在的问题及时整改。对存在严重问题的承包商，要坚决清除施工现场，确保现场安全。要严格落实事故报告制度。一旦发生事故，要及时上报，杜绝瞒报、迟报、漏报情况发生。

三、承包租赁安全管理规定

　　中国石油要求所属企业在承包租赁过程中应加强对发包方、出租方和承包方、承租方的安全管理，在发包和签订的各种承包或租赁合同中，应明确相关方的安全生产管理责任。不得将生产经营项目、场所、设备发包或出租给不具备安全生产条件或相应资质的单位或个人，也不得租赁不符合安全生产条件的场所和设备从事生产经营活动。在签订承包租赁经济合同时，应签订安全生产合同，或在承包租赁经济合同中约定各自的安全生产管理职责。生产经营项目、场所有多个承包、承租单位的，甲方应分别与乙方签订专门的安全生产合同或协议，并对安全生产工作进行统一协调、管理。

　　甲方应对乙方进行安全资质（资格）进行审查，审查内容包括：具有承包、租赁相应资质，近年来良好的安全业绩，满足施工作业要求的技术、工艺和设备；单位主要负责人、安全管理人员、特种作业人员安全培训资格证明；安全管理组织机构、规章制度等；特种设备注册登记、检验情况；其他有关的安全资质证明材料。

　　甲方为乙方提供满足现场生产安全要求的工作条件，并负责对乙方进行

安全监督、安全教育。乙方存在重大事故隐患、发生严重违章或事故的，甲方应按合同要求其停工、停业进行安全整顿，经验收符合安全生产条件后，方可重新开工。

四、承包商管理制度

制定承包商的管理制度一般有目的、范围、职责、内容、安全风险抵押金的管理、人员安全教育、安全职责和义务、安全监督管理等内容。下面给出了一个具体的工程施工承包商管理制度简例来进行制度内容的说明。

1. 目的

为规范承包商安全管理行为，防止工程施工过程中安全事故发生，特制定本制度。

2. 范围

本制度适用于公司区域内所有新建、扩建、技改、检修、维修、拆卸等工程项目。

3. 职责

（1）工程主管部门对项目安全管理负责。负责合同签订、协调和日常安全监管。

（2）综合管理部负责审查承包商安全资质，进行安全风险抵押金管理，对施工人员进行一级安全教育，作业证审批，监督检查，督促隐患整改。

（3）行政部负责施工人员入厂证办理、入厂检查、消防管理和一级消防教育。

（4）施工所在地负责人对施工人员进行现场安全监督管理。

4. 内容

对承包商的基本要求及确认：

（1）所有施工、检修总承包，专业分包和劳务分包的承包商具有两年以上良好的安全业绩（安全业绩内容包括近年内发生的重大安全事故、事故率、"三违"发生率和隐患治理等）。

（2）承包商持有关材料首先到公司综合管理部进行安全资格确认，经审查合格后双方签订《项目承包安全管理协议书》，由乙方（施工单位，下同）向公司财务处交纳一定数量的安全施工保证金后，甲方（工程主管部门，下同）方可与乙方签订合同。进行安全资格确认时需要：验证乙方营业能力和经营范围是否符合要求（营业执照）；验证乙方施工管理能力和队伍素质能否满足工程要求（资质等级证书）；审核乙方施工安全经历（由施工单位在办证时同时书面提供，主要为施工中发生的各种事故情况和相关部门奖罚情况）；审核施工单位安全负责人和现场安全管理人员安全管理资格证。

（3）按照"谁主管、谁负责"的原则，工程主管部门（发包部门）负责对施工单位进行资质审查，对施工单位的合法性、适应性、可靠性、技术资质水平和安全保证条件进行确认。验证内容包括：查验安全资格审查情况；确认施工单位营业能力和经营范围；确认施工单位的施工管理能力和队伍素质；审核施工单位施工经历；审核施工单位的特种作业人员所持的特种作业证件。

（4）若存在工程分包，审查分包合同及分包队伍的资质。

工程主管部门和施工单位要按《中华人民共和国合同法》的相关规定签订合同书，合同书中必须有安全条款或安全作业协议书。合同书中的安全条款应包括以下内容：

（1）施工单位必须遵守国家和发包单位有关安全的规章、制度和规定，服从生产单位的安全监督管理。

（2）施工单位要为承担施工作业的人员提供必要、安全的机械、工具和设备以及合乎标准的劳保器具。

（3）施工单位要根据相关法规和标准，对承担施工作业的人员进行安全教育培训。

（4）施工单位要制定确保工程项目安全进行的安全技术措施，并交生产单位审核。

（5）明确施工单位对施工作业中发生事故的责任。

（6）存在分包的施工单位要明确对分包单位所承担的安全责任。

5. 安全风险抵押金的管理

（1）对施工单位审查合格后，必须向甲方交纳一定数量的安全风险抵押金。交纳顺序是由综合管理部计账填单，施工单位持单到财务处一次交清抵押金，然后返回一份给安全环保处，自己保存一份。

（2）安全施工风险抵押保证金的数额由工程主管部门和安全环保处根据工程投资额、施工危险程度、施工时间来确定。缴纳安全风险抵押金的标准为：项目投资费100万元以下为2.5%，100万元~200万元为2%，200万元~500万元为1.8%，500万元以上为1.5%。

（3）乙方违反甲方的禁烟、动火、用电、动土、用水等安全管理规定，工程主管部门、施工所在生产单位和综合管理部等部门均可按有关规定进行处罚，因乙方责任造成甲方事故的，由综合管理部按规定加重处罚。甲方对乙方的罚款金额均从乙方交纳的安全施工风险抵押保证金中扣除。

（4）抵押保证金数额不够时，乙方应根据甲方的书面通知及时补交。

（5）工程项目施工完成后，由安全环保处对乙方的安全施工风险抵押保证金进行结算，安全风险抵押金的90%归还乙方，10%作为双方施工安全管理费用，违章违纪及发生事故的罚款均从抵押金中扣除。退还抵押金的数额为：抵押金×90%－罚款金，乙方凭综合管理部填单，到财务处将剩余抵押金一次性领取。

（6）安全风险抵押金额的10%安全管理费和罚款金额统一由综合管理部掌握使用，用于安全施工的教育及奖励双方在施工中有突出贡献的有关人员。

（7）对各单位所有收支项目必须建立财务明细账目，专款专用，符合财务手续。

（8）综合管理部收取安全风险抵押保证金后，其他单位不得以任何借口再收取施工单位的费用。

6. 人员安全教育

（1）对凡进入分公司的施工人员（包括临时工、民工等），在施工前都必须接受入厂安全教育。

（2）对施工人员的入厂安全教育由公司安全环保处负责组织进行。在关键装置、重要部位区域施工由所在的生产单位再进行一次安全教育。

（3）综合管理部负责统一建立安全教育台账，负责组织考试。

（4）安全教育内容为：国家和公司的安全生产法规、制度和规定，公司安全生产特点、特殊危险部位及特殊要求等；与施工作业有关的车间（装置、部位）的主要危险危害因素及安全事项、安全制度、安全设施和对劳保器具的特殊要求等；针对公司生产的特点提出施工安全要求以及施工作业的有关专业安全要求等。

（5）安全教育时间不得少于8小时，经过书面考试合格，受教育者本人签字。施工单位负责填写外来施工人员统计表，综合管理部负责签发考试成绩，施工单位凭综合管理部签发的安全考试合格证明到行政部统一办理入厂证。

（6）对施工人员安全教育考试成绩不及格者，不得办理入厂证，施工单位不得与其签订劳动合同。

（7）行政部根据综合管理部出具的通知，严格按人数和施工期限办理入厂证。施工人员要严格遵守门卫制度，凭证进出现场施工。

（8）施工人员接受安全教育，由工程主管部门负责联系，同综合管理部商定教育时间，到安全教育室统一接受教育。

7. 甲乙双方安全职责和义务

（1）甲方负责对施工单位人员（包括民工、临时工）进行入厂安全教育。

（2）甲方负责为乙方作业现场提供安全的作业环境，提出具体的安全要求，重点、关键部位应设专人监护，并根据乙方的合理要求给其创造施工作业的安全条件。在施工过程中甲方有权查处、制止其违章作业行为，并根据有关规章制度给予处罚。

（3）乙方应自觉接受甲方的安全教育，并以队班建制，选配专（兼）职安全员，实行队（班）长负责制，自觉遵守甲方的各项规章制度和要求，加强管理，提高安全管理水平。

（4）乙方负责施工现场的安全管理，有权向甲方提出合理的安全要求，并得到落实，有义务遵守甲方的安全要求并落实在施工过程中。

（5）乙方在现场施工作业中遇有特殊情况以及危及安全生产的情况，应及时向甲方和有关主管部门报告，并落实应急措施，防止事态扩大。

（6）由于乙方不服从甲方的安全管理规定，违章作业、违章操作所造成事故，致使人员受伤、致残、死亡，由乙方调查处理，所发生的费用均由乙方自理，甲方概不负责。乙方在上报其主管部门时，应同时抄送甲方主管部门和综合管理部，由综合管理部备案。乙方应严格按事故处理"四不放过"的原则，认真进行处理。

（7）由于甲方强令乙方违章作业造成的事故，由于甲方不具备必要的安全生产条件所造成的事故，由于甲方人员失误（过失）所造成的事故，由甲、乙双方共同调查分析，由甲方承担相应的责任。

（8）乙方人员与甲方人员混合作业时，由于甲方生产现场存在安全隐患或无法预测的情况，又由乙方违规或行为过失所造成的事故，由甲乙双方负责调查处理，甲乙双方按责任负担经济损失。

（9）乙方单独承包的施工项目所发生的事故，由乙方负责调查处理及赔偿经济损失，甲方概不负责。

（10）以上各条中由甲乙双方负担的经济损失的计算方法，按国家及当地政府颁发的法规执行或双方协商解决。

（11）遇双方协议有争议，任何一方有权诉诸法律裁决。

8. 施工前安全要求

（1）健全施工现场的安全管理网络，明确双方法定代表人或法定代表人的代理人为安全工作第一负责人。明确双方现场进行安全管理的对口工作人员，并佩戴明显标志。

（2）乙方施工前，应根据施工图向甲方提供施工方案、施工平面布置图和施工安全保证措施，做到定人员、定安全措施、定工程质量标准、定检查制度，并经甲方工程主管部门审查同意后方可进行施工。

（3）甲方工程主管部门负责组织有关单位向乙方详细介绍施工现场环境，地下工程（电缆、管线）的位置、走向、深度及厂规厂法和各项安全管理制度，现场设置明显的安全警示标志，明确安全技术要求，进行技术方案交底，提高安全施工条件。

（4）甲方有关人员陪同乙方各级领导和安全管理人员熟悉作业现场及环境，一同落实安全措施；危及甲方安全生产的关键要害部位必须设有明显的警戒设施，且甲乙双方必须派专人监护。

（5）乙方特种作业人员必须持证作业，并到公司安全环保处备案。

（6）乙方必须对所有施工人员配备必要的劳保用品及安全装备。

9. 施工单位安全管理

（1）施工单位进入生产区施工作业，要严格执行国家和甲方的各项职业安全卫生管理制度。

①施工作业人员进入厂区施工作业，只能到允许进入的作业区域进行施工，不准乱跑乱窜，严禁携带烟火等进厂。

②进入生产装置的施工作业人员必须按规定着装，佩戴符合国家标准的安全帽以及满足工作要求的劳保护具。

③施工过程中严格执行《作业许可证管理制度》，对动火作业、进入受限空间作业、破土作业、临时用电作业、高处作业等高危险性作业，必须办理作业许可证。

④严格执行起重吊装作业的安全规定和该工种的安全规程，吊装作业要有方案和安全措施。

（2）严格车辆管理。

①进入生产区域施工作业的机动车辆必须按《公司内交通管理办法》严格执行。

②车辆阻火设施齐备、完好，符合国家标准。车辆要按指定线路限速行

驶，按指定位置停放。

（3）施工单位必须做到文明施工，应做到：

①施工机具和施工材料摆放整齐有序，不得堵塞消防通道和影响操作生产装置人员的操作、巡检。

②严禁触动正在生产的管道、阀门、电线和设备等，禁止用生产设备、管道、管架及生产性建筑物做起重吊装锚点。

③施工临时用水、用风，要办理有关手续，严禁用消火栓供水。

④高处作业必须采取防止火花飞溅的遮挡措施，电焊机接地线规范，不得将地线裸露搭接在装置设备或框架上。

⑤施工废料要按规定地点分类堆放，严禁乱扔乱堆，要做到工完、料尽、场地清。

（4）在运行中的生产装置区域内的改扩建、检修等进行动火作业，原则上节假日和夜间不得安排；对有专项安全措施的工程建设项目，在五一节、国庆节、元旦、春节等节假日前，由工程主管部门提出书面申请报告，由安全、生产部门检查确认，共同会签，报请主管领导批准后方可进行。

10. 安全监督管理

（1）为确保施工全过程处于有序受控状态，工程主管部门要负责组织施工单位编制施工进度网络计划与专项安全措施，负责与安全管理部门和生产装置负责人进行衔接、交底。

（2）综合管理部、工程主管部门和施工所在生产单位要职责明确，对安全施工实行有效监督，并都有安全否决权。

（3）做到组织落实、措施落实，特别要加强对边生产、边施工作业情况的安全监督和管理。

（4）严格按公司有关安全制度的规定和要求，监督施工单位办理作业许可证。

（5）监督施工单位执行各项安全管理制度，只要现场有施工人员，就必须有安全监护人员。

（6）凡在运行的装置区域内施工作业而又无法实施区域隔离的，必须由有关单位和施工单位共同制定安全措施和施工方案，并逐条落实，检查确认。

（7）在生产装置改扩建、检修等施工期间，综合管理部和工程主管部门要会同施工单位有关人员，组织联合检查组对施工作业现场进行安全检查，发现问题及时处理。对违反安全制度和规定的施工单位和个人进行处罚，对性质严重的要停工整顿，接受安全教育，情节特别严重的予以辞退。

第二节　中国石油某管道公司承包商 HSE 管理实施细则

一、目的

为了规范和加强承包商在作业过程中的健康、安全、环保管理，明确管理要求和责任，强化承包商的自我管理意识，预防事故的发生，制定本规定。

二、适用范围

本规定适用于为中国石油某管道公司提供工程和技术服务的所有承包商。主要包括但不限于：从事设备设施更新改造、安装维修、起重吊装、建筑施工（包括装修）等作业的承包商。

本规定不适用于设备或者材料的供应商，也不适用于为了进行产品售后服务需要进入本公司作业的厂家或专业技术服务队伍。

三、职责

承包商 HSE 管理过程中职责分配见表 7-1。其中工程项目管理单位职责主要包括：对工程项目承包商的 HSE 管理负有直接责任；项目启动前，应明确项目经理、现场安全监督和现场监理的职责、权限；负责工程开工前和施工过程中承包商的 HSE 管理工作；与承包商签订《工程服务安全生产合同》；对承包商的 HSE 业绩进行月度评估，并及时将评估结果上报上级相关部门。工程项目主管部门职责主要包括：负责主管工程项目的 HSE 管理工作。内容包括作业风险评估、承包商资格预审、承包商选择、开工前准备、技术标的评比等。安全环保部门职责主要包括：监督检查项目管理单位对承包商的 HSE 管理工作，依照本规定负责考核各单位对承包商的 HSE 管理状况，并提出改进意见；收集建设单位对承包商的月度 HSE 业绩评估，建立承包商 HSE 管理信息数据库，并负责据此给出承包商投标时的日常作业 HSE 业绩评估得分。

表7−1　承包商 HSE 管理过程中职责分配

步骤	阶段	目标	工作内容	承包商
步骤1	风险评估	确定与作业有关的主要危险，确定公司在后续阶段管理介入的深度	项目管理单位、工程项目主管部门组织风险评估	—
步骤2	资格预审	筛选有能力、资质上满足工程需要的承包商队伍	项目管理单位、工程项目主管部门组织相关部门一起收集有关承包商的资料；发出各自的资格预审问卷，并进行落实	对资格预审作出回应
步骤3	招标阶段	确定工程要控制的主要风险；确定有能力识别和控制工程主要风险的承包商	项目管理单位、工程项目主管部门与安全环保部等部门一起对澄清的要求作出回应。典型的做法是会见承包商代表，现场参观，将公司的 HSE 要求与承包商进行沟通等	准备合同中的 HSE 计划；澄清申请；召开会议；现场参观
	评标和合同授予	挑选最合适的承包商并授予合同	项目管理单位、工程项目主管部门组织安全环保部等部门和专家分别对标书中的技术（其中 HSE 不低于 20%）部分进行评标	对标书的澄清申请进行回应；召开会议
步骤4	作业前的准备	确认承包商的 HSE 管理准备及承包商准备投入的人员和设备是否符合合同、标书、施工方案等的要求和现场需要	项目管理单位对这阶段负责。召开开工前会议，针对 HSE 的要求与现场监督沟通，确认人员和设备的准备符合合同的要求和现场需要等	开工前会议；确认 HSE 计划的执行；技术交底；培训、演习；检查；根据建设单位要求做准备和自查
步骤5	作业中的管理	作业管理；对节点的控制	项目管理单位负责。典型做法包括日常巡查、现场的检查与观察、事件调查和审查等	监督管理，日常 HSE 管理，如安全会、检查及纠正措施的跟踪等
步骤6	月度 HSE 业绩评估	对承包商 HSE 业绩进行分析和反馈	项目管理单位负责。根据承包商的工作前准备和过程中 HSE 表现，进行月度 HSE 业绩评估	根据 HSE 业绩评估反馈，及时进行整改和提高

四、程序

对承包商 HSE 管理程序的要求见表 7-2，由下面 6 个步骤组成：

步骤 1——作业风险评估；

步骤 2——承包商资格预审；

步骤 3——承包商的选择；

步骤 4——开工前的准备；

步骤 5——承包商作业过程中的 HSE 管理；

步骤 6——承包商作业期间或者作业结束后的 HSE 业绩评估。

承包商的作业风险分为低、中、高三个级别，在表 7-2 中，根据不同的级别，列出了对承包商 HSE 管理程序各个步骤的要求。

表 7-2　对承包商 HSE 管理程序的要求

承包商 HSE 管理程序中的步骤	对承包商 HSE 管理程序的要求		
	低风险	中等风险	高风险
作业风险评估	需要	需要	需要
承包商资格预审	自由决定	需要	需要
承包商的选择	自由决定	需要	需要
开工前的准备	自由决定	需要	需要
承包商作业过程中的 HSE 管理	自由决定	需要	需要
HSE 业绩评估	需要	需要	需要

备注：作为以风险为基础的承包商管理，公司的项目管理单位、工程项目主管部门必须事先对其所管辖的项目组织相关单位和部门的作业风险进行评估。

所有参与承包商选择和作业管理的人员必须考虑作业安全完成所需要的承包商的能力和资质。

1. 步骤 1——作业风险评估

作业风险评估的目的是评价要进行的某种特定作业的内在危险以及事件对人、资产、环境和信誉等所产生的潜在的不利后果，是一种宏观上的风险评估。作业风险评估是以风险为基础的承包商 HSE 管理的前提。

作业风险评估主要由项目管理单位、工程项目主管部门来牵头，相关单位和部门参与进行。根据评估出来的作业风险大小确定需要重点管理的项目目录（作业风险在中等级别以上的项目）。表7－2列出了公司需要介入的最低要求，它是由承包商作业的风险级别来决定的，风险评估的方法请参考附录四中作业风险级别分类表而确定。

2. 步骤2——承包商资格预审

资格预审是承包商管理中最重要的步骤，用于筛选出满足工程要求的承包商，确认他们有足够的财务能力、技术能力、相应资质并能够安全完成工程作业。HSE资格预审、复审的内容参见附录四中承包商HSE资格预审问卷。具体的评分和使用方法参考附录四中承包商资格预审问卷的说明和步骤3承包商的选择。

3. 步骤3——承包商的选择

1）招标文件的准备

使用承包商的单位要保证招标文件标明了对HSE的要求，明确HSE职责（参见附录四中合同中HSE职责划分），把对HSE的要求以及与作业相关的风险在招标文件和招标前会议上传达给投标者。要求投标者对遵守适用的HSE要求和执行标准的能力提供保障，也要求投标者提供有关员工培训资料，以此来判定他们是否具有足够的知识和技能来安全完成所承包的作业。

2）评标

标书分为商务标和技术标两部分。在技术标中要列出HSE部分，HSE部分权重不低于技术标总分的20%。HSE部分由两部分组成，其中的60%是承包商对项目的HSE响应评估得分，另外40%来自于承包商日常作业HSE业绩评估得分。安全环保部门应对所有承包商月度作业HSE业绩评估结果统一汇总和管理，评标时提供给技术标评委会（包括安全环保人员），由技术标评委会综合计算出HSE部分得分和技术标得分。

3）授标

一旦评标程序完成，结果将会汇总到整体标书评估和授标建议文件包中。项目管理单位按规定程序授标。签订工程合同的同时，工程项目管理单位必须与承包商签订《工程服务安全生产合同》。

4. 步骤4——开工前的准备

1）开工前的检查

确认中标承包商之后，在开工前，将相关要求发给承包商要求其自查，然后由建设单位代表监督实施检查。这可以为更好地实施工作提供保障，避免开工准备不足。检查具体内容参见附录四中承包商开工前HSE检查清单及承包商机具动员前的检查清单。

项目管理单位负责审查承包商的开工报告内容。在 HSE 方面，开工报告中的 HSE 部分至少需要以上两项的内容和作业安全分析，该清单的具体使用方法和内容请参见两个附录。如果承包商不能进行很好的准备，有可能会间接影响到后面对其 HSE 业绩的评估结果，继而影响到下次投标的结果。

2）HSE 培训

承包商应做好员工的 HSE 培训，并向其员工介绍所有潜在的风险和相关问题。建设单位有权检查 HSE 培训的效果和培训记录。

3）开工前会议

授标后施工作业开始前，项目管理单位负责人应立即召集开工前会议，会上让承包商有机会更深入地熟悉作业地点、设施、人员及其他有关的情况。开工前会议由项目管理单位负责人主持。承包商及其分包商的主要人员必须参加这些会议。开工前会议通常是在作业地点进行，具体地点由项目管理单位负责人确定。

开工前会议内容至少应包括：作业有关主要风险；确认要实施的安全计划，确认有关职责是否清楚和明确；确认作业人员的能力及有关培训；确认 HSE 的业绩目标和目的；确认承包商应急程序的实用性；简述有关分包商的 HSE 要求、事故与事件的报告以及调查程序，确认要进行工作安全分析等议题。

5. 步骤 5——承包商作业过程中的 HSE 管理

需要特别注意的是，项目管理单位是承包商作业的直接管理者，要对承包商的现场管理不利负责。

1）安全检查

项目管理单位、工程项目主管部门应组织对承包商作业现场的检查，内容参见附录四中作业现场安全检查清单。

需要说明的是，作业过程中的 HSE 检查将直接影响到对该承包商的定期 HSE 业绩评估，继而直接影响到下次投标的结果。

2）HSE 会议

项目管理单位和承包商应定期召开 HSE 会议，参加人员包括承包商的所有员工和项目管理单位代表。会议的目的是对 HSE 提供动态的培训和沟通，并做好记录和形成文件。

3）紧急情况演习

对承包商的应急程序进行审查，必要时进行整改、完善。承包商也应熟悉在管道公司设施上的所有报警系统。

4）事件的调查与报告

对所有与承包商现场作业有关的工伤、事件和险情应立即向建设单位报告并做好记录。随后建设单位和承包商共同进行调查。任何的事故、事件，即使小到一般的简单医疗处理事件，都必须记录和调查。

6. 步骤6——承包商作业期间或者作业结束后的 HSE 业绩评估

1）目标

项目管理单位必须对承包商 HSE 业绩进行评估，以便持续改进承包商的 HSE 业绩。评估内容参见附录四中承包商作业期间或作业结束后的 HSE 表现评价。

2）评价频率

项目管理单位每月对承包商的 HSE 表现给出评估，并由项目管理单位负责人或其指定代表签字，并告知承包商每次的评估结果。对于那些作业时间不到一个月的承包商，该评估也是对其作业的最终评估。

3）评估结果汇总

项目管理单位将承包商 HSE 月度业绩评估结果每月一次发给相关部门。安全环保部门应为各个承包商建立 HSE 业绩评估数据库（参见附录四中承包商 HSE 管理数据信息库），根据每个月各个承包商的 HSE 业绩评估的平均值或者单个项目（作业时间不足一个月）的 HSE 业绩评价，结合承包商 HSE 资格预审的得分，为各个承包商下次投标的 HSE 部分给出分值。

对于那些两个月内的 HSE 业绩不能达到最低标准的承包商（低于60分），公司应将该承包商从合格承包商库中剔除，并由公司市场管理部门通知该承包商：由于安全业绩不能达到公司的要求，下次将不再有投标的机会。也就是说，即使承包商资格预审通过了，但是现场 HSE 业绩达不到要求，也将被取消下次投标的资格。

如果一个承包商一个月内在不同的地点或单位进行作业，那么该承包商该月的 HSE 业绩评估结果为这几个不同地点或单位 HSE 业绩得分的平均值。

五、记录存档

安全环保部门要确保承包商作业 HSE 业绩评估结果存档 3 年。

附录

附录一　个人锁锁定检查表

领锁人姓名：　　　　　　　　工作单位：

锁类别：个人锁　　　　　　　锁编号：

1. 生产站长发出相关通知

□技术员　　　　　　　　　　□站控值班人员

□作业人员　　　　　　　　　□作业监护人

2. 锁定检查项目

	锁定检查项目
个人锁	确认所领锁与批准用锁性质、编号的一致性
	确认锁与钥匙的一致性
	确认预先确定的需锁定设备已处于正确状态
	确认锁定方法正确，锁定牢固
	确认锁定设备与计划锁定设备完全一致
	确认锁定并挂牌，挂牌填写完整、准确
	确认个人锁的钥匙在作业人员手中

3. 解锁前确认项

□作业人员通知作业结束，提出解锁申请

□确保工作区域环境条件符合要求

□作业监护人监护解锁

4. 作业监护人发出相关通知

□值班人员　　　　　　　　　□技术员

□该区域所有作业人员　　　　□生产站长

作业监护人：　　　　　　　　日期：

附录二　部门锁锁定检查表

领锁人姓名：　　　　　　　工作单位：

锁类别：部门锁　　　　　　锁编号：

1. 生产站长发出相关通知

□技术员　　　　　　　　　□站控值班人员

□作业人员　　　　　　　　□作业监护人

2. 锁定检查项目

	锁定检查项目
部门锁	确认所领锁与批准用锁性质、编号的一致性
	确认锁与钥匙的一致性
	确认预先确定的需锁定设备已处于正确状态
	确认锁定方法正确，锁定牢固
	确认锁定设备与计划锁定设备完全一致
	确认锁定并挂牌，挂牌填写完整、准确
	确认部门锁的钥匙在值班人员手中

3. 解锁前确认项

□值班人员收到技术员发出的解锁通知

□确保工作区域环境条件符合要求

□作业监护人监护解锁

4. 技术员发出解锁相关通知

□站控值班人员　　　　　　□该区域所有作业人员

□生产站长　　　　　　　　□生产科

作业监护人：　　　　　　　日期：

编号：　　　　　　　编码：

××项目 HSE 作业计划书

施工作业单位

	签字	职务	日期
编制人			
审核人			
批准人			

注：此为作业计划书扉页

编写说明：

（1）本《HSE 作业计划书》（管道运行专业指导模版）是依据中国石油天然气集团公司《关于进一步规范 HSE 作业指导书和作业计划书编制工作的指导意见》，由集团公司组织有关人员进行编制，旨在为基层组织提供《HSE 作业计划书》编制指南。

（2）本指导模版适用于进入中国石油天然气集团公司管道运行现场的更新改造大修理项目作业。

（3）对作业周期短、作业风险低的作业可对计划书进行简化，即在执行公司特种作业许可规定的同时，补充风险管理单即可。

（4）在施工过程中，应随时和定期组织危害识别活动，在原计划书基础上，填写《风险管理单》。

（5）计划书编写应在施工单位主要负责人（队长、项目经理）主持下，对项目（活动）在人员、环境、工艺、技术、设备设施等方面发生的变化或变更而产生的危害因素进行辨识，由生产技术人员、班组长、关键岗位员工及安全员（队 HSE 监督员）共同参与编制。编制完成并经审核、审批后，应对本队员工组织培训、交底，并对相关方进行告知。

（6）作业计划书应在入场施工作业前完成编制，各企业可根据本单位实际情况，确定计划书的审核和审批权限。

（7）各企业编制计划书时，要以风险削减为核心，充分结合工程施工方案、施工组织设计等文件，尽量减少内容上的重复。

1.　项目概况、作业场所周边情况调查

1.1　项目概况

工程项目地点、立项原因、简要内容。

1.2　地理环境

工程项目所在地的地质、气象、交通情况。

1.3　社会环境及外部依托

当地社会治安、人文环境、医疗消防及生活依托的情况。

1.5　营地布置

根据施工现场特点，对营地的布置进行安排。

2.　人员能力和设备状况

2.1　人员能力

本项目关键岗位人员及新增人员能力情况：

序号	姓名	岗位	性别	工作年限		文化程度	健康状况	持证情况	技能鉴定	综合评估	备注
				工龄	本岗位						

编写说明：

（1）本项目关键岗位人员指队长（项目经理）、指导员、技术员、安全员（队 HSE 监督员）、班长、特种作业人员等；新增人员指新分配人员、转岗人员及因其他原因变更工作单位的人员。

（2）对新增人员，应根据其岗位任职条件进行能力评估，例如更换了队长（项目经理），或增加了新员工、转岗员工等。

（3）在综合评估栏中填写评估结果："合格"或"不合格"，对不合格者，不能独立顶岗。

2.2　设备状况

施工作业采用的主要设备、设施及特殊 HSE 装置情况：

序号	名称	规格型号	主要技术指标	完好情况	是否满足施工要求	综合评估	备注

编写说明：

（1）设备包括本项目施工作业采用的主要设备设施，如封堵器、开孔机、吊车等；特殊 HSE 装置，如含氧量分析仪、可燃气体浓度监测仪、防火服等检测防护装置。

（2）在综合评估栏中填写评估结果："合格"或"不合格"，对不合格者（不能满足施工要求），不能使用。

3. 项目新增危害因素辨识与主要风险提示

3.1 项目新增危害因素辨识

项目新增危害因素是指当人员、作业环境、施工方案和技术（工艺）、设备设施等发生变化（变更）而新增的危害因素。

编写说明：

（1）对所辨识出的新增危害因素，经过评估后，确定新增风险。

（2）人员变更指新分配人员、转岗人员及因其他原因变更工作单位的人员，主要针对的是因人员变更带来的新增和潜在的风险等，例如更换了队长（项目经理），增加了新员工、转岗员工等。

（3）作业环境的改变，包括同一施工区域周围环境的改变（含自然环境、社会环境）。例如，因作业周期的延长导致的季节变化，作业现场附近有新重大施工，从平原搬至山地，从人口稀疏区搬至稠密区，以及进入雷雨季节和洪汛期等。具体风险如进入夏季带来的炎热中暑及雷击风险，施工地点搬至邻近水源、河流区而存在的洪水、水体污染风险等。

（4）施工方案和技术（工艺）的变化，一是指因施工方案和技术（工艺）与以往相比有重大变化，如采取新工艺、新技术等带来的新增风险；二是施工期间施工方案和技术（工艺）变更而带来的变化，例如在施工期间，因补充了新的施工方案和增加了新的工艺而带来的新增风险等；三是因技术（工艺）需要的施工相关方在现场交叉作业带来的新增风险。

（5）设备设施的变更，包括新配备或更换的设备（设施），风险包括其在设施完整性、运转状况、岗位员工操作及操作规程适应性方面带来的新增风险等。

3.2 项目主要风险提示

项目主要风险指经过评估后在本项目上表现突出、需要提示的风险。

编写说明：

（1）对所辨识出的危害因素经过评估后，确定主要风险。

（2）主要风险的界定应视具体项目而定，因各项目特点不同，应注意辨识不同的主要风险。

4. 风险削减和控制措施

针对本项目主要风险及新增风险，制定相应的风险削减和控制措施。

编写说明：

风险削减和控制措施要同主要风险及新增风险相对应，即每识别出一项主要及新增风险，均制定相应的风险削减和控制措施，并落实到相关岗位。

5. 应急管理

5.1 应急联系电话

编写说明：

（1）应急联系电话包括但不限于以下内容：本队应急指挥（应急小组组长）电话、上级应急办公室及相关领导电话，以及医疗急救、消防急救、应急撤离（受事故影响区域）联系电话和其他外部依托联系电话。

（2）应根据实际情况和需要，调查其他需要的外部依托，如外部社会治安机构（派出所等）、相关方可以依托的应急救援组织等。

5.2 应急处置预案

编写说明：

（1）施工现场应具有针对火灾、人员伤害、环境污染等突发性事故的应急处置预案。如有需要，还应制定其他相关预案。

（2）针对引发事故（事件）可能性大、后果比较严重的新增风险，要制定应急处置预案。制定的应急处置预案可作为计划书的附件，也可写在计划书中。

应急联系电话一览表：

单位	姓名（部门）	职务	地址	联系电话
上级应急救援组织				
外部依托				
其他				

附件1　施工区、生活区的布置及应急撤离路线平面示意图

编写说明：

（1）应根据实际情况编制，标出各主要设备设施的平面位置，同时标出紧急撤离路线方向，方位应正确。

（2）除标出施工区平面布置图外，如有生活区，还应标出生活区平面布置图。

附件2　风险管理单

风险管理单（样表）

编码			编号	
	作业地点			
	本表对应的作业计划书名称			
1	新增主要危害因素辨识（包括对人员、环境、工艺、技术、设备设施变化的描述）			
2	主要风险提示（包括指导书中提到的主要风险）			
3	风险削减和控制措施			
4	应急处置			

编写人		年　月　日	项目监督		年　月　日
审核人		年　月　日	项目经理		年　月　日

相关人员告知记录

序号	姓名	工作岗位（职务）	签字	日　　期
				年　月　日
				年　月　日
				年　月　日

完成时间		年　月　日	验收人		年　月　日

备注：（1）本表是计划书的附件；（2）本表的内容按照计划书的使用要求填写；（3）本表的内容不限于在一张表格上，可以视情况增加附页

附录四　中国石油承包商 HSE 管理细则附录

一、作业风险级别分类表

　　本表是为了评估承包商作业的风险而制定，该风险评估基于承包商作业的工作地点、作业期限、工作性质以及对公司的 HSE 业绩的潜在影响，仅供内部使用。根据所评估的风险级别，采取不同的控制措施。

分值	权重	1	2	3	4	5
5	影响	对公司的 HSE 业绩没有影响，对管道公司的人员和生产没有影响	对公司的 HSE 业绩没有影响，但是可能会轻微影响到管道公司的人员和生产	对公司的 HSE 业绩有影响，但是后果比较微小	直接影响到公司的 HSE 业绩	直接影响到公司人员的生命安全以及生产作业，比如车辆作业等
4	作业性质	公司的低风险作业，例如内务、办公设备维护和维修、IT 服务等	常规的维修和保养，小型的建造，手工挖掘，油漆作业等	吊装、无损探伤等作业	进入受限空间，二级动火作业，拆开生产设备，较高的脚手架作业等	一级动火作业，储油罐大修和沉管等作业
3	作业地点	站场外并且不由管道公司来进行直接管理	办公室或者其他低风险区域作业	在站场内，但是通常不在生产区内的作业	在站场外，但是由管道公司直接进行管理	在站场生产区内作业
2	作业期限	<1 周	<1 月，>1 周	<6 月，>1 月	<12 月，>6 月	>12 月
1	作业经验	已经为公司工作过，熟悉公司的主要业务	定期为公司提供服务，但是不常驻	不定期地为公司工作	有相关经验，但是从来没有为公司工作过	没有石油天然气行业的工作经验

A 级：>50，当权重分值大于或者等于 50 的时候，承包商的作业被认为是高风险作业。

B 级：37～50，当权重分值在 37～50 之间的时候，承包商的作业被认为是中等风险作业。

C 级：<37，当权重分值小于 37 的时候，承包商的作业被认为是低风险作业。

例如：

（1）一个承包商在管道公司某站场进行射线作业，时间为 1 周，其风险的权重分值为：$5 \times 5 + 4 \times 3 + 3 \times 5 + 2 \times 1 + 1 \times 1 = 55$，工作风险级别 A 级，即高风险作业。

（2）一个承包商在公司某站场提供清洁服务，长期服务商，其风险的权重分值为：$5 \times 3 + 4 \times 3 + 3 \times 3 + 2 \times 5 + 1 \times 1 = 47$，工作风险级别为 B 级，风险为中等。

二、承包商 HSE 资格预审问卷

承包商一般信息				
承包商：				
主要负责人：				
联系电话：　　　　　　　传真：　　　　　电子邮件：				
地址：				
HSE 资格预审内容	有	没有	权重	得分
第一部分　基本要求				
1. 是否拥有管道公司承包商准入资质和/或所要开展的作业活动的行业资质？（本选项为一票否决项）				
第二部分　工作经验及标准化管理　　　　　　　　20				
1. 公司是否具有相关作业活动的经验？（提交两份工程完工报告）			10	
2. 公司是否有质量保障体系？			5	
3. 公司是否有正式批准的 HSE 管理体系？			5	
第三部分　HSE 管理体系及各级领导的职责　　　　28				
是否有书面的由总经理签字的 HSE 政策？			2	
HSE 体系中是否有各级管理人员及各岗位员工的岗位安全职责说明？			2	

公司主要管理人员是否参加过 HSE 管理培训?		3	
公司有没有设定年度 HSE 目标和持续改进计划?持续改进计划是否得到执行?		5	
公司是否有年度 HSE 回顾总结?		1	
公司是否有隐患汇报及整改程序?		3	
公司是否定期召开安全会?如果是,多长时间召开一次?(提供安全会会议纪要)		3	
公司是否有专职的安全管理人员?		2	
公司是否有全面的 HSE 审核计划?该审核计划是否涉及对 HSE 目标的完成情况、对法律法规的遵守情况及 HSE 管理体系的有效性的评估?		5	
公司是否有分包商管理程序?		2	
第四部分　安全管理工具	15		
1. 公司有没有正式的风险评估程序?公司在识别、评估、控制和减小风险方面采用了哪些技术?		4	
2. 公司是否有作业安全行为观察改进计划?		2	
3. 公司是否设定了 HSE 表现评价指标并对评价指标进行统计分析?		2	
4. 你们如何保障公司的作业规范和程序在作业现场得到很好的执行?		3	
5. 你们公司如何保障对在你们办公室、作业现场内使用的或在其他地方由你们员工使用的设施设备都进行了登记、控制和适当的检查以及维护保养?		2	
6. 公司是否有安全奖励计划?		2	
第五部分　人员、保险、培训	22		
公司员工是否都有工伤保险?		5	
公司特种作业人员是否持有相应的特种作业证?		5	
公司是否对员工进行年度体检?		2	
公司是否对员工进行入厂安全教育?		2	
公司是否开展岗位安全培训?		3	
公司是否有渠道使员工了解工作环境中和本岗位所涉及的潜在职业危害?		3	
公司是否有能力评估机制以确保员工在生理、知识、经验和技能上适合所拟从事的岗位?		2	

第六部分　应急管理与事故调查		15	
公司是否编制了应急管理计划？是否进行了相应的培训和演练？		3	
公司是否有事故调查程序？事故和险情事件是否得到报告、调查和整改？		4	
公司过去 5 年内在 HSE 方面是否受到过任何形式的奖励？		3	
过去 3 年内事故记录		5	
审核得分			

承包商资格预审得分	结　　论
<40	被审查的承包商未能通过资格预审，因此将暂不考虑使用该承包商
40~60	被审查的承包商未能通过资格预审，但如果能在存在问题的方面有实质性的整改，从而达到 60 分以上，还有可能考虑使用该承包商
60~80	被审查的承包商通过了资格预审，然而在很多方面仍需持续改进
>80	被审查的承包商通过了资格预审，然而在某些方面仍然还可以进一步改进

三、合同中 HSE 职责划分

甲方负责：

对承包作业人员进行基本安全教育，以便承包作业人员了解作业环境、安全应急程序和设施以及基本的健康、安全、环保规章制度。

培训、指导并监督承包作业人员按甲方的管理程序和要求进行作业。

让承包作业人员了解作业环境中的风险与防范措施。控制作业现场因同时作业而产生的风险。

如发生事故，提供现场的应急支持和受伤人员的救助及转运。

乙方负责：

确保派往甲方现场的所有作业人员身体条件适合将要进入的作业环境及将要从事的作业活动。

确保派往甲方现场的所有作业人员都有工伤保险。

确保派往甲方现场的所有作业人员具备基本的文化素质以及安全完成承包作业所需要的知识、经验和技能。

确保派往甲方现场的所有作业人员持有健康证和法规所要求的培训证书，特殊工种作业人员持有相应的特殊工种证书。

确保派往甲方的人员熟悉甲方的作业环境和 HSE 要求。按照甲方所提供的检查清单，在动员前，对工具、设备和吊索具进行自检，以确保符合甲方的要求。

确保承包作业中所使用的特种设备持有有效的特种设备检验证书。

确保运往甲方现场的危险物品，如爆炸品和放射性物质等都按照政府主管部门的要求办理了相关的手续，并由有资质的人员监控和操作。

对派往甲方现场的作业人员进行作业前的安全教育，并确保其了解将要进行的作业的内容、步骤、各自的职责、涉及的风险以及防范措施等。

为每一位作业人员配备充足的符合甲方要求的个人防护用品。

做好应急准备，一旦发生事故，负责本公司受伤人员的医疗安排和其他相关善后工作。

四、承包商开工前 HSE 检查清单

本检查清单为管道公司的建设单位提供了一个检查指南，确保承包商遵守管道公司的要求。其中的一些项目可能针对不同的项目有偏差或者不适用。管道公司的承包商使用人员或者站场负责人应该针对不同的具体工作选择不同的检查项目制定本检查表的目的是确保承包商已经准备好可以开始工作了。也可以在开工之前，由建设单位传达给承包商，使其能够先进行自查，开工前由建设单位代表和承包商负责人员一道确认。

承包商姓名：＿＿＿＿＿＿＿＿＿＿＿＿＿

检查员姓名：＿＿＿＿＿＿＿＿＿＿＿＿＿

检查地点：＿＿＿＿＿＿＿＿＿＿＿＿＿

日期：＿＿＿＿＿＿＿＿＿＿＿＿＿

序号	项　　目	是	否	不适用	评　论
I．工作计划					
1.1	工作方案内是否明确了相关的 HSE 问题，是否和承包商一道审查过相关的要求？				
1.2	承包商是否有阅读过管道公司的安全手册和工作许可程序？				
1.3	与工作相关的设备是否经过了安全检查？				
1.4	是否识别了关键作业并进行分析？				

续表

序号	项　　目	是	否	不适用	评　论
1.5	是否有书面的关键作业程序，并在工作开始前和承包商落实？				
1.6	材料搬运设备和程序是否制定好？				
1.7	是否有临时计划？（住宿，库房，建造材料和设备的运送，装卸设备，材料的存放等）				
1.8	承包商能够胜任的安全代表：				
	1.8.1　有吗？				
	1.8.2　是否有足够的授权？				
1.9	承包商是否有如下的安全程序并确保实施：				
	1.9.1　管理人员足够的安全背景和经验？				
	1.9.2　新员工的培训？				
	1.9.3　安全会议？				
	1.9.4　安全检查？				
	1.9.5　安全激励？				
	1.9.6　管理人员和员工是否详细沟通安全方面的事项？				
	1.9.7　应急演习？				
	1.9.8　事件调查和报告？				
	1.9.9　其他_____？				
1.10	承包商是否有激励方式来降低职业病、伤病和环境损坏？				
1.11	承包商是否有针对违反 HSE 规定的纪律处分程序？				
Ⅱ. 隐患管理					
2.1	承包商是否有一个识别隐患的系统（识别不安全行为和状况）？如何实施？				
2.2	承包商是否为下面的这些方面提供了合适的隐患控制方法，并是否有实实在在的实施？				
	2.2.1　场所整理？				
	2.2.2　机械保护？				
	2.2.3　化学品？				
	2.2.4　可燃物和易燃物？				

序号	项　　目	是	否	不适用	评　论
	2.2.5　放射品？				
	2.2.6　废弃物的收集？				
	2.2.7　设备、保护装置、工具的维护保养？				
	2.2.8　工作许可规定？				
	2.2.9　个人防护用品？				
	2.2.10　其他＿＿＿＿＿＿＿？				
Ⅲ.　应急响应计划和程序					
3.1	承包商员工是否明白他们在应急状态下的职责？				
3.2	他们是否知道如何报告紧急情况？				
3.3	是否知道在紧急情况的前、后如何使用车辆？				
3.4	承包商员工中是否有人经过简单医疗处理的培训？				
3.5	是否有足够的简单医疗处理设备？				
3.6	是否有合格的急救箱？				
3.7	是否与管道公司一道安排了救护车服务、医院或者其他的医疗准备工作，以便能够处理工作中出现的一般医疗处理事件或者危及生命的伤害和病痛？				
3.8	能否在紧急情况下联系到承包商的应急联系人？				
3.9	承包商是否提供自己的医生？				
Ⅳ	工作前安全会				
4.1	是否计划在工作开始前召开一个工作前安全会？				
4.2	会议是否有合适的承包商代表？				
Ⅴ	现场准备的情况介绍				
5.1	工作现场的准备情况：				
	5.1.1　工作现场的通道是否通畅？				
	5.1.2　堆场是否足够？				
	5.1.3　工作场所内外的联络是否畅通？				
5.2	是否有警报系统？承包商员工是否知道警报？				
5.3	是否建立了撤离通道？是否指定了集合地点？紧急情况下在哪里点人数？				
5.4	报警设备：				
	5.4.1　报话机？				

序号	项　目	是	否	不适用	评　论
	5.4.2　广播系统?				
	5.4.3　电话系统?				
	5.4.4　其他_____?				
5.5	应急电话号码是否在现场张贴?				
Ⅳ. 确认所有的 HSE 要求					
6.1	是否所有相关的要求（管道公司的要求和政府的法规）都得到双方的确认?				
6.2	如果有什么 HSE 方面的变更，相关方是否得到通知?				
Ⅶ. HSE 培训					
7.1	特种工培训是否按照要求完成? 证件是否有效?				
7.2	是否对监督和管理人员进行了培训以确保他们能够胜任工作和管理 HSE 工作?				
7.3	是否有对员工的培训计划?				
7.4	培训计划是否包含:				
	7.4.1　安全和健康?				
	7.4.2　化学品安全数据说明书?				
	7.4.3　安全介绍?				
	7.4.4　简单医疗处理（急救）?				
	7.4.5　消防?				
	7.4.6　看火（动火看护）?				
	7.4.7　危险化学品的运输和储存?				
	7.4.8　放射性物品的运输和存放?				
	7.4.9　爆炸品的运输和装卸?				
	7.4.10　坠落防护?				
	7.4.11　酒精和毒品政策?				
	7.4.12　叉车和吊车操作?				
	7.4.13　场所整理?				
	7.4.14　进入受限空间和对守护人员的要求?				
	7.4.15　工作许可程序?				

序号	项　　　目	是	否	不适用	评　论
7.4.16	喷砂作业？				
7.4.17	呼吸防护？				
7.4.18	使用劳保？				
7.4.19	控制危险能量源？				
7.4.20	挖掘动土作业？				
7.4.21	应急计划？				
7.5	有培训的记录文件吗？				
7.6	是否有什么方法来确认承包商的培训效果（书面考试，现场演示，工作中的评估）？				
Ⅷ. 承包商的管理承诺					
8.1	承包商管理层是否有可见的承诺？				

其他评论：

五、承包商机具动员前检查清单

公司名称：＿＿＿＿＿＿＿＿＿＿＿＿＿＿＿＿

项目名称/工单号：＿＿＿＿＿＿＿＿＿目的地：＿＿＿＿＿＿＿＿＿

承包商公司应对照下表对所要使用的相关设备及工具进行自查，对不符合要求的设备及工具应杜绝使用。承包商应对本检查表的真实性承担责任，在将设备运送到管道公司前，应将此表格递交给建设单位负责人以备查验。

序号	要　　求	检查栏	评　论
1. 个人防护设备			
1.1	个人防护用品应符合管道作业标准要求。一般作业时需配备的基本个人防护用品：	一般作业	
	头部防护——国家标准的安全帽，符合 ANSIZ89.1—1996 标准并配有面夹带（系于下颚处）	a.＿＿	
	眼部防护——安全眼镜；近视眼佩戴相应的近视安全眼镜	b.＿＿	
	手部防护——采用纯棉、皮质或皮棉混合材质的手套	c.＿＿	
	脚部防护——有钢板或护脚趾设计的安全鞋	d.＿＿	

序号	要　　求	检查栏	评　论
1.1	防护衣——长袖连体工服，不允许有非常严重的撕裂及磨损的工衣	e. ____	
	有特殊工种作业时需配备的基本个人防护用品：头部防护——焊接或切割作业中必须佩戴有安全帽的焊接面罩	特殊	
	眼部防护——进行低压、高压作业流体以及有颗粒物产生的作业（切割、除锈、打磨、风铲、刮刀、手动或电动刷具、打砂等），必须佩戴护目镜或与面部防护一体的防护罩；在邻近区域工作的人员也必须配备相关的防护用品	f. ____	
	眼部防护——焊接或气割时需佩戴焊工面罩、焊工防护镜	g. ____	
	手掌、手臂的防护——焊接或气割时需佩戴长手套	h. ____	
	防护衣——当可能有火花产生或在进行焊接、切割或打磨作业时，需穿长袖阻燃服；与此工作相关的邻近人员也需穿戴长袖阻燃服——特别是看火人	i. ____	
	呼吸系统的防护——焊接、气割或可能有有害或有毒气体产生的作业，人员必须佩戴相应的呼吸面罩	j. ____	
	呼吸系统的防护——一般切割和打磨作业时需佩戴防尘口罩	k. ____	
1.2	安全带和安全尾绳需为合格品，安全背心为5点式（杜绝3点式或腰带式），每条安全带必须配备两条安全尾绳	l. ____	
2. 手动工具			
2.1	手动工具包括但不限于：扳手、凿子、老虎钳、夹具等；工具必须保持良好状态，不允许使用有缺陷的工具		
2.2	带木柄的工具，把手不能有缺陷，如开裂、缺损，工具头必须有锁套加以保护		
2.3	敲打类的工具（如凿子、夹子等）不能有蘑菇头现象，应易于使用		
2.4	高空作业使用到的工具需要配备相应的工具包，以防坠落		

序号	要　　求	检查栏	评　论
3. 电气设备/电动工具/电缆			
3.1	目测：确保所有电气设备/电动工具以及电线电缆外观完整良好，技术铭牌完整清晰，即没有明显损坏，没有撕裂、磨损、接触不良以及裸线等		
3.2	所有电气设备和电动工具应有可靠的接地及接地装置，接地电缆的容量至少为电源线容量的三分之二		
3.3	1000V 和 1000V 以下的电气设备需挂标有"注意—×××V"的警告警示牌		
3.4	1000V 以上的电气设备需挂标有"危险—×××V"的危险警示牌		
3.5	检查电气设备和工具的额定电压，以确保与设施上供电系统相匹配，或者配合合适的变压器		
3.6	带有断路器的配电盘应适合设施上使用，断路器应有保护罩，以防止人体意外接触而发生事故；配电盘与电气设备之间的距离不应少于 1m		
3.7	电缆线应是完整的，设施上不允许使用接口暴露在外的电缆		
3.8	电气设备与工具的绝缘电阻（包括焊机）要超过 1MΩ，接地电阻小于 4Ω		
3.9	电压小于 1000V 电缆的绝缘电阻应大于 10MΩ		
3.10	电气开关要标明"开/关"的位置，以指示设备状态		
3.11	危险区域只能使用防爆电气设备和工具		
4. 压缩空气作业/氧气瓶			
4.1	所有气瓶状态良好并有合格的安全证书，无明显的损坏或变形，无严重的腐蚀并贴有标签		
4.2	所有压缩气瓶均配有防护帽		
4.3	气体管线处于良好状态		
4.4	压力调节阀和压力表已经校验并处于可使用的状态		
4.5	为气动工具准备了充足而且适当的压力调节阀		
4.6	准备充足的气体管线卡扣（不允许用铁丝紧固气管线）		
4.7	氧气瓶应配有回压阀		

序号	要　　　求	检查栏	评　论
4.8	气瓶架处于良好的状态，标注有安全载重数字，并有第三方检验合格证书（每年检查），证书将与设备一起提供给站场		
4.9	卸扣配有不锈钢的安全销		
4.10	吊点、钢丝绳以及卸扣处于良好的状态并有第三方检验合格证书（每年检查），证书将与设备一起提供给建设单位		
4.11	气体管线处于良好的状态并配有安全连接带以防脱开，气管无风化或干裂现象		
5. 打磨、切割、除锈工具			
5.1	所有打磨和切割工具都装有安全防护罩和有效安全装置		
5.2	砂轮片与打磨机的转速要相匹配		
5.3	除锈针枪应配有安全装置		
6. 脚手架和梯子材料			
6.1	连接件和卡扣： 应采用 KT 33-8 可锻铸铁铸造。 与脚手架管子配合紧密。 可供特殊作业环境使用。 无缺损，如裂痕、劈开以及沙眼等。 润滑良好，带有旋转灵活的螺丝		
6.2	脚手架管子： 管材需要 A3 或 AY3（国标）钢。 管壁厚度不少于 3.5mm。 使用的脚手架管子无明显扭曲变形，无裂痕以及明显生锈。 管子需采用镀锌的，不能涂上油漆		
6.3	脚手架工作平台应由金属板制成，无明显生锈及变形		
6.4	脚手架木板： 板子尺寸，至少 50mm 厚，250mm 宽，最大纵向撕裂纹路不允许超过 225mm。 任何开裂、腐蚀和损害不得影响板子的承载能力。 不能沾有油漆		
6.5	用于捆绑的铁丝应采用 13 号		
6.7	梯子处于良好状态		

序号	要　　求	检查栏	评　论
7. 吊装设备和工具			
7.1	吊索、卸扣、提升铁链应处于良好状态并具有有效的第三方检验合格证书，证书需随设备一起提供给建设单位		
7.2	卸扣需配不锈钢插销并正确装配好		
7.3	设备架、集装箱、工具箱标明安全承载数并具有有效的第三方检验合格证书，证书连同设备一起提供给建设单位		
8. 气割设备和工具			
8.1	软管处于良好状态，没有风化和干裂		
8.2	气瓶处于良好状态并具有有效的安全证书。没有明显损害、扭曲和严重腐蚀并贴有标签		
8.3	压缩空气瓶、氧气瓶、乙炔瓶配备保护罩		
8.4	压力调节阀和压力表已经校验并处于良好状态可供使用		
8.5	氧气瓶和乙炔瓶装有止回阀		
8.6	气瓶架印有安全承载数并具有有效的第三方检验合格证书，证书随设备和漆好安全色的吊点一起给建设单位，确保处于良好状态，配好安全销		
8.7	卸扣配不锈钢插销		
8.8	吊索、卸扣处于良好状态并具有有效的第三方检验合格证书，证书随设备一起给建设单位		
8.9	气割火炬枪应装有防回火装置		

六、作业现场安全检查清单

序号	项　目	是	否	不适用	评　论
I. 场所整理					
1.1	工作现场整洁				
1.2	材料存放正确				
1.3	工作面清洁				
1.4	逃生通道畅通				
1.5	有禁止吸烟标志				

续表

序号	项　　目	是	否	不适用	评　论
1.6	定期清理垃圾				
1.7	材料不会坠落				
1.8	木板上没有铁钉				
1.9	足够照明				
1.10	健康的工作场所和环境				
场所整理（分数）		糟糕 1　2　3　4　5　6　7　8　9　10　很好			
II. 个人防护用品（PPE）					
2.1	使用安全帽				
2.2	穿工鞋				
2.3	是否有使用听力保护				
2.4	眼睛保护—安全眼镜				
2.5	手套和工衣				
2.6	个人防护用品的检查程序				
2.7	正确穿工衣				
2.8	是否使用呼吸器				
2.9	呼吸器的试用				
2.10	呼吸器干净，存放正确				
2.11	呼吸器个人专用				
2.12	高于2m需要安全带				
个人防护用品（PPE）（分数）		糟糕 1　2　3　4　5　6　7　8　9　10　很好			
III. 防火和消防					
3.1	有合适的灭火器供使用				
3.2	灭火器有检查，有挂牌				
3.3	员工接受过消防培训				
3.4	木质材料堆放合理				
3.5	易燃物的存储合理				
3.6	有动火作业许可并很好地遵守				
防火和消防（分数）		糟糕 1　2　3　4　5　6　7　8　9　10　很好			

序号	项 目	是	否	不适用	评 论
IV. 标志、信号和隔离					
4.1	对隐患进行隔离				
4.2	隐患正确标记				
4.3	不安全的工具有标签				
标志、信号和隔离（分数）		糟糕　　　　　　　　　　　　　很好 1　2　3　4　5　6　7　8　9　10			
V. 隐患沟通/危险品信息					
5.1	有书面的程序				
5.2	危险化学品清单				
5.3	有 MSDS 文件				
5.4	化学品有恰当的标签				
隐患沟通/危险品信息（分数）		糟糕　　　　　　　　　　　　　很好 1　2　3　4　5　6　7　8　9　10			
VI. 危险品（废弃物、石棉、放射性物品、爆炸品）					
6.1	具体的现场健康安全计划				
6.2	员工接受过培训，有证书				
危险品（分数）		糟糕　　　　　　　　　　　　　很好 1　2　3　4　5　6　7　8　9　10			
VII. 手动和电动工具					
7.1	定期检查设备				
7.2	损害的设备立即处理				
7.3	接地正常				
7.4	在湿润的、屋外的或者有金属的地点使用漏电保护器				
7.5	工具上的开关正常				
7.6	不使用的工具是否摆放到位				
7.7	双层绝缘				
7.8	有保护装置				
7.9	定期检查设备				
手动和电动工具（分数）		糟糕　　　　　　　　　　　　　很好 1　2　3　4　5　6　7　8　9　10			

序号	项　目	是	否	不适用	评　论
VIII. 用电安全					
8.1	是否采取措施预防高空的电线				
8.2	临时照明有保护				
8.3	在电路附近使用非金属梯子				
8.4	有用电安全标志				
8.5	安全帽不能导电				
8.6	检查电线是否有损坏				
用电安全（分数）		糟糕　　　　　　　　　　　　很好 1　2　3　4　5　6　7　8　9　10			
IX. 焊接、切割和打磨					
9.1	管线没有泄漏和损坏				
9.2	使用前检查接地				
9.3	焊工穿长袖工作服				
9.4	使用面罩和护目镜				
9.5	焊接区域有隔离和保护				
9.6	有看火人、有灭火器				
9.7	焊接区域没有火灾隐患				
9.8	气割枪的点燃使用专用点火设备				
焊接、切割和打磨（分数）		糟糕　　　　　　　　　　　　很好 1　2　3　4　5　6　7　8　9　10			
X. 压缩气体					
10.1	压缩气瓶有固定				
10.2	氧气瓶和乙炔气瓶分开存放				
10.3	气瓶上有气体的名称				
10.4	在不用或者运输过程中都戴上阀帽				
10.5	气割枪上有回火阻火器				
压缩气体（分数）		糟糕　　　　　　　　　　　　很好 1　2　3　4　5　6　7　8　9　10			
XI. 受限空间					
11.1	遵守工作许可				

油气管道安全管理

序号	项 目	是	否	不适用	评 论
11.2	有气体探测				
11.3	有通风				
11.4	使用呼吸保护				
11.5	使用安全带、安全绳和起吊设备				
受限空间（分数）		糟糕 1　2　3　4　5　6　7　8　9　10			很好
XII. 梯子					
12.1	适合使用				
12.2	梯脚不能滑				
12.3	梯子固定				
12.4	梯子足够长				
12.5	比例为1：4				
12.6	梯子的检查				
梯子（分数）		糟糕 1　2　3　4　5　6　7　8　9　10			很好
XIII. 脚手架					
13.1	有栏杆和踢脚板				
13.2	正确固定脚手架				
13.3	踏板安装规整				
13.4	踏板固定				
13.5	脚手架周围隔离				
脚手架（分数）		糟糕 1　2　3　4　5　6　7　8　9　10			很好
XIV. 动土作业					
14.1	现场有能够胜任的人员				
14.2	对人员有保护				
14.3	材料离边沿至少0.6m				
14.4	地下设施有标记				
14.5	动土作业有正确的隔离				
14.6	没有吊物坠落隐患				

序号	项　目	是	否	不适用	评　论
14.7	廊桥、走道有护栏				
动土作业（分数）		糟糕　　　　　　　　　　　　　　　很好 1　2　3　4　5　6　7　8　9　10			
XV. 机械设备					
15.1	座位有安全带并被使用				
15.2	有防翻滚设备				
15.3	有喇叭				
15.4	在安全区域加油				
15.5	安装有灭火器				
15.6	不使用的时候停放在合适的位置				
机械设备（分数）		糟糕　　　　　　　　　　　　　　　很好 1　2　3　4　5　6　7　8　9　10			
XVI 吊车和起重					
16.1	吊车的检查有记录				
16.2	有配重表				
16.3	有指挥手势信号标准张贴				
16.4	转动半径有保护				
16.5	高处电线有保护				
16.6	吊绳、挂钩等每天都有检查				
16.7	使用安全钩				
16.8	确定安全载荷				
16.9	起重时所有重物都有尾绳				
吊车和起重（分数）		糟糕　　　　　　　　　　　　　　　很好 1　2　3　4　5　6　7　8　9　10			

下面的表格用于跟踪检查过程中发现的隐患：

需要整改、改进的项目				
序号	建议的整改或改进	负责人	期望的完成日期	实际完成日期

制表人：_____ 日期：_____

七、承包商作业期间或者作业结束后的 HSE 表现评价

　　适用于长期服务的承包商或者以项目为基础的短期承包商，也适用于作业过程中以及作业结束后的 HSE 业绩评估。

　　建设单位要负责承包商的 HSE 表现评估。对所有承包商的作业，必须每月做一次 HSE 业绩评估，由建设单位负责人签字后送质量安全环保处并告知承包商。

　　时 间 段：_____

　　建设单位：_____

　　承 包 商：_____

　　项目名称：_____

　　评分标准：很好 10 分，较好 8 分，好 6 分，一般 4 分，较差 2 分。

审　核　项	评　分　标　准	评分	结果说明
承包商作业人员是否持有要求的证书并具备执行承包作业所需的知识、经验和技能？	10分：全部作业人员证书齐全并具备所需的知识、经验和技能		
	8分：全部作业人员证书齐全，80%的人员具备所需的知识、经验和技能		
	6分：全部作业人员证书齐全，70%的人员具备所需的知识、经验和技能		
	4分：全部作业人员证书齐全，60%的人员具备所需的知识、经验和技能		
	2分：作业人员证书不齐全，或具备所需的知识、经验和技能的人员在60%以下		
承包商所携带的工具、设备（包括PPE）是否满足要求？	10分：对设备、工具、材料按检查清单进行了预先检查，现场复检全部符合要求		
	8分：对设备、工具、材料按检查清单进行了预先检查，但现场检查有10%的工具或设备不符合要求		
	6分：对设备、工具、材料按检查清单进行了预先检查，但现场检查有20%的工具或设备不符合要求		
	4分：对设备、工具、材料按检查清单进行了预先检查，但现场检查有30%的工具或设备不符合要求		
	2分：未按要求对设备、工具、材料进行预先检查，或现场检查有30%以上的工具或设备不符合要求		
承包商作业人员是否能够在班前会上充分有效地沟通相关的作业信息？	10分：班前会内容全面（包括作业内容、步骤、分工、风险、控制措施和应急等）；清楚并能突出重点；全员参与；双向沟通		
	8分：以上四点中的一点不能完全满足要求		
	6分：以上四点中的两点不能完全满足要求		
	4分：以上四点中的三点不能完全满足要求		
	2分：被评价时间段发现有不召开班前会的现象		

油气管道安全管理

审 核 项	评 分 标 准	评分	结果说明
承包商作业人员是否能够充分理解作业许可和作业安全分析中所列的风险并能严格执行其中的控制要求?	10分：被评价时间段现场抽查和谈话发现所有人员清楚相关作业风险，所有风险控制措施落实到位		
	8分：被评价时间段现场抽查和谈话发现有极个别人员不清楚相关风险，或有极个别控制措施未落实到位		
	6分：被评价时间段现场抽查和谈话发现有少数人员不清楚相关风险，或有少数风险控制措施未落实到位		
	4分：被评价时间段现场抽查和谈话发现有部分人员不清楚相关风险，或有部分风险控制措施未落实到位		
	2分：被评价时间段现场抽查和谈话发现有一半以上人员不清楚相关风险，或有关键控制措施未落实到位		
承包商作业人员能否在作业中及作业后保持作业场地干净、整洁、有序?	10分：被评价时间段现场抽查发现现场始终保持干净整洁；工具、设备和材料摆放整齐有序；危险区域被隔离和/或设置警示；气瓶等被可靠固定；保持安全通道畅通；孔洞采取了防坠落措施；地面没有油污		
	8分：被评价时间段现场抽查发现极个别情况下不能完全满足以上要求		
	6分：被评价时间段现场抽查发现少数几次不能完全满足以上要求		
	4分：被评价时间段现场抽查多次发现不能完全满足以上要求		
	2分：被评价时间段现场抽查几乎每次都发现不能完全满足以上要求		
承包商作业人员作业期间能否穿戴好个人保护用品?	10分：被评价时间段现场抽查发现所有人员在作业期间工衣穿戴整齐；戴安全眼镜；安全帽系好帽带；高噪声区使用听力保护装置；登高作业正确使用安全带；打磨等作业正确使用面罩；进行适当的手部保护等		
	8分：被评价时间段现场抽查发现极个别情况下不能完全满足以上要求		
	6分：被评价时间段现场抽查发现少数几次不能完全满足以上要求		
	4分：被评价时间段现场抽查多次发现不能完全满足以上要求		
	2分：被评价时间段现场抽查几乎每次都发现不能完全满足以上要求		

续表

审 核 项	评 分 标 准	评分	结果说明
承包商作业人员作业期间能否采取安全的身体位置或姿势？	10分：被评价时间段现场抽查发现所有人员的身体位置都能注意避开落物、高压、被夹、被碰、被打击或被割等危险；用力姿势能注意避免扭伤或摔倒		
	8分：被评价时间段现场抽查发现极个别作业人员不注意采取安全的身体位置或姿势		
	6分：被评价时间段现场抽查少数几次发现作业人员不注意采取安全的身体位置或姿势		
	4分：被评价时间段现场抽查多次发现作业人员不注意采取安全的身体位置或姿势		
	2分：被评价时间段现场抽查几乎每次都发现作业人员不注意采取安全的身体位置或姿势		
承包商作业人员能否正确使用工具、设备？	10分：被评价时间段现场抽查发现所有人员都能按照工具、设备特有用途正确使用；使用工具、设备的方法正确得当		
	8分：被评价时间段现场抽查发现极个别作业人员使用不当的工具、设备或者对工具、设备的使用方法不当		
	6分：被评价时间段现场抽查少数几次发现有人使用不当的工具、设备或者对工具、设备的使用方法不当		
	4分：被评价时间段现场抽查多次发现有人使用不当的工具、设备或者对工具、设备的使用方法不当		
	2分：被评价时间段现场抽查几乎每次都发现有人使用不当的工具、设备或者对工具、设备的使用方法不当		
承包商作业人员能否积极参与现场的安全管理活动？	10分：被评价时间段所有人员都能够积极参与现场风险评估、安全会议和应急演习；对所有人员都进行了安全行为观察或提交了隐患报告		
	8分：被评价时间段极个别人未参与现场风险评估、安全会议、应急演习、安全行为观察或隐患报告		
	6分：被评价时间段少数人未参与现场风险评估、安全会议、应急演习、安全行为观察或隐患报告		
	4分：被评价时间段多人未参与现场风险评估、安全会议、应急演习、安全行为观察或隐患报告		
	2分：被评价时间段50%以上人未参与现场风险评估、安全会议、应急演习、安全行为观察或隐患报告		

续表

审 核 项	评 分 标 准	评分	结果说明
对该承包商作业团队的素质、态度、能力、守规和工作质量等的满意程度	10 分：非常满意		
	8 分：满意		
	6 分：一般		
	4 分：不满意		
	2 分：非常不满意		
月度评价总分			

建设单位负责人：_____（签名/日期）

　　注：本评估结果需要发给安全环保部门，并告知承包商。

承包商 HSE 表现评估得分	结　　论
<40	被评价的承包商完全不能满足公司的 HSE 管理要求，因此将不考虑再次使用该承包商
40～60	被评价的承包商不能满足公司的 HSE 管理要求，但如果能对存在问题的方面有实质性的整改，还是有可能考虑再次使用该承包商
60～80	被评价的承包商基本上能满足公司的 HSE 管理要求，然而在很多方面仍需持续改进
>80	被评价的承包商能满足公司的 HSE 管理要求，然而在某些方面仍然还可以进一步整改

八、承包商 HSE 管理数据信息库

承包商 HSE 管理数据信息库		
承包商：		
承包商月度 HSE 业绩评价		
年	月	评价分数

附录五　中国石油天然气集团公司相关规章制度目录

序号	规章制度名称	发文字号
1	中国石油天然气集团公司反违章禁令	中油安〔2008〕58 号
2	中国石油天然气集团公司生产安全事故隐患报告特别奖励办法	中油安字〔2007〕571 号
3	中国石油天然气集团公司生产安全事故管理办法	中油安字〔2007〕571 号
4	中国石油天然气集团公司健康安全环保信息系统管理办法	安字〔2007〕36 号
5	中国石油天然气集团公司环境保护先进集体和个人评选奖励办法	中油质安字〔2006〕745 号
6	中国石油天然气集团公司重大危险源管理办法	中油质安字〔2006〕740 号
7	中国石油天然气集团公司安全生产考核评比办法	中油质安字〔2005〕648 号
8	中国石油天然气集团公司安全生产保证基金管理办法	中油质安字〔2005〕617 号
9	中国石油天然气集团公司民用爆炸物品安全管理办法	中油质安字〔2005〕406 号
10	中国石油天然气集团公司应急预案编制通则	中油质安字〔2005〕406 号
11	中国石油天然气集团公司承包租赁安全管理办法	中油质安字〔2005〕406 号
12	中国石油天然气集团公司安全监督工作规则	中油质安字〔2005〕406 号
13	中国石油天然气集团公司安全事故行政责任追究暂行规定	中油质安字〔2005〕406 号
14	中国石油天然气集团公司安全监督站管理规则	中油质安字〔2005〕406 号
15	中国石油天然气集团公司危险化学品安全管理办法	中油质安字〔2005〕406 号
16	中国石油天然气集团公司职业健康工作考核细则	质安字〔2005〕81 号
17	中国石油天然气集团公司职业卫生档案管理规范	质安字〔2005〕56 号
18	中国石油天然气集团公司安全事故管理暂行办法	中油质安字〔2004〕672 号
19	中国石油天然气集团公司事故隐患管理办法	中油质安字〔2004〕672 号
20	中国石油天然气集团公司应对突发重大事件（事故）管理办法	中油质安字〔2004〕672 号
21	中国石油天然气集团公司安全生产管理规定	中油质安字〔2004〕672 号
22	中国石油天然气集团公司安全生产责任制通则	中油质安字〔2004〕672 号

油气管道安全管理

续表

序号	规章制度名称	发文字号
23	中国石油天然气集团公司《安全监督资格证书》管理办法	质安字〔2004〕26号
24	中国石油天然气集团公司作业场所职业病危害因素检测规范	质安字〔2004〕78号
25	中国石油天然气集团公司职业健康监护管理规范	质安字〔2004〕78号
26	中国石油天然气集团公司特种设备安全监督管理规定（试行）	中油质安字〔2003〕105号
27	中国石油天然气集团公司赴外工程技术服务队伍安全环境健康管理规定	中油质安字〔2003〕105号
28	中国石油天然气集团公司职业病防治管理办法	中油质安字〔2002〕503号
29	中国石油天然气集团公司安全监督管理办法	中油质安字〔2002〕266号
30	中国石油天然气集团公司百万工时统计方法（试行）	质安字〔2001〕26号
31	中国石油天然气集团公司HSE管理体系培训咨询管理暂行规定	质安字〔2000〕130号
32	中国石油天然气集团公司基层班组安全活动管理办法	质安字〔2000〕124号
33	中国石油天然气集团公司安全台账管理办法	质安字〔2000〕第123号
34	中国石油天然气集团公司HSE审核员注册管理暂行规定	质安字〔2000〕第113号
35	中国石油天然气集团公司HSE管理体系认证管理规定（暂行）	质安字〔2000〕第66号
36	中国石油天然气集团公司关于关键装置和要害部位（单位）安全管理办法	中油质安字〔1999〕第267号
37	中国石油天然气集团公司关于进入有限空间作业安全管理办法	中油质安字〔1999〕第267号
38	中国石油天然气集团公司关于工业动火安全管理办法	中油质安字〔1999〕第267号
39	中国石油天然气集团公司安全科技管理办法	中油质安字〔1999〕第194号
40	中国石油天然气集团公司消防安全管理办法	中油质安字〔1999〕第194号

参 考 文 献

［1］ 中国石油天然气股份有限公司管道分公司．长输管道工程建设项目风险管理指导手册．北京：石油工业出版社，2008.

［2］ 郑津洋，马夏康，尹谢平．长输管道安全风险辨识、评价、控制．北京：化学工业出版社，2004.

［3］ 中国石油天然气集团公司安全环保部．井下作业 HSE"两书一表"编制指南．北京：石油工业出版社，2009.

［4］ 佟瑞鹏，陈大为．大型综合企业集团安全生产发展战略编制技术．中国安全科学学报，2007，17（6）：63－71

［5］ 吴宗之，高进东，张兴凯．工业危险辨识与评价．北京：气象出版社，2000.

［6］ 中国劳动保护科学技术学会．安全工程师专业培训教材（中）．北京：海洋出版社，2005.

［7］ Stewart JM. Managing for World Class Safety. New York：OHN WILEY& SONS. INC，2001.

［8］ 国家安全生产监督管理总局．安全评价．北京：煤炭工业出版社，2005.

［9］ 王凯全，邵辉．事故理论与分析技术．北京：化学工业出版社，2004.

［10］ 于广涛，王二平．安全文化的内容、影响因素及作用机制．心理科学进展，2004，12（1）：87－95.

［11］ 王志平，杜邦公司的安全信念与管理实践．外国经济与管理，2004，26（4）：20－24.

［12］ 南保昌孝．日本的"零事故活动".劳动保护，2008，(3)：15－17.

［13］ 杜莹芬．企业风险管理．北京：经济管理出版社，2008

［14］ （美）特里．E.麦克斯温．安全管理：流程与实施．王向军，范晓虹，译．北京：电子工业出版社，2008.

［15］ 周守为．企业安全管理的关键在于执行力//中国职业安全健康协会编．中国百名专家论安全．北京：煤炭工业出版社，2008.

［16］ 国务院国有资产监督管理委员会业绩考核局编著．现代安全管理理念和创新实践．北京：经济科学出版社，2006

［17］ 四川石油管理局编译．管道风险管理．北京：石油工业出版社，1995.

［18］ 常大海，等．输油管道事故统计与分析．油气储运，1995，14（6）：48－51.

［19］ 钱成文，等．管道的完整性评价技术．油气储运，2000，19（7）：11－15.

［20］ 黄维和．油气管道风险管理技术的研究及应用．油气储运，2001，20（10）.

［21］ 李鹤林．天然气输送管研究与应用中的几个热点问题．中国机械工程，2001，12（3）：349－353.

［22］ 李鹤林．科技兴安，确保重大管道安全．中国石油报，2004 年 6 月 17 日第二版.

[23] 彭力，李发新．危害识别与风险评价技术．北京：石油工业出版社，2001.

[24] 吴宗之．面向 2020 年我国安全生产的若干战略问题思考．中国安全生产科学技术，2007，3（1）：3－7

[25] 成松柏，陈国华．职业安全培训效果定量评估方法应用研究．灾害学，2007，22（2）：112－113.

[26] 司彩云．安全培训工程控制体系研究．中国职业安全健康协会 2008 年学术年会论文集，2008.

[27] 冯文兴，等．定量风险评价在成品油管道站场的应用．油气储运，2009，28（10）：10－13.

[28] 中国石油化工股份有限公司青岛安全工程研究院．石化装置定量风险评估指南．北京：中国石化出版社，2007.

[29] 严大凡，翁永基，董绍华编著．油气长输管道风险评价与完整性管理．北京：化学工业出版社，2005.

[30] 杨筱蘅．油气管道安全工程．北京：中国石化出版社，2005.

[31] 张玲，吴全．国外油气管道完整性管理体系综述．石油规划设计，2008，19（4）：9－11.

[32] 阎凤霞，董玉华，高惠临．故障树分析方法在油气管线方面的应用．西安石油学院学报，2003．18（1）：47－50.

[33] 文革萍．风险控制和安全管理．电力安全技术，2002 4（8）：4－6.

[34] 武雪芳．定量风险评价探讨．中国环境科学研究院（北京），2000，19（4）：152－154.

[35] 董绍华，杨祖佩．全球油气管道完整性技术与管理的最新进展［J］．油气储运，2007，26（2）：1－17.

[36] 董绍华．管道完整性技术与管理．北京：中国石化出版社，2006.

[37] 顾祥柏．石油化工安全分析方法及应用．北京：化学工业出版社，2001.

[38] 李传贵．安全评价中的方法问题．劳动保护科学技术，1997，17（1）：17－18.

[39] 江元辉．安全系统工程．天津：天津大学出版社，1999.

[40] 史定华，土松瑞．故障树分析技术方法和理论．北京：北京师范大学出版社，1993.

[41] 顾孟迪，雷鹏．风险管理．北京：清华大学出版社，2005.

[42] 崔克清，张礼敬，陶刚．安全工程与科学导论．北京：化学工业出版社，2006.

[43] 王凯全，邵辉．事故理论与分析技术．北京：化学工业出版社，2004.

[44] 刘宏．职业安全管理．北京：化学工业出版社，2004.

[45] 罗云，程五一．现代安全管理．北京：化学工业出版社，2004.

[46] 中国石油天然气集团公司安全环保部．HSE 风险管理理论与实践．北京：石油工业出版社，2009.

[47] 中国安全生产科学研究院．企业应急安全管理指南．北京：中国劳动社会保障出版

社，2005.

[48] 国家安全生产应急指挥中心. 安全生产应急管理. 北京：煤炭工业出版社，2007.

[49] Tharalden JE，Olsen E，Rundmo T. A longitudinal study of safety climate on the Norweigian continental shelf. Safety Science，2008，46（3）：427－439.

[50] Si－Hao Lin，Wen－Juan Tang，Jian－Ying Miao et al. Safety climate measurement at workplace in China a validity and reliability assessment. Safety Science，2008，46（7）：1037－1046.

[51] Heinrich W H，Peterson D，Roos N. Industrial Accident Prevention. New York：McGraw－Hill Book Company，1980

[52] Q/SY 1002. 1—2007 健康、安全与环境管理体系 第 1 部分：规范

[53] OHSAS 18001：2007 职业健康安全管理体系规范

[54] GB 6441—1986 企业职工伤亡事故分类

[55] GB 18218—2000 重大危险源辨识

[56] GB/T 13861—2009 生产过程危险和有害因素分类与代码